MINAS A CÉU ABERTO
planejamento de lavra

Adilson Curi

Copyright © 2014 Oficina de Textos
1ª reimpressão 2019 | 2ª reimpressão 2023

Grafia atualizada conforme o Acordo Ortográfico da Língua
Portuguesa de 1990, em vigor no Brasil desde 2009.

Conselho editorial Cylon Gonçalves da Silva; Doris C. C. K. Kowaltowski;
José Galizia Tundisi; Luis Enrique Sánchez; Paulo Helene;
Rozely Ferreira dos Santos; Teresa Gallotti Florenzano

Capa e projeto gráfico Malu Vallim

Diagramação Maria Lúcia Rigon

Foto capa O pico do Itabirito (1.586 m), patrimônio histórico natural estadual, destaca-se como paisagem singular no contexto geológico do Quadrilátero Ferrífero (MG).

Fotos José Fernando Miranda (arquivo pessoal)

Preparação figuras Medlar Publishing Solutions

Preparação de textos Pâmela de Moura Falarara

Revisão de textos Carolina A. Messias

Impressão e acabamento Mundial gráfica

Dados Internacionais de Catalogação na Publicação (CIP)
(Câmara Brasileira do Livro, SP, Brasil)

Curi, Adilson
    Minas a céu aberto: planejamento de lavra /
Adilson Curi -- São Paulo : Oficina de Textos, 2014.

Bibliografia.
ISBN 978-85-7975-149-3

    1. Controle de produção 2. Engenharia de minas
3. Mineração - Planejamento 4. Mineração a céu
aberto - Planejamento 5. Planejamento da produção
I. Título.

14-07225   CDD-622.292

Índices para catálogo sistemático:
    1. Mineração a céu aberto : Planejamento :
Engenharia de minas 622.292

Todos os direitos reservados à Editora Oficina de Textos
Rua Cubatão, 798
CEP 04013-003 São Paulo SP
tel. (11) 3085-7933
www.ofitexto.com.br   atend@ofitexto.com.br

apresentação

DESDE A SEMINAL OBRA de Agricola, já se encontravam delineadas aquelas que viriam a ser as quatro operações unitárias da *lavra de minas*, a saber: *acesso, desmonte, transporte* e *recuperação*. Tais operações de lavra e seu planejamento se verificam de maneira empírica, no sentido autêntico do vocábulo, por meio de experiências vivenciadas, em várias escalas e ao longo dos séculos e mesmo milênios, e experiências industriais, mais modernamente, as quais são acumuladas e projetadas sobre ideias concebidas – com as exatidões que os séculos aperfeiçoaram – acerca da distribuição do minério ao longo e ao largo da jazida que virá a se tornar mina. Com base nessas experiências, constrói-se o *vade mecum* mais satisfatório e adequado da forma de projetar, reavaliar e tornar uma jazida, finalmente, uma mina, permitindo um retorno reflexivo e teórico sobre a lavra e suas características fundamentais.

A lavra a céu aberto se tornou uma realidade quando a flotação de minérios se desenvolveu, permitindo que teores antes considerados inadequados e baixos para serem minerados com sucesso passassem a sê-lo, o que ocorreu só no início do século passado. Claro, sempre o ponto inicial e fundamental em qualquer lavra é saber se há minério, em que quantidade e como ele é distribuído. Daí, delimitar o corpo mineral lavrável – que é diverso do corpo mineral geológico, como nos lembra com muita propriedade o Prof. Adilson Curi – assim como sua alteração espacial ao longo do tempo, em função do *teor de corte* adotado, que pode variar ocasionalmente, será sempre parte do domínio daquilo que se denomina como *planejamento das operações de lavra*. Delimitá-lo no início do projeto por meio do sistema de classificação de reservas minerais do Committee for Mineral Reserves International Reporting Standards (CRIRSCO) é o trabalho daquelas empresas que recorrem a seus financiamentos nas bolsas de valores dedicadas a tais – no Brasil, a BOVESPA ainda não o faz.

Definir o que é *reserva* e o que é *recurso* mineral é a eterna tarefa das empresas no desenvolvimento da mina e no planejamento de lavra, como retoma o Prof. Adilson de forma didática e eficaz. A modelagem da mina e seus programas computacionais disponíveis ou realizáveis – por exemplo, como evitar o efeito GIGO, que os americanos apropriadamente denominam os dados *garbage in* produzindo os resultados *garbage out* – é assunto discutido com propriedade e sabedoria pelo autor, evitando armadilhas.

Como salienta o Prof. Adilson, o planejamento da lavra de minas pode ser considerado, assim, como um roteiro para a elaboração da evolução operacional na mina, desde a sua implantação até o seu término, quando exaurida, e passando pelas diversas etapas de desenvolvimento. Assim, será possível, com a antecedência devida, equipar-se com os recursos necessários e preverem-se os meios necessários à consecução desse planejamento. Chega-se, então, a uma etapa que ultrapassa até mesmo a quarta operação unitária da lavra de minérios, *recuperação*, que é a do *fechamento de mina* com todas as suas consequências socioambientais e seus respectivos financiamentos. Vale observar que uma mina pode ter seu fechamento decretado não por sua mera exaustão, a qual foi considerada no *teor de corte* adotado e dinâmico no tempo. Portanto, cuidados de planejamento devem ser tomados para uma eventual futura reabertura, quando fatores de mercado ou outros os permitirem.

Uma respeitável bibliografia assim como uma listagem de exercícios resolvidos e propostos completam esta muito bem-vinda obra, tão necessária na língua pátria.

Prof. Dr. Roberto C. Villas Bôas, pesquisador emérito do CETEM
Viena, julho 2014

prefácio

SEMPRE HOUVE NO BRASIL e nos países de língua portuguesa uma carência relacionada à oferta de livros técnicos em português na área de lavra de minas. A recente expansão universitária e dos ensinos médio e pós-médio profissionalizantes no Brasil agravou ainda mais essa situação. Sabe-se que os professores das diversas disciplinas técnicas, como também os alunos, dos cursos relacionados às geociências necessitam conhecer, no mínimo, os fundamentos da lavra de minas. A proposta deste livro é preencher essa lacuna, facilitando, assim, o trabalho do professor e a vida do aluno. Nesta obra, o autor procurou reunir todos os elementos essenciais referentes à lavra de minas a céu aberto. Assim, o aluno ou o professor não terá mais a necessidade de procurar informações em fontes diversas, sendo a maioria delas em língua estrangeira. Ademais, esta obra pode ser também útil ao profissional experiente que necessite revisar ou, talvez, aprimorar seus conceitos. Este livro foi desenvolvido com o propósito inicial de ser um livro-texto e também um livro de referência que descreve os princípios que norteiam o planejamento e o projeto de uma lavra de minas a céu aberto. Como livro-texto, é mais adequado para uso nas aulas de lavra de minas a céu aberto e planejamento de lavra/projeto de mineração e disciplinas relacionadas (que são oferecidas nos últimos períodos dos cursos de Engenharia de Minas, Engenharia Geológica, Engenharia Ambiental e Civil, Engenharia Geotécnica e outras engenharias relacionadas à escavação e desmonte de rochas). Com os devidos ajustes, a cargo do professor da disciplina, poderá também ser perfeitamente adotado como livro-texto e/ou material de consulta nos cursos técnicos profissionalizantes e cursos de especialização em mineração, geologia e áreas afins. Além disso, este livro pode ser de interesse e valia para auxiliar no estudo de várias disciplinas inter-relacionadas. Também é possível englobar as instituições financeiras envolvidas no financiamento de projetos de mineração.

O livro está didaticamente dividido em cinco capítulos. O Cap. 1 aborda os conceitos fundamentais relacionados ao planejamento de mina. Ele apresenta um pequeno histórico sobre as origens da indústria extrativa mineral e os principais conceitos referentes à área de mineração, tais como aqueles alusivos à reserva mineral, jazida, mina, minério, fases de um projeto de mineração e alternativas de aproveitamento de um bem mineral. O Cap. 2 discute as diversas metodologias utilizadas para o conhecimento e a avaliação dos depósitos minerais, baseando-se na exploração mineral. Já o Cap. 3 é bem específico e trata da definição dos elementos geométricos para o desenho da mina. Conhecida a jazida, por meio da avaliação do inventário mineral, como abordado no Cap. 2, as considerações geométricas discutidas no Cap. 3 serão usadas para estabelecer os limites da lavra, ou seja, para delimitar a porção lavrável do corpo mineral. Esse processo envolve a sobreposição da superfície geométrica da lavra sobre o corpo mineralizado. A reserva lavrável corresponderá à porção do corpo mineral contida dentro dos limites da geometria definida para a lavra, geralmente denominada cava ou *pit*. A cava projetada para o final da vida útil da mina é denominada cava final ou *pit* final. No entanto, entre o início e o fim da vida útil de uma mina, diversas séries de cavas intermediárias podem ser projetadas. Assim, no Cap. 4, serão apresentadas as metodologias ora vigentes para o delineamento da reserva mineral ou, mais especificamente, da reserva lavrável. Finalmente, no Cap. 5, são debatidas as principais metodologias adotadas para o sequenciamento da produção na lavra de minas e são apresentadas as conclusões finais do autor em relação aos assuntos tratados na obra.

Dedico esta obra à minha esposa Jussara.

Agradeço ao pessoal do Demin da Escola de Minas da UFOP.

sumário

FUNDAMENTOS DO PLANEJAMENTO DE MINA

1.1 ORIGENS DA INDÚSTRIA EXTRATIVA MINERAL

Desde os tempos pré-históricos, a mineração tem sido importante para a humanidade. De acordo com Hartman e Mutmansky (2002), a mineração em sua forma mais simples surgiu há mais de 450 mil anos, na era Paleolítica. Os dados arqueológicos mostram que, desde a Antiguidade, o homem se interessou pelos materiais geológicos, vendo nestes qualidades estéticas ou procurando neles propriedades físico-mecânicas. É o caso do *ouro*, por sua cor, brilho, estabilidade química e trabalhabilidade, ou da *pederneira* (*sílex*), por sua dureza, tipo de fratura e resistência ao desgaste. Há evidências de que o ouro e o cobre nativos tenham sido usados há 18 mil anos a.C. (Hartman; Mutmansky, 2002). A mineração evoluiu, principalmente a partir da Idade da Pedra (antes de 4000 a.C.), e pode ser considerada como a segunda atividade industrial mais antiga da humanidade (após a agricultura). A pedra, por ser resistente e útil, predominava entre as ferramentas usadas nas tarefas diárias. Uma vez selecionadas por meio de afloramentos, removiam-se as lascas para a obtenção de bordas afiadas. Milhares de utensílios de pedra da Antiguidade foram e vêm sendo encontrados. Desde os tempos mais remotos, os minerais têm despertado o interesse e a curiosidade humana.

Os pigmentos usados nas pinturas rupestres dos homens da Pré-História são constituídos de substâncias minerais como a hematita (pigmento vermelho) e a pirolusita (pigmento preto). Minerais como quartzo, sílex e ágata foram usados na fabricação de armas primitivas como machadinhas e flechas, na Idade da Pedra. O fascínio pelas pedras consideradas preciosas e rochas ornamentais pode ser observado já na época das civilizações mais remotas do Oriente e do Egito. Gemas coloridas, como ametista, granada e turquesa, vêm sendo usadas desde os tempos mais longínquos como objetos de decoração e adorno. Além disso, muitas vezes, são atribuídos poderes e simbolismos de natureza mágica ou religiosa a elas. Assim, artefatos de pedra eram utilizados por seres humanos para as mais variadas aplicações até a difusão do uso do metal.

Os primeiros metais usados foram o ouro, a prata e o cobre, todos em estado nativo. Nas idades do Bronze (4000 a.C. – 1500 a.C.) e do Ferro (1500 a.C. – 1780 d.C.), o homem foi gradativamente aprendendo a extrair metais dos minérios, passando a utilizar esses metais para a fabricação de armas, instrumentos de trabalho e ornamentos. As técnicas de tratamento dos minérios foram evoluindo naturalmente ao longo dos tempos. Os técnicos metalúrgicos romanos já eram capazes de produzir ferro e ligas metálicas como o latão e também já utilizavam chumbo nas redes de canalização.

O nascimento da ciência concernente aos jazimentos minerais úteis se reporta aos anos em que o homem começou a se interessar pelas pedras e metais preciosos. Os escritos referentes a esses trabalhos já podiam ser encontrados no Antigo Egito (período das Dinastias, quer dizer, há mais de 3400 anos). Estão preservados até hoje alguns papiros contendo mapas que representam os resultados da exploração mineral à procura de ouro e turquesa na península do Sinai, os quais o egípcio Hórus enviou ao faraó Seti I. O papiro datado daquela época, em que se encontra a primeira carta geológica de que se tem notícia (Fig. 1.1), existe até hoje (Dorokhine et al., 1967?). É aproximadamente nessa mesma época que se reporta o aparecimento de numerosas galerias de mina (de até 250 m de profundidade) na costa do Mar Vermelho para a extração de ouro e esmeralda. Quando se fala da contribuição da cultura egípcia no desenvolvimento da engenharia, as pirâmides aparecem como os monumentos construídos há mais de 2500 anos e que resistem até hoje. Por meio de pesquisas, sabe-se que as pirâmides foram construídas com blocos de rocha que chegavam a pesar duas toneladas, moldados *in loco*, utilizando areia e materiais extraídos do rio Nilo como agregados (Oliveira, 2010). Os primeiros registros de uso de artefatos de ouro no novo mundo (Peru) datam de 2000 a.C. (Hartman; Mutmansky, 2002).

Heródoto (484-425 a.C.) escreveu sobre a exploração de filões de quartzo aurífero e sua prospecção em certas regiões da Grécia. O autor da primeira obra concernente à sistematização do conhecimento nessa área foi o eminente botânico e mineralogista grego Teofrasto (372-287 a.C.), aluno de Aristóteles. Ele descreveu, em seu tratado denominado *As Pedras*, 16 tipos de corpos minerais: gipsita, ágata, cinábrio, carvão mineral, magnetita etc., identificando também suas propriedades úteis (Dorokhine et al., 1967?). O filósofo grego Estrabão (63 a.C.-20 d.C.), com base em observações pessoais, descreveu os processos vigentes na época para a

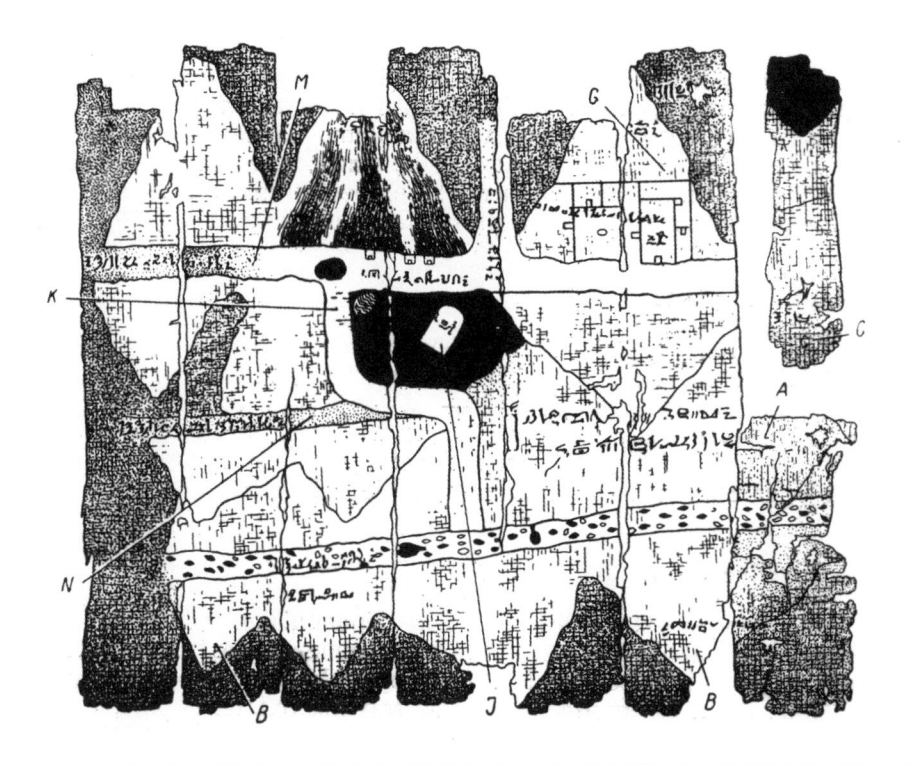

Fig. 1.1 *Carta do jazimento aurífero de Djebel-Elba, no Egito, há mais de 2000 anos (papiro reduzido três vezes). (A) Monte onde se lavava o ouro; (B) Lugar de coleta do ouro lavado; (C) Vila dos mineiros e templo de Ammon; (M) Vale; (N) Caminho das montanhas de acesso às rotas do mar Vermelho; (K) Curso de água; (J) Monumento dedicado ao faraó Seti I, organizador da extração de ouro no local*

Fonte: *Dorokhine et al. (1967?).*

extração de ouro na Arábia; prata, ferro e outros metais na Europa Central e Ásia Menor. Plínio (23-79 d.C.), o Velho, iminente sábio e escrivão romano que perdeu a vida em uma erupção do vulcão Vesúvio em 79 d.C., escreveu vários tratados sobre as gemas e minerais conhecidos na época. A enorme obra de Plínio denominada *História Natural*, que contém 37 tomos, consagra cinco deles aos minérios e minerais. A contribuição do filósofo e naturalista Abu 'Ali al-Husayn Ibn Abd Allah Ibn Sina (980-1037 d.C.), conhecido pelo nome Avicena, foi particularmente notável. Ele classificou os corpos minerais em: (1) pedras, (2) corpos fundíveis ou metálicos, (3) substâncias sulfúricas (combustíveis) e (4) sais; além de uma série de subdivisões menos importantes (Dorokhine et al., 1967?).

Na Idade Média e particularmente na Renascença, a mineralogia começou a desenvolver-se como ciência. Nessa época, as técnicas de tratamento dos minérios estavam muito relacionadas à magia. Entretanto, mesmo com as restrições impostas à experimentação pela Igreja e o predomínio da escolástica, foram identificados alguns novos metais, como o antimônio e o bismuto.

> É curiosa a ideia de Santo Isidoro de Sevilha que, na Idade Média, século VII, fundamentava a gênese do ouro a partir do ar. Para Alberto Magno, no século XIII, os metais formavam-se a partir do mercúrio e do enxofre pela ação do fogo. Para Agricola, no século XVI, na gênese dos metais, estavam soluções mineralizantes, que eram combinações de terra e água aquecidas pelo fogo (Tadeu, 1986, p. 3).

Do período da Renascença, destacam-se as obras *De natura fossilium* (1546) e *De re mettalica* (1556) do alemão Georgius Agricola (1494-1555). Sua obra *De re mettalica* (1556) foi escrita durante 20 anos e dá uma descrição de mais de cem corpos minerais. Agricola (1950) foi o primeiro a distinguir a diferença entre minerais e rochas e, em seu livro, examina corretamente os processos de lavra e mineração, o papel das fissuras das rochas e a distinção entre veios profundos, filões etc.

Durante os séculos seguintes, a evolução das ciências naturais foi grande, particularmente no período da Revolução Industrial com base no Império Britânico. Pode-se também considerar um marco importante no domínio da exploração mineral a contribuição do sábio russo Mikhail Lomonossov (1711-1765). Em suas obras consagradas à Geologia – sobre a crosta terrestre, a gênese de metais em razão de terremotos etc. – Mikhail exprime suas ideias perfeitamente exatas e apresenta teorias inovadoras sobre as metodologias de execução da exploração de minerais (Dorokhine et al., 1967?). Nos últimos dois séculos, grandes progressos tecnológicos surgiram em várias áreas da indústria mineral, como a invenção da dinamite, que permitiu a extração de rochas mais duras e a mecanização, que permitiu a produção em massa (Hartman; Mutmansky, 2002). O século XIX é caracterizado pelo florescimento das ciências geológicas e pela delimitação de cada uma de suas partes, tais como: a Geologia Geral, a Mineralogia, a Petrografia, a Paleontologia, a Geologia Econômica, a Exploração Mineral, a Metalurgia etc. Foi exatamente a partir do século XIX que foi descoberta a maioria dos mais importantes jazimentos de minerais úteis, alguns dos quais em explotação até nossos dias. A Revolução Industrial, particularmente na Idade do Aço (1780-1945), necessitava cada vez mais de novas matérias-primas minerais, em quantidades crescentes, o que impulsionou novas descobertas. A invenção da dinamite por Nobel, em 1867, revolucionou as metodologias de lavra, aumentando enormemente a produtividade. Na mesma época, teve início o uso do bombeamento mecânico para o esgotamento das águas das minas, o que também favoreceu muito o aumento da produtividade. Os movimentos socialistas do início do século XX tiveram como uma de suas origens mais importantes a exploração burguesa e a revolta dos trabalhadores das minas de carvão, como é descrito no romance *Germinal*, do francês Émile Zola (1840-1902):

> Homens brotavam, um exército negro, vingador, que germinava lentamente nos sulcos da terra, crescendo para as colheitas do século futuro, cuja germinação não tardaria em fazer rebentar a terra. (Zola, 2006, p. 409).
> *Des hommes poussaient, un armée noire, vengeresse, que germait lentement dans les sillons, grandissant pour les récoltes du siècle futur, et dont la germination allait faire bientôt éclater la terre.* (Zola, 1885, p. 503).

No Brasil, pode-se destacar o mineralogista, naturalista e político José Bonifácio de Andrada e Silva (1763-1838), em homenagem ao qual foi dada a uma das variedades da granada o nome de andradita (Jordt-Evangelista, 2002). Também vale destacar a figura do Imperador D. Pedro II (1825-1891), protetor das Letras, Artes e Ciências, que confiou ao cientista francês Claude-Henri Gorceix (1842-1919) a organização e direção da Escola de Minas de Ouro Preto, na qual permaneceu por 17 anos, entre 1874 e 1891 (Lima, 1977). Outro político importante ligado à mineração foi o ex-presidente norte americano Herbert Hoover. Hoover era engenheiro de minas e foi responsável, juntamente a sua esposa, pela tradução do livro *De re metallica*, de Agricola (1556), do latim para o inglês em 1912 (Rudenno, 2009).

> É já no século XX, com Launay, para quem os metais provinham da barisfera, sendo transportados para a superfície da crosta por fluidos voláteis e aquosos, que nasce a Metalogenia como ciência. Nascem as bases fundamentais da moderna análise metalogenética, com a introdução dos conceitos de *província* e de *época metalogenética* (Tadeu, 1986, p. 3).

Logo nos primeiros anos do século XX, inicia-se a era da produção em massa e da mecanização, marcada pelo desenvolvimento da primeira mina de pórfiros de cobre de baixo teor, em Utah, nos Estados Unidos da América. A mecanização foi levada ao seu auge, a partir de 1950, com o uso intensivo dos mineradores contínuos, o que possibilitou também a mineração sem o uso de explosivos, a substituição de certos métodos de lavra de carvão e um aumento fantástico da produtividade na lavra de minas. O uso intensivo do carboneto de tungstênio nas ferramentas de corte, com o desenvolvimento dessa tecnologia, em 1945, pela McKenna Metal Company (Hartman; Mutmansky, 2002) foi outro fator decisivo no aumento da produtividade da mineração. Em termos bibliográficos, na primeira metade do século XX, destaca-se o *Manual de Engenharia de Minas*, editado pela primeira vez em 1918, por uma equipe de 24 especialistas sob a supervisão de Robert Peele, que foi professor emérito da universidade norte-americana de Columbia. Peele e Church (1941), em dois volumes, retratam o estado da arte de minerar na primeira metade do século XX, destacando aspectos práticos dos assuntos correlatos à Engenharia de Minas, como ventilação, tratamento de minérios e metalurgia. Para sustentar as necessidades bélicas das duas grandes guerras mundiais da primeira metade do século XX e, principalmente, o enorme avanço tecnológico das últimas décadas desse mesmo século e do início do século XXI, foram feitas descobertas de novos jazimentos minerais, as quais ultrapassam todas aquelas já realizadas nos demais séculos da humanidade. Pode-se citar, como exemplo, as descobertas dos depósitos de minerais radioativos e as terras raras, entre tantas outras, dando origem à nova era Nuclear (a partir de 1945). O fato é que, para alimentar os grandes avanços tecnológicos da era Nuclear ligados, por exemplo, ao uso intensivo das diversas energias (nuclear, fóssil, renovável), à corrida espacial, ao uso de novos materiais e à indústria eletroeletrônica, necessita-se, cada vez mais, de bens minerais, fazendo jus a uma dependência dos recursos minerais jamais vista no curso da história mundial. Para atender a essa demanda crescente, as grandes minas a céu aberto nos principais países com tradição em mineração (como Estados Unidos, Austrália, Canadá, Chile, Brasil, Rússia e África do Sul) utilizam, cada vez mais, a mecanização e a automação das operações de lavra. São usados equipamentos de grande porte para as operações de carregamento e transporte, perfuração com furos de grande diâmetro (> 250 mm), explosivos do tipo *blend* – ANFO (*ammonium nitrate fuel oil*) e emulsões – bombeados por caminhões, GPS, gerenciamento on-line das operações de lavra e, relativamente, pouca mão de obra (Koppe, 2007). Mineradores contínuos de porte cada vez maior são também intensivamente utilizados, principalmente nas minas de carvão do Leste Europeu, permitindo alta produtividade.

Atualmente, a indústria extrativa mineral, como qualquer outro empreendimento capitalista, tem como objetivo econômico básico maximizar a sua riqueza futura. Entretanto, a indústria de mineração é caracterizada por visar ao aproveitamento econômico de recursos naturais exauríveis e não renováveis, o que a diferencia das demais indústrias. Assim, a maximização da riqueza futura deve se realizar em um período definido, ou seja, durante a vida útil do empreendimento ou, de modo mais específico, durante a vida útil da mina. Em termos econômico-financeiros, pode-se dizer, mais apropriadamente, que o objetivo da indústria extrativa mineral é a maximização do valor atual líquido dos benefícios monetários futuros, durante toda a vida da mina. Um *projeto de mina* é o conjunto de estudos necessários à implantação de uma mina. Tais estudos requerem uma ampla variedade de conhecimentos técnicos e abrangem diversas especialidades da Engenharia, que são complementares. Assim, o sucesso de um *projeto de mina* estará sempre fortemente dependente da correção com que os diversos estudos pertinentes forem convenientemente executados e inter-relacionados.

Ainda considerando as especificidades da indústria mineral da atualidade, não se pode conceber o planejamento de mina sem o competente suporte técnico da Engenharia de Minas e sua característica generalista, que engloba especialidades afins, sob a denominação de geociências, tais como Geologia, Geotecnia, Geomatemática, Geofísica e Geoquímica, entre outras. Também são imprescindíveis os conhecimentos de Economia Mineral, Matemática Financeira e Estatística. Além desses conhecimentos, outras ciências e tecnologias também são imperativas e incluem áreas diversas, mas complementares, como Cálculo Matemático, Computação e Informática, Ciências Ambientais, entre outras. A propósito dessa característica generalista, predicado marcante dos engenheiros de minas, pode-se citar Agricola, que estudou os assuntos relativos ao aproveitamento dos bens minerais pela primeira vez, sem as fantasias e os misticismos de seus contemporâneos. Agricola (1950, p. 3) já dizia que um técnico em mineração, além de uma sólida formação científica e tecnológica relacionada com sua profissão, "não deveria ser ignorante" em assuntos gerais, como Aritmética, Topografia, Desenho, Arquitetura, Legislação e até Filosofia, Medicina e Astronomia. Assim, a formação de conceitos é de extrema importância para os profissionais que estão se iniciando na área de projetos de mineração e para aqueles que desejam rever os métodos utilizados. Para se beneficiar das técnicas e aplicativos existentes, é necessário, antes de tudo, passar por todas as etapas de apreensão do conhecimento intrínseco relativo à arte de minerar.

1.2 Noções gerais e terminologias aplicadas à mineração

Os depósitos minerais são originados por processos geológicos resultantes de transformações que vêm acontecendo na crosta terrestre desde quando se solidificaram as primeiras rochas do planeta. As rochas são agregados compostos por minerais ou associações de minerais intimamente unidos. *Mineral* é, por definição, um sólido homogêneo, cristalino, inorgânico, de composição química definida, propriedades físicas características e ocorrência natural. As substâncias minerais usadas na indústria são denominadas matérias-primas minerais. De acordo com seu uso e conteúdo, são classificadas como sólidas, líquidas e gasosas. As *substâncias minerais* também podem ser classificadas como *metálicas* e *não metálicas* (minerais e rochas industriais e minerais e rochas combustíveis).

Os *minérios* são constituídos por um ou mais minerais ou rochas que, sob condições favoráveis, podem ser trabalhados comercialmente, possibilitando a extração de um ou mais metais.

Minerais-minérios são os que podem ser economicamente aproveitados para a extração de um ou mais elementos químicos, geralmente metais. São exemplos a hematita, da qual se extrai o ferro, e a cassiterita, da qual se extrai o estanho. *Minerais industriais* são os utilizados como matéria-prima para a indústria. Utiliza-se, nesse caso, o mineral *in natura*, e não somente um elemento químico extraído dele. São exemplos o quartzo, usado na indústria do vidro e eletrônica, e o diamante, usado como material abrasivo ou de corte.

Minerais-gemas são os que podem ser utilizados como ornamento, constituindo cristais de rara beleza, denominados gemas, que se destacam pela cor, transparência ou brilho. São exemplos o rubi, a safira e a esmeralda.

Minerais de ganga são os minerais presentes no minério que não podem ser economicamente aproveitados.

Define-se *jazida* como toda massa individualizada de substância mineral (ou fóssil), na superfície ou no interior da crosta terrestre e que tenha valor econômico.

As operações que envolvem a mineração estão divididas em quatro fases distintas em termos de conceito, embora inter-relacionadas em termos da execução. Essas fases são denominadas prospecção, exploração, desenvolvimento e lavra (incluindo o fechamento de mina).

A *prospecção* (*prospectio*, em latim), corresponde à fase de procura de uma jazida e visa à descoberta de ocorrências naturais de substâncias minerais úteis.

A *exploração* (*exploratio*, em latim), equivalente ao termo *exploration*, na acepção inglesa da palavra, consiste na aplicação sistemática dos trabalhos necessários ao conhecimento geológico pormenorizado das ocorrências minerais já descobertas, levando à definição da jazida.

O *desenvolvimento* engloba os trabalhos preparatórios para o aproveitamento da jazida mineral.

Finalmente, a *lavra*, ou explotação, equivalente ao termo *exploitation*, na acepção inglesa da palavra, consiste na aplicação sistemática dos trabalhos necessários ao aproveitamento econômico da jazida. A *lavra* representa o conjunto de trabalhos que possibilitam a sempre desejável explotação econômica, segura e ambientalmente sustentável do minério.

A *mina* corresponde à jazida em lavra, ainda que as operações estejam paralisadas ou interrompidas temporariamente. Consideram-se também partes integrantes da mina toda a infraestrutura de apoio da produção a qual pode incluir, por exemplo, edificações, máquinas, servidões e insumos em geral. Por sua vez, a lavra exclui os serviços de desenvolvimento ou preparação; anteriores à extração dos minerais úteis.

Para a correta execução das diversas fases da mineração, são requeridos estudos para a definição de fatores de ordem técnica, econômica, ambiental e legal, como os listados a seguir:

* Topografia, características naturais e geológicas do corpo mineral, tipos do minério, distribuição espacial do minério e estéril, hidrogeologia, características ambientais da localização da mina, características metalúrgicas do minério etc.;
* Fatores econômicos: custo de investimento, custos operacionais, razão de produção, pesquisas de mercado etc.;
* Aspectos legais: regulamentações local, regional e nacional, políticas de incentivo à mineração etc.;
* Fatores tecnológicos: tratamento dos minérios, seleção de equipamentos na lavra, ângulos de talude, altura de bancada, inclinação de rampas etc.

A necessidade da conexão entre fatores tão distintos realça a complexidade das operações envolvidas na explotação de um bem mineral e, por consequência, a importância do planejamento criterioso de tais operações.

1.2.1 Conceituação de recursos e reservas minerais

Considera-se *recurso mineral* a ocorrência mineral identificada, *in situ*, capaz de ceder minerais de interesse econômico, mas que não foi submetida a uma avaliação econômica. *Reservas minerais* são partes dos recursos para as quais se demonstram viabilidades técnicas e econômicas. *Reserva* é o recurso disponível para lavra, que pode ser produzido economicamente, em razão de custos, demandas e preços atuais. Em virtude dos avanços tecnológicos, flutuações de preços das *commodities* minerais e outros fatores, frequentemente, torna-se possível aproveitar determinados materiais que não estavam classificados como reserva.

Conceituação tradicional

Os recursos minerais de um país são formados pelas *massas individualizadas* de substâncias minerais ou fósseis encontradas na superfície ou no interior da crosta terrestre, conforme regulamento do seu código de mineração. O Serviço Geológico dos Estados Unidos (USGS), por meio do Escritório das Minas (USBM), definiu, na década de 1940, uma classificação, dividindo as reservas minerais em medidas indicadas e inferidas. De acordo com tal classificação, a reserva medida reporta-se às tonelagens e teores computados das dimensões reveladas pelos afloramentos, trincheiras e sondagens de maneira que o teor possa ser calculado por amostragem detalhada. Os locais de inspeção, amostragens e tomadas de medidas devem estar convenientemente espaçados e o caráter geológico muito bem definido, de modo a assegurar o tamanho, forma e conteúdo mineralógico. Os cálculos devem, por seu turno, assegurar desvios de tonelagem e teores do valor estimado abaixo de 20%. A reserva indicada refere-se às tonelagens e teores computados parcialmente de medidas específicas, amostras e dados de produção, bem como de projeções parciais estendidas por distâncias razoáveis e evidências geológicas. Os locais disponíveis para inspeção, mensuração e amostragem encontram-se largamente espaçados, de modo a não permitir o delineamento completo das massas mineralizadas e, por consequência, o estabelecimento preciso dos teores. Finalmente, a reserva inferida refere-se às estimativas feitas com base em evidências geológicas rudimentares, poucas ou, eventualmente, nenhuma amostragem e elevadas inferências geológico-estruturais (Annels, 1991). Gradativamente, a classificação norte-americana passou a ser aceita internacionalmente, inclusive nos países europeus e nos da antiga União Soviética. Tal classificação, ainda hoje, serve de base para a classificação de reservas adotada no código de mineração brasileiro. Além da classificação norte-americana, tradicionalmente empregam-se as denominações reserva *geológica*, *lavrável* e *beneficiável* (*milled reserves*) para destacar, respectivamente, o material *in situ* (ainda não sujeito a uma avaliação econômica), o material aproveitável economicamente e o material útil e, eventualmente, beneficiado. A reserva lavrável (muitas vezes, também chamada reserva de projeto) engloba correções para considerar a recuperação e a diluição na lavra.

Conceituação moderna

A BRE-X, pequena empresa sediada em Calgary, Canadá, anunciou, em 1994, a descoberta de um imenso depósito porfirítico aurífero epitermal, com 7 km de extensão, situado em Busang, ilha de Bornéu, a 1.200 km noroeste de Jacarta, Indonésia. Em entrevista concedida ao *Mining Journal* em setembro de 1996 (Busang..., 1996), o geólogo Michel de Gusman, da BRE-X, afirmava que a mina de Busang deveria entrar em operação em dezembro de 2000, lavrando minério com teor médio de 3 g/t. A mina seria inicialmente lavrada a céu aberto, até a profundidade de 300 m, e teria uma produção média estimada em 2,5 milhões de onças/ano (1 onça (oz) equivale a 28,35 g), perfazendo uma vida útil de 20 anos. Isso exigiria um investimento da ordem de 750 milhões a um bilhão de dólares. Como consequência dessas avaliações, as ações da BRE-X, que valiam alguns poucos centavos em 1995, dispararam, atingindo o pico de 20 dólares americanos no segundo semestre de 1996. Em fevereiro de 1997, a BRE-X anunciou oficialmente a ampliação das reservas, avaliadas inicialmente em 2,5 milhões de onças, para 71 milhões de onças, podendo chegar a 200 milhões de onças. Até então, o depósito de Busang era considerado o maior depósito de ouro do mundo. Entretanto, em março de 1997, nova avaliação, conduzida por outra empresa de mineração, concluiu que as reservas de Busang haviam sido amplamente superestimadas. As análises dos testemunhos de sondagem revelaram "quantidades insignificantes de ouro" (Bre-X..., 1997, p. 265). Chegou-se, assim, à conclusão de que o depósito de ouro de Busang foi a maior fraude da história da mineração no mundo inteiro (Gama; Sardi, 1997). Para evitar fraudes, como o caso do ouro de Busang, e mal-entendidos, principalmente por parte de investidores leigos, a partir dos anos 1990, os países mineradores mais importantes (incluindo o Canadá, os Estados Unidos, Reino Unido e Austrália), por meio de suas sociedades profissionais (como AIMM, AIME, CIM, AusIMM etc.) e das bolsas de valores (como a NYSE), decidiram deixar muito clara a diferença entre recursos e reservas. Assim, nesse contexto, foram adicionados e revistos diversos conceitos, e aprofundaram-se os estudos necessários e exigências visando a uma avaliação mais confiável das reservas minerais. Os aspectos mais importantes segundo essa conceituação mais recente são discutidos a seguir.

Recurso mineral é a ocorrência mineral identificada, *in situ*, com base nas informações (amostragem) disponíveis. Tal avaliação, sem conotação econômica, visa, primeiramente, à confecção do modelo do depósito mineral. Considerando principalmente a continuidade das mineralizações (não da variação dos teores), os recursos minerais são classificados em medidos, indicados e inferidos, cujas definições são assemelhadas com as definições tradicionais, já mencionadas. *Reserva mineral* é a parte do recurso (medido e/ou indicado) passível de ser lavrada, incluindo a diluição. A reserva mineral subdivide-se em provada e provável (não existe a possível). Com base nos estudos de viabilidade técnica e econômica, determinam-se as reservas.

Instituiu-se a *auditoria de recursos/reservas* (*due diligence*) que se reporta à verificação cuidadosa de todos os dados de geologia, resultados de análise, pesquisa mineral, planos de lavra, estudos técnicos/econômicos, sequenciamento da produção etc., que culminam com a definição de recursos e reservas. O *especialista* (*competent person*) é o profissional que domina a técnica de avaliação de recursos/ reservas para o tipo de jazida considerado. Nesse aspecto, um técnico pode ser competente para avaliar um tipo de jazida, como um depósito de minério de manganês, mas não outro, como uma jazida de minério de urânio. Além dessas providências, outros termos foram redefinidos. A traçagem (*tracking*), ou rastreabilidade, corresponde ao acompanhamento da quantificação de um depósito mineral – englobando determinações de tonelagens e teores, desde o inventário dos dados até a apresentação do resultado final (quadro de recursos/reservas).

As minas produzem basicamente dois tipos de materiais: minério e estéril. O minério é normalmente enviado à usina de tratamento para adequar suas características ao mercado consumidor. O estéril produzido pela mina é geralmente um material desprovido de valor econômico e deve ser cuidadosamente empilhado e estabilizado em locais apropriados. O teor de um minério, ou de uma amostra, é normalmente uma relação de massas, isto é, a massa do metal contido pela massa total considerada. No caso de rochas industriais, a massa do metal pode ser substituída pela massa de metaloides, ou outras substâncias, como no caso do minério de fosfato, em que o teor é dado em porcentagem de P_2O_5. O *teor de corte* delineia a fronteira entre o aproveitamento e a rejeição; corresponde à quantidade e/ou qualidade mínima exigida de substância mineral útil, que deve conter a massa mineral, para seu aproveitamento. A substância mineral útil, no limite do teor de corte, será suficiente apenas para custear as operações de lavra, transporte e beneficiamento, sem auferir lucro. O teor de corte delimita a fronteira entre minério e estéril, dando destinos diferentes a estes. Assim, no Brasil, costuma-se denominar estéril franco o estéril que não apresenta nenhuma possibilidade de aproveitamento econômico. Entretanto, há casos em que a substância mineral útil contida numa dada massa mineral é suficiente para custear tão somente seu beneficiamento, sendo o teor correspondente denominado *teor mínimo ou marginal*. O minério marginal é aquele que, uma vez desmontado, pode ser transportado para a planta de tratamento de minérios em vez da pilha de estéril, sem, contudo, auferir lucro ou prejuízo. O minério constitui-se geralmente de dois grupos distintos de minerais: minerais úteis, ou minerais de minério, que são aqueles que portam os valores econômicos; e ganga, ou minerais de ganga, que são aqueles minerais desprovidos de valor econômico ou que diminuem o valor do produto vendável.

O *tratamento de minérios* corresponde ao conjunto de operações sequenciais que, quando realizadas em uma matéria-prima mineral (minério bruto), tal como extraídos pela mineração, permitem sua adequação, originando produtos de qualidade controlada e constante que atendam às especificações dos demais setores que os empregam. Segundo Araújo (2007), os autores brasileiros têm utilizado, tradicionalmente, o termo tratamento de minérios para designar todo o conjunto dessas operações básicas, enquanto autores estrangeiros vêm, modernamente, adotando o termo *processamento de minérios*. Entretanto, as escolas de mineração brasileiras têm empregado indistintamente os termos tratamento, beneficiamento e processamento, indicando que podem ser considerados sinônimos. O tratamento dos minérios depende, fundamentalmente, das características físicas, mineralógicas e da qualidade (teor) do material a ser processado. Geralmente, os minérios de alto teor são submetidos somente a operações de britagem e classificação por tamanho. Minérios de teor mais baixo, mas que apresentam liberação de minerais de ganga em faixas granulométricas mais grosseiras, após britagem e, comumente, moagem, são submetidos a operações de concentração por métodos gravimétricos. A concentração dos finos pode ser feita por separação magnética e/ou flotação, por exemplo (Curi, 1991). A *concentração* corresponde ao beneficiamento dos minérios, visando à remoção da maior parte da ganga e ao agrupamento dos minerais-minérios em um ou vários produtos distintos denominados concentrados. As operações de concentração geram produtos distintos: os *concentrados*, constituídos essencialmente de minerais-minérios (com alguma ganga indesejável) e os *rejeitos*, formados por minerais de ganga, contendo, no entanto, alguma parcela de minerais úteis. Rejeito é o material sólido, líquido ou gasoso, desprovido de valor econômico, proveniente do beneficiamento mineral. O tratamento de minérios gera produtos, coprodutos e subprodutos.

O produto ou concentrado principal refere-se àquele de maior valor econômico. O coproduto corresponde a minerais acessórios, ou elementos associados ao minério, que também podem ser extraídos economicamente valorizando mais a jazida. Já os subprodutos têm valores econômicos subsidiários. Outro aspecto muito importante a se considerar no tratamento de minérios é a relação de concentração que representa o quociente entre a porcentagem de minerais-minérios na alimentação de uma operação de tratamento de minérios e a porcentagem de minerais-minérios no concentrado. Já a recuperação, ou recuperação metalúrgica, é a relação entre a quantidade de metal contido no concentrado e a quantidade de metal contido na alimentação. Assim, nesse contexto, foram adicionadas essas definições para dirimir as dúvidas quanto à avaliação de recursos.

Para explicitar e elucidar melhor a conceituação de recursos e reservas, são apresentadas, a seguir, as terminologias equivalentes, considerando, agora, o código de mineração australiano, que tem sido aceito internacionalmente como um padrão de referência para a classificação de recursos e reservas minerais. Os principais fundamentos que governam a operação e a aplicação do sistema de classificação de recursos e reservas, segundo o código australiano, são a competência, a materialidade e a transparência. Entende-se que a metodologia de classificação de recursos/reservas deve buscar a similaridade com os conceitos aceitos internacionalmente, como os conceitos do código australiano, a fim de facilitar, entre outros aspectos importantes, a emissão/negociação de ações das empresas de mineração brasileiras nas bolsas de valores internacionais. Segundo o referido código, um *recurso mineral* é uma concentração ou ocorrência de material de interesse econômico intrínseco na superfície ou no interior da crosta terrestre, com tal forma e quantidade que pode ser considerado um prospecto razoável para eventual extração econômica.

Um *recurso mineral medido* é a parte do recurso mineral para a qual a tonelagem, densidade, forma, características físicas, teor e conteúdo mineral podem ser estimados com elevado nível de confiança. Tem por base a exploração detalhada e fidedigna, informações de amostragem e testes obtidos por meio de técnicas apropriadas, em estações como afloramentos, galerias, trincheiras, poços, trabalhos subterrâneos e furos de sonda. O espaçamento das estações é próximo o bastante para confirmar a continuidade geológica e/ou de teor.

Um *recurso mineral indicado* é a parte do recurso mineral para a qual a tonelagem, densidade, forma, características físicas, teor e conteúdo mineral podem ser estimados com razoável nível de confiança.

Um *recurso mineral inferido* é a parte do recurso mineral para a qual a tonelagem, teor e conteúdo mineral podem ser estimados com baixo nível de confiança. É inferido a partir de evidência geológica e admite-se, mas não se comprova, a continuidade geológica e/ou de teor.

Recursos potenciais são aqueles que não atendem aos critérios de classificação como medidos, indicados ou inferidos, porém existe uma razoável probabilidade de seu aproveitamento.

Uma *reserva provável de minério* é a parte economicamente lavrável de um recurso mineral indicado e, em alguns casos, medido; avaliações apropriadas, que podem englobar estudos de viabilidade, foram realizadas e incluem considerações sobre mudanças, realisticamente admitidas, nos fatores de lavra, de concentração, metalúrgicos, econômicos, de mercado, legais, ambientais, sociais e governamentais. Essas avaliações demonstram que, na época em que foram reportadas, a extração seria razoavelmente justificada.

Uma *reserva provada de minério* é a parte economicamente lavrável de um recurso mineral medido. Inclui materiais diluídos e descontos sobre perdas, que podem ocorrer quando da lavra do material. Avaliações apropriadas, que podem incluir estudos de viabilidade, foram realizadas e incluem considerações sobre mudanças, realisticamente admitidas, nos fatores de lavra, metalúrgicos, econômicos, de mercado, legais, ambientais, sociais e governamentais. Essas avaliações demonstram que, na época em que foram reportadas, a extração seria razoavelmente justificada.

A inter-relação entre recursos e reservas é dinâmica, sendo influenciada, principalmente, pela elevação do nível de conhecimento geológico e confirmação da viabilidade econômica. Pode-se dizer que, para a definição de uma ocorrência mineral como recurso inferido, basta um nível de conhecimento geológico elementar, que pode ser obtido ainda na *fase prematura* da exploração mineral, enquanto, para a definição de uma ocorrência mineral como reserva, será necessário um conhecimento bem mais aprofundado e específico, o qual somente poderá ser obtido a partir de uma *fase avançada* da exploração mineral. Considerando os conceitos expostos, pode-se concluir que recursos minerais inferidos podem se converter em recursos medidos, à luz de estudos pertinentes e conclusivos realizados, com a evolução da exploração mineral, uma vez demonstrado o seu conteúdo mineral, com elevado nível de confiança. Da mesma forma, recursos medidos e/ou indicados podem se converter em reservas provadas à luz da comprovação da sua exequibilidade técnica e econômica. Entretanto, apenas recursos medidos e/ou indicados se converterão, respectivamente, em reservas provadas e/ou prováveis à luz de fatores favoráveis de ordem econômica, técnica e legal, entre outros, como representado na Fig. 1.2.

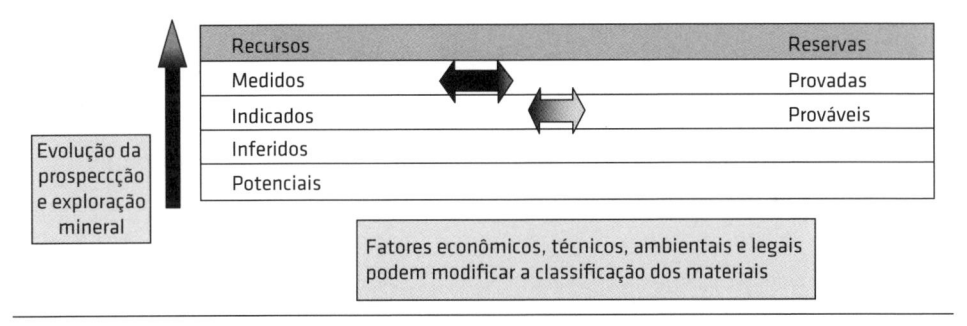

FIG. 1.2 *Inter-relação dinâmica entre evolução da prospecção e exploração, recursos e reservas minerais*

1.3 ALTERNATIVAS DE APROVEITAMENTO DE UM BEM MINERAL

Sumariamente, pode-se afirmar que existem três alternativas extremas de aproveitamento de um bem mineral. A primeira alternativa corresponde à lavra da totalidade do depósito mineral, com aproveitamento de toda a substância útil contida, sem atentar para o aspecto econômico. Corresponderia à lavra ambientalmente sustentável, pelo menos no sentido filosófico e em termos do aproveitamento integral de um recurso não renovável. A segunda alternativa corresponde à lavra de parte do depósito mineral, com aproveitamento de parte da substância útil contida, mas sem atentar, primordialmente, para o aspecto econômico. Esta alternativa pode vir a ser adotada em casos excepcionais, como em motivações de ordem estratégica especificadas pela política mineral ou social do país ou pela necessidade de manutenção da segurança nacional. É o caso, por exemplo, de certas minas de urânio que são ou foram mantidas em operação, mesmo sendo deficitárias, com o intuito de fornecer matéria-prima para a indústria energética e/ou bélica. Também pode ser o caso de certos governos aos quais seja interessante manter operações de minas, mesmo que sejam deficitárias, para manter empregos e/ou criar subsídios econômicos visando à manutenção da estabilidade política e/ou social. A terceira alternativa se refere à lavra das partes mais ricas da reserva mineral, distinguindo-se como uma lavra ambiciosa e, frequentemente, caracterizada pelo uso de tecnologias obsoletas, como acontece em grande parte dos garimpos. Esta alternativa, embora possa conduzir a ilusórios resultados econômicos positivos, está longe de ser sustentável, tanto econômica quanto ambientalmente. A lavra do bem mineral útil restante poderá ficar, definitivamente, comprometida em virtude da degradação das características otimais médias do jazimento, devido à lavra criminosa ou predatória de sua porção mais rica.

Em termos estritamente econômicos, entretanto, o aproveitamento de um bem mineral deve se aproximar de uma solução ideal, compreendida em algum ponto entre as alternativas extremas mencionadas. Com o propósito de fundamentar as exposições seguintes, convém destacar as características inerentes da indústria extrativa mineral, sob a ótica da Economia Mineral (Calaes, 2006):

* *Alto risco na fase de exploração mineral*: a fase de prospecção e pesquisa mineral pode resultar em insucesso;
* *Longo prazo de maturação dos investimentos*: o tempo compreendido entre o início da pesquisa mineral e o início das operações de lavra situa-se, em média, na faixa de 7 a 10 anos. No projeto Carajás, por exemplo, os depósitos de minério de ferro descobertos em 1967 só começaram a ser lavrados a partir de 1986, ou seja, quase 20 anos depois;
* *Rigidez locacional*: as jazidas comumente se encontram distantes dos mercados consumidores de matéria-prima mineral e também de infraestrutura adequada, dificultando seu aproveitamento;
* *Especificidade tecnológica*: cada depósito apresenta condicionamentos tecnológicos próprios que precisam ser estudados e resolvidos para possibilitar o seu aproveitamento;
* *Exaustão*: o bem mineral é não renovável e se exaure com a lavra da jazida.

Além dessas especificidades, na procura da solução ideal, alguns fatores condicionantes do aproveitamento merecem ser já destacados, por sua importância. A definição e o *valor do produto* (bem mineral) a ser comercializado precisam ser decididos já na fase inicial dos estudos do projeto, e o valor do produto é função direta do mercado consumidor e oscila conforme as tendências mercadológicas e a conjuntura econômica local, nacional e até internacional, dependendo do caso. É este um fator altamente decisivo na viabilização de um empreendimento mineiro e, ao mesmo tempo, de previsão de evolução difícil, por ser dependente de fatores muitas vezes imprevisíveis. O *custo de produção* abrange o somatório dos custos relativos às diversas fases de transformação do minério em um produto vendável. O custo de produção se relaciona com a escala de produção variando inversamente, mas não linearmente a esta (por meio da desejável economia de escala). A *escala de produção* deverá ser estabelecida por meio de pesquisa de mercado ou contratos de venda futura, quando será definida – com base em produções e consumos verificados para o bem que se deseja produzir e projeções de produção e consumo desse mesmo bem – a quantidade que a área de influência econômica da jazida é capaz de consumir, por exemplo.

A escala de produção está, também, relacionada à reserva mineral e, consequentemente, ao método de lavra adotado – de tal modo que resulte em uma vida, para a mina, compatível com o atendimento dos objetivos econômicos de longo prazo; ou seja, a mina deve ter uma vida útil suficientemente longa para compensar economicamente os investimentos efetuados. O investimento inicial é composto de todas as inversões necessárias ao início de produção do bem mineral. É função da escala de produção e com ela se relaciona pela Eq. 1.1, bem simples, mas suficiente, quando se realizam estudos preliminares de aproveitamento de um depósito mineral:

$$\frac{I_0}{I_i} = \left(\frac{P_0}{P_i} \right)^{0,6} \tag{1.1}$$

em que:
I_0 = investimento inicial correspondente à produção P_0;
I_i = investimento inicial correspondente à produção P_i.

1.4 Estágios de um projeto de lavra de minas

Planejar é prognosticar o futuro e, no caso de um projeto de lavra de minas especificamente, o plano de lavra deve se basear em estudos confiáveis, que garantam sua implantação com a precisão adequada. Pode-se destacar, inicialmente, o conhecimento da reserva mineral, por constituir a base de sustentação de todo o empreendimento mineiro. Considerando a experiência de campo, os engenheiros de minas costumam dizer que o conhecimento completo da jazida só é possível quando esta é exaurida. Há, no entanto, um estágio de conhecimento preliminar da reserva mineral – a ser alcançado ainda na fase da pesquisa – com um erro de estimativa aceitável, que garanta o prosseguimento do projeto. Assim, a interpretação da estrutura geológica e da morfologia da reserva mineral, a determinação da distribuição espacial dos teores, a caracterização mineralógica e avaliações geomecânicas do maciço rochoso devem ser efetuados com a precisão necessária, pois conclusões incompletas ou imprecisas podem comprometer todo o empreendimento, às vezes, de forma irreversível.

Depois dos estudos de avaliação dos recursos minerais e com base neles, seguem-se os estágios de estudos conceituais, estudos preliminares, estudos de viabilidade técnica, econômica e financeira, projeto básico e, finalmente, o projeto detalhado da mina. No caso de projetos de lavra de minas a céu aberto, especificamente, a determinação das *curvas de parametrização* da reserva mineral está no centro do alvo a se atingir, pois elas possibilitam quantificar e sequenciar o minério a ser lavrado durante a fase de produção da mina. É igualmente importante o estágio de estudos dos processos de beneficiamento do minério, a ser feito com amostras representativas dos vários tipos de minério da futura jazida. Esses estudos devem conduzir à definição de um processo de beneficiamento que permita a transformação do bem mineral em um produto rentável. Reserva mineral e processo de beneficiamento estão intimamente inter-relacionados, de tal forma que o estabelecimento de um sem a devida consideração do outro pode levar a resultados tecnicamente possíveis, mas muitas vezes impraticáveis do ponto de vista econômico.

Em suma, pode-se concluir que, para que haja uma mina, é preciso que haja uma jazida; e, para que haja uma jazida, é preciso que haja um minério. Para um melhor entendimento, é praxe dividir os estudos necessários ao planejamento de lavra de minas em três estágios sequenciais e interdependentes denominados, respectivamente, *conceitual, preliminar* e *de viabilidade.*

1.4.1 Estudo conceitual

Esse é o primeiro estágio em que se apresentam as proposições de investimento, com base nas ideias iniciais e da análise expedita das opções de aproveitamento, como comentado na seção 1.3. Pode-se utilizar, nesse estágio, dados históricos de outras áreas e projetos semelhantes, criando situações comparativas. Segundo Heider (2012), no estágio de *estudo conceitual* (escopo), é necessário avaliar a aderência estratégica do projeto e identificar os principais riscos associados aos respectivos impactos. Assim, define-se o risco aceitável para a continuidade da avaliação do projeto.

Nesse estágio, aceitam-se erros da ordem de 30%, em termos de estimação de custos e de investimento. Os principais riscos a serem considerados são: risco geológico, operacional, financeiro, de mercado, ambiental e político, sobretudo em países em desenvolvimento.

1.4.2 ESTUDOS PRELIMINARES

Os estudos preliminares apresentam um nível intermediário de detalhamento e seus resultados não são, ainda, definitivos para a tomada de decisão de investimento. Seu principal objetivo é determinar se o projeto conceitual justifica uma análise mais aprofundada, por meio de estudos de viabilidade técnica e econômica. Os estudos preliminares são considerados como intermediários entre o estudo conceitual, de baixo custo relativo, e os estudos de viabilidade, de alto custo relativo.

Geralmente, os estudos preliminares são executados por pequenos grupos de trabalho compostos por duas ou três pessoas da empresa, com apoio de especialistas de campos de conhecimento específicos. Taylor (1977), citado por Hustrulid e Kuchta (1995), sugere que os seguintes aspectos sejam abordados em um relatório intermediário de avaliação:

* Objetivo do relatório;
* Conceitos técnicos;
* Conhecimento inicial da reserva mineral;
* Cálculos das quantidades de matéria mineral e estéril;
* Programação de lavra e produção prevista na lavra;
* Estimação de custos de investimento;
* Estimação de custos operacionais;
* Estimação de receita;
* Impostos e aspectos financeiros;
* Fluxo de caixa simplificado.

Nesse estágio de pré-viabilidade, devem ser realizados os estudos iniciais de viabilidade econômica, além da comparação com outras opções ou outros investimentos minerais (seleção de projetos), destacando aqueles com maior retorno e menor risco de investimento.

1.4.3 ESTUDOS DE VIABILIDADE

Se os resultados dos estudos preliminares forem satisfatórios, passa-se à preparação de um estudo detalhado de viabilidade de lavra. Tal estudo considera os aspectos econômicos, legais, tecnológicos, geológicos, ambientais e sociopolíticos. Os estudos de viabilidade se baseiam em um processo iterativo, visando à otimização dos elementos críticos do projeto. O objetivo final do estudo de viabilidade é recomendar ou não o projeto da mina. Até esse estágio de estudos, certa quantidade de capital já foi investida; porém, isso, por si só, não recomenda a lavra; sendo necessária, logicamente, a confirmação da viabilidade do projeto em todos os seus aspectos.

Assim, recomenda-se que estudos de viabilidade de empreendimentos de lavra de mina contenham, no mínimo, os seguintes itens:

* Introdução, resumo e objetivos do estudo;
* Localização, planta de situação, clima, topografia, história local, propriedade e condições de transporte;
* Considerações ambientais: condições atuais, padrões, medidas de proteção, recuperação de áreas, estudos especiais;
* Considerações geológicas: origem, estrutura, morfologia dos depósitos;
* Avaliação das reservas minerais, compreendendo procedimentos de avaliação, cálculo de tonelagem e teor;
* Metodologia proposta para o desenvolvimento e planejamento da lavra;
* Metodologia proposta para o tratamento dos minérios presentes;
* Localização das instalações de superfícies;
* Discriminação das operações auxiliares: energia, suprimento de água, acessos, área de disposição de estéril, barragem de rejeitos;
* Quadro de pessoal requerido;
* Previsão da comercialização do produto: oferta, demanda, preço, contratos de fornecimento;
* Previsão dos custos direto, indireto e total de desenvolvimento, lavra, beneficiamento e transporte;
* Projeção do lucro: determinação da margem de lucro, por faixas de teores e preços.

Um dos dados que necessitam mais precisão e atenção nesse estágio é o cálculo de tonelagem e qualidade do minério, sendo que o erro de estimativa pode ser de aproximadamente 10%, dependendo do tipo de minério. Outros fatos importantes a se considerar são:

* a reserva mínima de minério, que deve ser suficiente para suprir os anos de fluxo de caixa projetados no relatório de viabilidade;
* a definição das áreas de lavra, das áreas para a infraestrutura e depósitos de estéreis e barramentos de rejeitos, fora da área mineralizada, a qual não deverá ser invadida por nenhuma obra.

As principais funções de um estudo de viabilidade de um projeto de lavra de minas são:

* prover informações detalhadas e comprovadas dos elementos fundamentais concernentes ao projeto de lavra de minas;
* representar a lavra de minas por meio de esquemas apropriados, incluindo desenhos, figuras, fotos, relação de equipamentos, com detalhamento, inclusive, dos custos previstos e resultados esperados;
* avaliar a lucratividade do projeto;
* recomendar ou não o projeto da mina.

Na etapa de viabilidade, é definida a modelagem do fluxo de caixa e seus impactos no projeto nos diversos cenários (crítico a otimista). Os riscos e seus impactos são novamente reavaliados, levando em conta, principalmente, o risco financeiro. É realizado o estudo econômico financeiro detalhado, com a necessidade de capital e custos de mineração ao longo da vida útil do projeto, além da análise de sensibilidade econômica, sob vários cenários (Heider, 2012). A sustentabilidade também é um dos fatores utilizados na avaliação de projetos de mineração, com base na identificação de todos os aspectos legais, econômicos e sociais. Ressalta-se a crescente importância da licença social na aceitação dos projetos com intervenção cada vez maior do Ministério Público (MP). A situação dos títulos minerários deve estar legalizada com a manutenção das licenças ambientais (Heider, 2013).

Alternativamente, pode-se também considerar que um projeto de mineração se desenvolve em quatro estágios distintos, classificados segundo a época em que esse estágio ocorre e o grau de precisão admissível em cada um. Segundo esse critério, tradicionalmente usado no Brasil, tem-se em sequência: projeto preliminar, anteprojeto, projeto básico e, finalmente, projeto detalhado (Costa, 1979). O *projeto preliminar* compreende os primeiros estudos feitos em um determinado depósito mineral. Corresponde ao estudo conceitual e aos estudos preliminares baseados em dados iniciais obtidos sobre o jazimento mineral e sua área de influência. Esse estágio objetiva, principalmente, estabelecer um consenso, entre as partes envolvidas no projeto, sobre a conveniência de se prosseguirem os estudos mais detalhados sobre o referido jazimento. Determina-se, em uma primeira aproximação, os valores do investimento necessário para a execução do projeto e o benefício que este pode gerar, ainda que com um erro admissível de 40%. Um projeto preliminar pode ser feito antes mesmo de se ter a exploração mineral concluída. O *anteprojeto* corresponde ao estágio que se realiza em sequência ao projeto preliminar e usa, em sua elaboração, dados mais precisos sobre a reserva mineral, realmente determinados em campo ou laboratório. Nesse estágio, já se deve conseguir diminuir o erro cometido nas diversas avaliações para 30%. Com base nos resultados do anteprojeto, já é possível iniciar negociações para o financiamento do empreendimento – caso ele se mostre viável – bem como levantar novas imprecisões, decorrência natural do aprofundamento do estudo realizado. Em suma, o anteprojeto é uma ferramenta de decisão sobre o que, como e quando deve ser realizado para o levantamento de imprecisões que ainda persistem.

No estágio de *projeto básico* – considerando o erro cometido em suas conclusões de cerca de 20% –, pode-se concluir a viabilidade ou não de implantação do empreendimento. Considera-se que a reserva mineral já é suficientemente conhecida, bem como todos os outros fatores que condicionam a sua lavra. É possível que o projeto básico ainda revele imprecisões ou carência de dados, cujas naturezas determinam ou não a necessidade de acurá-los ou supri-los antes de se passar ao projeto detalhado, estágio que vem em sequência a este. O *projeto detalhado* corresponde ao estágio final de um projeto de mineração e a sua precisão deve ser suficiente para permitir a implantação do empreendimento – essa imprecisão é da ordem de 10%. Na realidade, há uma superposição entre o projeto detalhado e a sua implantação, benéfica sobre todos os aspectos, pois, admitindo-se a confiabilidade dos números em que ele se baseou, permite o início da produção – e, consequentemente, do retorno de capital – em um prazo mais curto.

Pelo exposto, pode-se concluir que um projeto de mineração é o somatório de vários projetos que, por meio da metodologia de aproximações consecutivas, buscam a garantia do sucesso do empreendimento. É também importante destacar que, embora consecutivos, os diversos tipos de projeto mencionados não são elaborados necessariamente um após o outro que o antecede. Pelo contrário, poderá haver intervalos de tempo entre eles, visando ao aprofundamento de certos estudos e à eliminação de falhas que o projeto tenha demonstrado. A prática mineira, ao longo dos anos, tem demonstrado a eficiência dessa metodologia. Em projetos de mineração de grande porte, os estudos, como os discutidos anteriormente, podem levar de seis a oito anos para serem concluídos (Costa, 1979), sendo que o tempo compreendido entre o início da pesquisa mineral e o início das operações de lavra situa-se, em média, na faixa de sete a dez anos (Calaes, 2006). O custo desses estudos varia bastante conforme o porte, a natureza do projeto, os tipos de estudos e pesquisas e a quantidade de alternativas a serem investigadas. Lee (1984 apud Hustrulid; Kuchta, 2006) sugere que a ordem de grandeza dos custos desses estudos pode ser estimada por um percentual em relação ao investimento total previsto para o projeto, ou seja: estudo conceitual (0,1 a 0,3%); estudo preliminar (0,2 a 0,8%); estudo de viabilidade (0,5 a 1,5%). Consideram-se, no caso, exclusivamente os estudos técnicos (excluindo-se itens como sondagens, testes metalúrgicos, estudos de impacto ambiental, entre outros estudos básicos).

1.5 Fases de um projeto de lavra de minas

As fases da mineração, como já comentado, são denominadas: prospecção ou procura (Marzano Filho, 2013), equivalente ao termo francês *reconnaissance* (Paione, 1998), pesquisa, desenvolvimento, lavra e fechamento de mina. Entretanto, a fase de lavra especificamente pode também ser dividida em três fases (ou subfases): planejamento, implantação e produção. Na Fig. 1.3, a linha descendente representa, esquematicamente, a possibilidade *relativa* de se modificar os custos (Δc) de um projeto de lavra de minas à

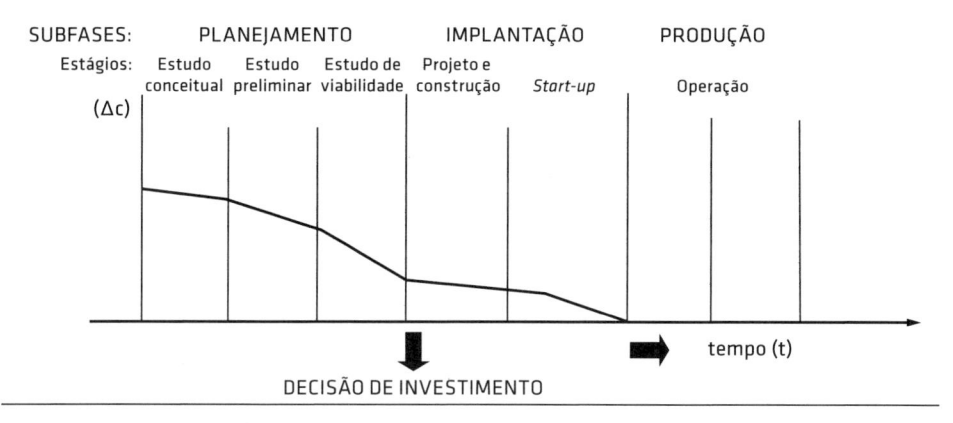

FIG. 1.3 *Fases de um projeto de mineração e possibilidades de influenciar nos custos*
Fonte: Hustrulid e Kuchta (2006).

medida que o seu planejamento evolui, com o tempo (t); culminando com a entrada em operação.

> Na fase (ou subfase) de planejamento tem-se as melhores chances para minimizar os custos operacionais e de investimento (Δc) de um projeto de lavra de minas. Entretanto, é preciso estar atento, pois o oposto também é verdadeiro: – nenhuma outra fase do projeto de lavra de minas tem tanto potencial para criar um desastre técnico e/ou financeiro. (Lee, 1984 apud Hustrulid; Kuchta, 2006, p. 7).

No estágio conceitual, há uma possibilidade praticamente ilimitada de influenciar nos custos (Δc) do projeto. À medida que decisões (corretas ou não) são tomadas durante a fase de planejamento, as oportunidades de influenciar nos custos (Δc) do empreendimento diminuem rapidamente. As possibilidades de influenciar nos custos do projeto continuam diminuindo, gradativamente, conforme as decisões são tomadas durante os estágios preliminar e de viabilidade do projeto; e diminuem muito mais rapidamente ao aproximarem-se da fase de implantação (vide linha descendente da Fig. 1.3). No final da fase de construção, praticamente não se tem mais oportunidades de influenciar nos custos.

É importante ressaltar o caráter dinâmico do processo de suprimento mineral, no qual se sobressai o papel exercido pelos fatores mercado, depleção e tecnologia (Calaes, 2006). O preço do minério é comandado pelas leis de mercado da oferta e procura (demanda). Embora o desenvolvimento de novas tecnologias possa ser, em princípio, responsabilidade da empresa mineradora, as novas tecnologias são rapidamente difundidas e a área mais interessada em desenvolver e pesquisar novas tecnologias para tornar o seu minério competitivo é a própria equipe de engenharia, que lida com a produção. Dessa forma, o objetivo é buscar continuamente a redução de custos das operações, sem nunca esquecer que uma nova tecnologia pode transformar o que é estéril hoje no minério do amanhã. O processo para a efetivação de um empreendimento mineiro, como mostrado pela Fig. 1.4, passa sempre por uma relação positiva com o mercado consumidor, com base no aumento da demanda por produtos minerais. Em resposta às demandas por recursos minerais úteis, recursos financeiros são aportados na pesquisa mineral, resultando em descobertas de novos depósitos. Por meio do aumento de preço, recursos podem tornar-se atrativos, passando a ser economicamente viáveis e constituindo as reservas. Na fase de planejamento, todos esses estudos econômicos já deverão estar concluídos. Sendo positivos, passa-se à fase do desenvolvimento da mina para se estabelecer sua implementação e iniciar a fase de produção. A integração entre o projeto e a logística de transporte (mina-porto) deve ser muito bem ajustada, buscando o *timing* adequado. Diversos projetos de mineração não têm garantia de acesso à logística de transporte mais adequada, estando sujeitos à venda de sua produção para outras empresas que dominam o transporte mina-porto, reduzindo, assim, sua lucratividade (Heider, 2012).

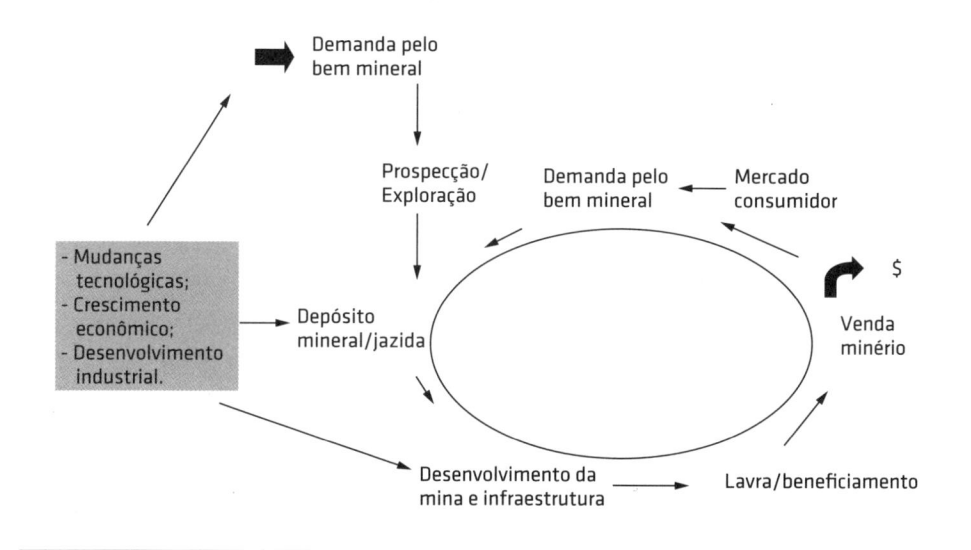

FIG. 1.4 *As fases da mineração e sua relação com o mercado consumidor e de capitais*

A demanda por bens minerais apresenta, com o tempo, frequentes mudanças em decorrência de inovações estruturais e tecnológicas, custos de produção e desenvolvimento de novos produtos. A exploração mineral ininterrupta conduz ao aproveitamento mais imediato dos depósitos mais relevantes do ponto de vista econômico, os quais são exauridos, levando a um processo contínuo de depleção dos recursos minerais mais fáceis de serem explotados, acompanhado de esforços de exploração cada vez mais intensivos, o que pressiona o custo do suprimento mineral ao longo do tempo. A Fig. 1.5 apresenta um fluxograma simplificado com a discriminação dos estudos fundamentais que devem ser desenvolvidos para a avaliação das reservas minerais. Tais estudos serão abordados nos capítulos seguintes, iniciando-se pelos estudos para o conhecimento da jazida.

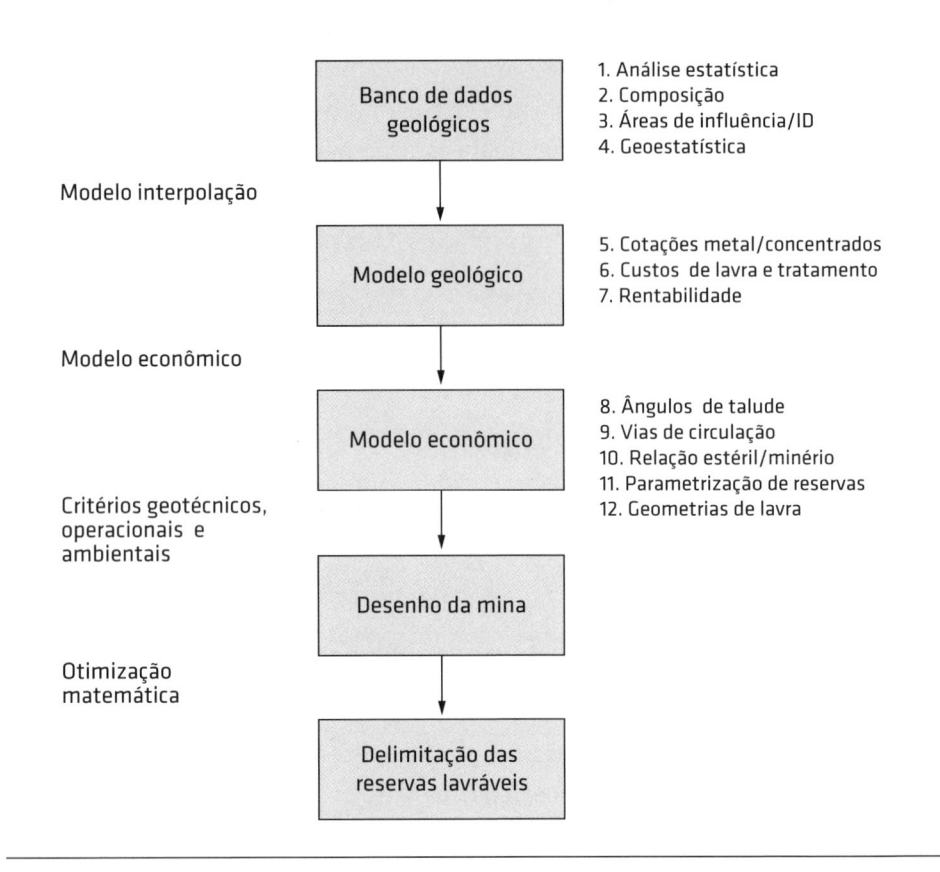

FIG. 1.5 *Principais estudos necessários para a avaliação das reservas minerais*

dois

O CONHECIMENTO DA JAZIDA

Os DEPÓSITOS MINERAIS SÃO gerados por processos geológicos resultantes das transformações que vêm acontecendo na crosta terrestre desde a era Pré-Cambriana, há mais de 4,5 milhões de anos, quando se solidificaram as primeiras rochas do planeta (Kearey, 2014). Classificam-se os processos formadores de depósitos minerais em endógenos (vulcanismo, metassomatismo, metamorfismo), por ocorrerem no interior da crosta, e exógenos (intemperismo) por acontecerem na superfície. Frequentemente, os depósitos minerais são também classificados em depósitos sedimentares, intempéricos, metamórficos, hidrotermais etc., conforme a dominância de um desses processos na geração do depósito (Teixeira et al., 2009). Uma massa individualizada de rocha constitui um corpo geológico. Depósito mineral é uma concentração (acumulação) natural de qualquer substância rochosa útil. Entretanto, a expressão corpo mineral, tem conotação morfológica por estar relacionada a formas rochosas de interesse econômico. Corpos minerais são acumulações de matéria mineral natural, limitadas por todos os lados e confinadas a um elemento (ou elementos) estrutural. Os limites dos corpos minerais podem ser naturais, tecnológicos ou econômicos (Sad; Valente, 2007).

As concentrações anômalas ou preferenciais de determinados minerais de valor econômico constituem as jazidas. As jazidas de minério contêm minerais-minérios e as jazidas de minerais industriais, matérias-primas diversas para uso como fundentes, isolantes térmicos, refratários, abrasivos e na indústria química em geral. As jazidas de rochas industriais incluem materiais de construção e combustíveis como petróleo, carvão mineral e gás natural. Verifica-se, entretanto, que essas mineralizações diferenciadas e localizadas não ocorrem de maneira totalmente aleatória. A maioria dos depósitos minerais apresenta um certo zoneamento mineralógico ou metalogenético, e assim os minerais concentram-se preferencialmente em certos locais, os quais podem ser determinados pelas atuais técnicas de prospecção e pesquisa mineral disponíveis. Em países com clima tropical, como o Brasil, o intemperismo provoca a reorganização da mineralogia (primária) do depósito. Eventualmente, as intempéries modificam jazidas primárias, oxidando minerais ou até mesmo transformando-os, em casos mais extremos, em minerais sem valor econômico. Em outros casos, o intemperismo simplesmente altera a constituição mineralógica, gerando mineralizações secundárias. Os minérios de ferro do Quadrilátero Ferrífero brasileiro são um exemplo típico disso. São originalmente formados a partir de três tipos básicos de sedimentos: os mais ricos em ferro, aqueles com ferro e muita sílica e ferro carbonatos. Tais sedimentos passaram por diversos ciclos de metamorfismo, organizaram-se sob a forma de lentes e foram submetidos ao intemperismo nos últimos ciclos geológicos. Foram gerados, então, os atuais itabiritos, eventualmente as hematitas (por eliminação de sílica por dissolução), os itabiritos anfibólicos (derivados dos carbonatos ferruginosos por intemperismo) e outros minérios.

A natureza dos depósitos minerais é muito diversa. Cada depósito mineral tem uma gênese única e, portanto, é único. Dada a multiplicidade de jazimentos minerais, impõe-se o agrupamento daqueles que pareçam semelhantes, de modo a definirem-se tipos ou categorias que sejam facilmente referenciados e identificados. É esta finalidade que se procura com a classificação sistemática de jazimentos minerais. Pretende-se, portanto, definir tipos, tanto quanto possível homogêneos, que facilitem o estudo e permitam tirar, por analogia, do conhecimento de uns, ensinamentos que ajudem na prospecção, pesquisa e explotação de outros (Tadeu, 1986). Assim, com o propósito de facilitar o trabalho de prospecção necessário ao detalhamento das reservas, os geólogos e engenheiros de minas tentam agrupar os depósitos minerais considerando suas várias características intrínsecas. Modelos geológicos de depósitos minerais têm, em princípio, duas componentes; uma empírica, fundamentada na observação e na experiência (morfologia, contatos, espessura, mineralogia, teores), e outra conceitual, que corresponde à interpretação dos dados no contexto da gênese do depósito. Quanto aos dados sobre o depósito, que será classificado em termos de recursos (pois não estão em julgamento valores relacionados à viabilidade econômica), o modelo dependerá do julgamento, experiência e conhecimento do técnico que definirá o limite entre a faixa mineralizada e sua encaixante.

Após a definição dos limites da região mineralizada, passa-se à determinação da morfologia do depósito. Segundo Maranhão (1982), diversas classificações são utilizadas para agrupar os depósitos minerais. Umas com base na utilidade das substâncias, outras no tipo da rocha encaixante, algumas na forma da jazida ou na gênese do minério etc. Teoricamente, seriam as classificações genéticas as que melhor poderiam corresponder ao fim em vista, uma vez que elas deveriam explicar a concentração anormal, que está na origem dos jazimentos minerais, e as relações entre ela e o meio geológico ambiente. Na realidade, o nível de conhecimento sobre a gênese dos jazimentos minerais é muito variável e está longe de ter atingido a profundidade indispensável para o estabelecimento de tal classificação. Daí o aparecimento de várias classificações genéticas, traduzindo a tendência de escolas, todas elas sujeitas à crítica mais ou menos fácil (Tadeu, 1986). Uma das classificações mais completas foi proposta por Routhier (1963 apud Maranhão, 1982), que se baseia na relação existente entre as concentrações anômalas de minerais e os ciclos geológicos constituídos de alteração e erosão, de sedimentação e subsidência, e de deformação e metamorfismo; que são influenciados por fenômenos como o vulcanismo e a intrusão de rochas ígneas. Tendo em vista todas essas dificuldades, um dos critérios mais usados em que se baseiam a classificação dos jazimentos minerais é o da forma, isto é, o das características morfológicas. Este fato explica-se pela importância primordial que tem, para a escolha do método de lavra (Cap. 3, seção 3.2), a forma do jazimento a explotar.

> Se estas classificações, só por si, pouco podem adiantar para o conhecimento da origem e da formação dos jazigos minerais, porquanto se baseiam numa característica puramente extrínseca, que se poderia dizer acidental, são, contudo, indispensáveis para a lavra de minas. (Tadeu, 1986, p. 14).

Por essa razão e porque prestam relevantes contribuições na individualização dos jazimentos minerais sem a pretensão de dar uma classificação morfológica completa, propõe-se a seguir uma classificação dos depósitos minerais *segundo sua forma*, convenientemente adaptada, a qual foi proposta originalmente por Diatchkov (1994 apud Yamamoto, 2001):

a) *Depósitos maciços*: são grandes corpos mineralizados de forma irregular, que podem apresentar um inclinação característica ou não. São compostos por corpos minerais de consideráveis extensões laterais e verticais, nos quais as mineralizações são distribuídas de forma relativamente uniforme. Pórfiros de cobre (disseminado), domos de sal e depósitos de calcário (como os da região de Pedro Leopoldo, MG) são exemplos desse tipo de depósito, no qual o método de pesquisa mais empregado é a geologia de superfície e sondagem.

b) *Depósitos em camadas e corpos tabulares*: *camadas* é a designação atribuída aos jazimentos exógenos, interestratificados e de configuração tabular. As camadas podem ser consideradas como correspondentes a filões estratificados de extensão muito grande e de configuração tabular. A principal característica que diferencia esse tipo de depósito é seu paralelismo em relação à estratificação; possui ampla extensão lateral, porém com espessura limitada. É o caso mais típico de depósitos para rochas sedimentares, sendo exemplos dessa classe de depósitos as jazidas de carvão, fosforitos, as bauxitas e caulins amazônicos (Trombetas, Jari), e alguns evaporitos (potássio de Sergipe etc.). O método de pesquisa típico é a sondagem.

c) *Veios*: são caracterizados por zonas mineralizadas nitidamente alongadas em uma dada direção, mas com espessura variável. Filões ou veios são corpos mineralizados de forma tabular ou lenticular, mais ou menos acentuada, que podem apresentar qualquer inclinação. Caracterizam-se também pela desproporção existente entre o comprimento e a largura, por um lado, e a espessura, por outro; normalmente esta é praticamente desprezável em relação àqueles. Na prática mineira, considera-se que um veio é delgado quando sua espessura é inferior a três metros, e espesso, quando superior. Comumente, o ângulo de mergulho dos veios é acentuado, o corpo mineralizado é disforme e o contato com as rochas encaixantes ora é brusco, ora é gradual. Tomando o mergulho como critério de classificação secundário, podem ser considerados os seguintes tipos de filões:

- ✦ Verticais e subverticais, com mergulho entre 75° e 90°;
- ✦ Inclinados, com mergulho entre 45° e 75°;
- ✦ Subinclinados, com mergulho entre 15° e 45°;
- ✦ Horizontais ou sub-horizontais, com mergulho entre 0° e 15°.

Os limites de mergulho que determinam essa classificação dos filões são determinados pelo campo de aplicabilidade dos diversos métodos de lavra, principalmente subterrâneos.

Jazidas de ouro do período arqueano ocorrem, geralmente, sob a forma de veios delgados. São exemplos as jazidas do ciclo do ouro da antiga Vila Rica, hoje Ouro Preto (MG) e as jazidas da antiga mina de Morro Velho, em Nova Lima (MG). Já os depósitos de sulfetos polimetálicos gerados em sequências vulcanossedimentares, como no Canadá (Kidd Creek) e na Finlândia (Vuonos), enquadram-se na classe de veios espessos. Nesses casos, a pesquisa inclui geologia de superfície, sondagens direcionadas e escavações subterrâneas, tais como a abertura de poços e galerias de acesso ao corpo mineralizado.

d) *Stockworks*: correspondem a uma massa de rocha densa e irregularmente fraturada, em diversas direções, por pequenas fendas descontínuas ao longo das quais se alojou a mineralização. Essa situação é comum em jazimentos de sulfetos polimetálicos (por exemplo, na faixa pirítica ibérica), onde, por baixo de uma massa com morfologia lenticular, pode existir uma mineralização disseminada do tipo *stockwork*. Em certas jazidas, a mineralização é composta por uma trama de veios delgados dobrados em conjunto ou interseccionando-se mutuamente. Esse arranjo também recebe o nome de *stockwork*, e são exemplos dessa forma de depósito as jazida de Bendigo (*saddle reefs*), na Austrália, e o amianto de Canabrava, em Goiás. O método de pesquisa mais empregado nesse tipo de depósito é a geologia de superfície e sondagem.

e) *Lentes, bolsões, chaminés*: abrangem pequenas concentrações locais e erráticas; corpos de minério isolados ou repetitivos e eventualmente enriquecidos, mas limitados lateral e verticalmente. Exemplos desses depósitos são as jazidas de chumbo, de zinco ou mesmo de ferro. No Brasil, há o exemplo da reserva de cobre e ouro de Salobo, na região de Carajás (formada por um conjunto de lentes retorcidas e justapostas), e a jazida de esmeralda de Santa Terezinha de Goiás (bolsões e charutos). Faixas estreitas e alongadas no sentido vertical são denominadas chaminés ou cachimbos (Maia, 1974) e correspondem a corpos mineralizados com a configuração semelhante a uma coluna vertical ou próxima da vertical, de seção geralmente circular ou elíptica, preenchida, em geral, por material brechoide. O exemplo mais célebre é constituído pelas chaminés kimberlíticas (ou quimberlíticas) diamantíferas como as da África do Sul.

A metodologia de pesquisa para esse tipo de depósito engloba a geologia de superfície, sondagens direcionadas e escavações subterrâneas, por exemplo, a abertura de poços e galerias de acesso ao corpo mineralizado.

f) *Colúvios e elúvios*: são depósitos constituídos pela decomposição de rochas subjacentes, formando agregados heterogêneos de rochas detríticas, que, quando transportadas pela ação da gravidade, formam os colúvios, mas, quando permanecem *in loco*, junto às rochas subjacentes, formam os elúvios (Ferreira, 1980). Como exemplos brasileiros, há os fosfatos e bauxitas na região de Minas Gerais, o ouro laterítico no Grupo Cuiabá, em Mato Grosso, e certos depósitos de cassiterita como os de Potosi, em Rondônia. O método de pesquisa típico é a sondagem.

g) *Alúvios*: são depósitos formados pela decomposição de rochas subjacentes, constituindo agregados heterogêneos de rochas detríticas, ou sedimentos clásticos, que são transportados pela ação das águas, formando depósitos superficiais ou próximos à superfície, usualmente pseudotabulares e de ampla extensão, contendo partículas de minerais de valor (ouro, platina, diamante, cassiterita) em detritos (areias, conglomerados). Como alguns exemplos brasileiros, é possível citar os depósitos de ouro de Alta Floresta (MT), os depósitos de cassiterita de Porto Velho (RO) e os depósitos de diamante em Diamantina (MG). O método de pesquisa típico é a sondagem.

Uma vez incluído numa dada classe, o depósito mineral será então pesquisado, segundo o método de pesquisa mais apropriado, cartografado, modelado e, finalmente, avaliado de acordo com suas características intrínsecas. Por exemplo, corpos maciços, disseminações e *stockworks* normalmente são mapeados e modelados tridimensionalmente, enquanto corpos tabulares e aluviões admitem modelos bidimensionais.

Uma outra classificação dos depósitos minerais, *segundo sua estrutura geológica* e complexidade de mineralização, foi proposta também por Diatchkov (1994 apud Yamamoto, 2001), com o propósito de facilitar o trabalho de prospecção necessário ao detalhamento das reservas. Segundo tal classificação, pode-se caracterizar os depósitos conforme o seu tamanho e estrutura e, para isso, convencionou-se compor os seguintes grupos:

* Grupo 1: grandes depósitos com estrutura simples e constante e distribuição uniforme do mineral-minério. São depósitos constituídos de

minério maciço, com espessura uniforme e no qual o teor do minério é contínuo. São exemplos os depósitos de carvão, calcário, ferro e manganês.

* Grupo 2: depósitos de estrutura complexa, espessura variada e distribuição não uniforme do mineral-minério, ou que tenham sido afetados por falhamento. São exemplos os depósitos de bauxita, níquel e alguns depósitos de ferro e manganês.

* Grupo 3: depósitos de tamanho variável, estrutura altamente complexa, espessura muito variável e distribuição irregular, ou depósitos marcados por uma mineralização que tenha sido deslocada por falhamento. São exemplos os depósitos de bauxita, cobre, estanho e alguns elementos raros.

* Grupo 4: depósitos de tamanho pequeno, com morfologia não definida, mineralização irregular e descontínua, estrutura complexa, variações drásticas de espessura, ou depósitos disseminados afetados por falhamento. São exemplos muitos dos depósitos de ouro e elementos raros.

2.1 Análise do relatório de pesquisa

A análise criteriosa do relatório de pesquisa é a primeira oportunidade para se conhecer a jazida em termos da quantidade e qualidade das reservas, do método de determinação dessas qualidades e quantidade, e da confiabilidade dessas determinações. O êxito de um dado empreendimento de mineração, em sua essência, estará sempre intimamente ligado à precisão das avaliações de reservas minerais efetuadas. Avaliações são feitas com base em dados amostrados e estão sujeitas a erro. O valores verdadeiros das variáveis de interesse, no processo de avaliação de reservas minerais, será conhecido somente após a lavra do depósito. Por conseguinte, a melhor estimativa possível de reservas minerais deve ser o objetivo principal da análise do relatório de pesquisa. Esse objetivo é alcançado por meio de uma análise crítica dos dados da pesquisa e amostragem, como também do método de pesquisa empregados. Baseando-se em tais informações, pode-se passar ao processo de delineação do corpo de minério, bem como efetuar a seleção de um método adequado para o cálculo das reservas minerais.

2.1.1 Avaliações do método de pesquisa e amostragem empregados

Forma, estrutura geológica e complexidade de um jazimento condicionam o método de pesquisa a ser empregado para a determinação de seus volumes e características. É preciso sempre se certificar de que o tipo de sondagem utilizado é o mais adequado e a amostragem, confiável. Será sempre desejável que o método de pesquisa seja rápido, objetivo, seguro e econômico, de modo que, pelo menor custo possível, determinem-se as características fundamentais do jazimento. A técnica de amostragem deverá ser analisada criteriosamente, com atenção, sobretudo, à representatividade das amostras. Tanto a avaliação das quantidades quanto a da qualidade dos recursos minerais úteis são, tradicionalmente, baseadas em métodos em que se recomenda a extensão das informações dos pontos amostrados, para áreas circunvizinhas, dentro do corpo de minério. Usando procedimentos estatísticos, os parâmetros reais são estimados com base em amostras, cujo volume é muito pequeno se comparado às dimensões do depósito. Assim sendo, tais estimativas estão sujeitas a erros de extensão, cuja grandeza depende entre outros aspectos: (a) da quantidade e qualidade da informação coletada nos pontos de amostragem; (b) do grau de heterogeneidade da mineralização; (c) do volume do material a ser estimado; (d) do tipo de metodologia de estimativa.

Como exemplo, pode-se citar a impropriedade do uso único de sondagens verticais em jazidas sedimentares com diversas camadas muito inclinadas. Nesse caso, há grande possibilidade de se ter furos de sondagem que não alcancem todas as camadas, deixando de evidenciar a real variação das características do corpo mineralizado. Assim, um método mais apropriado seria a abertura de galerias, locadas segundo direções perpendiculares à direção geral das camadas e toda a extensão da reserva mineral, para determinação da variação lateral das características do corpo mineralizado. Pela impropriedade do método de pesquisa, pode-se concluir, por exemplo, que a reserva mineral é mais homogênea do que realmente é, e isso terá efeitos prejudiciais nas fases seguintes do projeto de lavra de minas, como na seleção do método de lavra e dimensionamento dos equipamentos de lavra.

2.1.2 Avaliação dos dados da pesquisa

Na maioria das vezes, a exploração mineral é realizada obedecendo a modelos preestabelecidos, adotando-se uma densidade de informações que se provou suficiente para reservas minerais similares. Entretanto, é preciso estar atento ao fato de que não existem duas reservas minerais iguais: cada jazida possui suas especificidades, e, muitas vezes, uma característica que, à primeira vista, não apresenta grande importância pode inviabilizar um projeto de lavra de minas.

Assim, uma exploração mineral bem conduzida deve ter uma densidade de informações sobre a substância mineral útil que seja abrangente e, ao mesmo tempo, suficiente, isto é, sem exageros. Além da quantidade de dados, deve-se estar atento à exatidão da localização dos pontos de amostragem, à recuperação do testemunho na zona mineralizada, à densidade aparente e ao peso específico ou fator tonelagem do material recuperado nas amostragens.

É necessário, também, que, à quantificação dessas características, seja associado o erro cometido para se avaliar se a pesquisa realizada está adequada. Enfatiza-se a necessidade de se concluir sobre a propriedade ou não da pesquisa realizada, comparando-se o número de informações geradas, em todos os aspectos, com a complexidade do corpo estudado. Em suma, não basta que o método de pesquisa seja adequado se a pesquisa for insuficiente.

2.1.3 CONFIABILIDADE DOS RESULTADOS

Geralmente, apenas as empresas com dedicação exclusiva à pesquisa mineral estão aparelhadas com laboratórios completos para a realização das determinações analíticas das amostras relativas a uma determinada pesquisa. O envio das amostras para análises em laboratórios comerciais que, muitas vezes, não estão preparados fisicamente ou mesmo conscientizados da importância dessa fase de uma operação mineira não é recomendável. Os cuidados que devem ser tomados nessa etapa independem do tamanho do projeto; erros sistemáticos em análise químicas, por exemplo, uma vez cometidos, podem comprometer os estágios seguintes do processo de planejamento de lavra de minas.

É de praxe enviar uma mesma amostra para laboratórios diferentes e de competência comprovada, para se comparar os resultados e se optar por aqueles que apresentem resultados coerentes. A comprovação da competência dos laboratórios selecionados pode também ser testada se, para uma mesma amostra rotulada com designações diferentes, forem obtidos resultados iguais para a característica a ser dosada. Essas são práticas que devem ser adotadas ainda na fase de exploração mineral, e a verificação de sua ocorrência, ao se analisar um relatório de pesquisa, é fundamental para a conclusão dos trabalhos. Ao avaliar as análises químicas das amostras, deve-se também verificar se os resultados são precisos ou imprecisos por viés ou pura aleatoriedade.

Tal como para as análises químicas, devem-se adotar procedimentos semelhantes na determinação das outras características de interesse e mais importantes da jazida, de modo que a totalidade de informações a serem utilizadas seja confiável.

2.1.4 INVENTÁRIO DOS DADOS DA PESQUISA MINERAL

O trabalho de avaliação de reservas começa pela organização dos dados levantados na pesquisa mineral e na avaliação dos parâmetros geológicos e geométricos do corpo de minério. Recomenda-se que se elabore uma lista contendo as informações relevantes, que devem ser coletadas e organizadas em um banco de dados para futura manipulação, como a seguinte:

* Mapas de localização e de situação da área em estudo;
* Informações topográficas: plantas planialtimétricas em escalas adequadas (1:5000, 1:2000 etc.) para localização dos pontos de dados, construção de perfis e, sobretudo, delimitação do corpo de minério;
* Informações geológicas: descrições de afloramentos com litologias e estruturas devem ser lançadas em base topográfica para construção do mapa geológico e delineação do corpo de minério;
* Informações de sondagem e amostragem:
  + Coordenadas da boca do furo;
  + Cota da boca do furo;
  + Direção e inclinação do furo;
  + Profundidade máxima;
  + Testemunhagem e resultados analíticos (intervalo analisado, teores, litologia e observações quanto a fraturas, alteração, mineralização etc.);
  + Índices de qualidade do maciço rochoso como o *Rock Quality Designation* (RQD) ou *Rock Mass Rating* (RMQ);
  + Fotografias ou filmagens dos testemunhos;
  + Informações de poços, galerias e/ou outras escavações superficiais;
  + Determinação da densidade aparente ou fator tonelagem;
  + Caracterização tecnológica do minério visando ao seu tratamento.

Uma vez que toda a informação coletada se encontrar convenientemente organizada no banco de dados, pode-se, finalmente, iniciar a fase de avaliação de reservas minerais propriamente dita. Contudo, antes dessa avaliação, será necessária a adequação da informação coletada na pesquisa mineral ao modelo de blocos a ser adotado. Tal adequação se consegue por meio da composição ou regularização das amostras, o que será discutido na seção 2.2.

2.1.5 DELINEAÇÃO DO CORPO DE MINÉRIO

Segundo Sad e Valente (2007), a delineação dos depósitos minerais é a principal tarefa executada pelo especialista *durante* a avaliação geológico-econômica destes e é efetuada no decorrer da pesquisa mineral, tornando possível a obtenção de dados para a valorização do corpo mineral. A análise e a correta interpretação dos dados disponíveis permitirão a determinação da forma, dos limites e as dimensões da jazida em estudo. Avaliações geológicas bem fundamentadas facilitam a compreensão dos limites do corpo de minério. Os principais elementos geológicos considerados nessas ponderações são: estruturais, como falhas e fraturas; mineralógicos, como tipos de minerais-minérios; e litológicos, como tipos de rochas, graus de alteração e fraturamento. As tonelagens de minérios são obtidas com base na aplicação da densidade aparente nos volumes mineralizados delimitados nos corpos geológicos.

> Os limites primários de um depósito são estabelecidos pela litologia, acamamento, estruturas e variações anômalas no teor, enquanto os limites secundários, de interpretação mais difícil, estão relacionados a variações gradativas nos teores, limites irregulares da mineralização ou contornos do corpo mineralizado. (Vallée; Côte, 1992 apud Yamamoto, 2001, p. 39).

Após a definição dos limites do depósito, pode ser feita a delineação manual do corpo de minério, que depende, primordialmente, da perícia, da habilidade e da capacidade de interpretação do técnico responsável.

Com relação à geometria dos corpos de minério, estes podem ser classificados dentro dos seguintes tipos morfológicos (Dorokhine et al., 1967?):

* isométricos: compreendem os corpos com dimensões equivalentes segundo as três dimensões do espaço, tais como as massas mineralizadas com minerais disseminados e alguns bolsões (por exemplo, mineralizações sulfetadas e depósitos escarníticos); grandes *stockworks* (por exemplo, depósitos de cassiterita, de crisotila e cobre porfirítico); e corpos em forma de colmeia (por exemplo, depósitos de domos salinos e corpos metassomáticos hidrotermais);

* *tabulares ou em forma de placa*: contêm corpos com duas dimensões que se destacam e uma dimensão pouco desenvolvida; nesses tipos podem incluir-se veios ou filões, camadas, lentes, diques e outros;
* *alongados*: abarcam corpos com uma dimensão muito destacada e as outras duas relativamente insignificantes em relação à primeira, tais como chaminés;
* *irregulares*: correspondem aos corpos de minério sem forma definida.

A obtenção e interpretação dos dados e informações geológicas e mineralógicas devem ser sistemáticas e, preferencialmente, quantitativas, para melhor definição das continuidades geológicas e estruturais, bem como dos controles de mineralização. A continuidade da mineralização reflete-se diretamente no cálculo de reservas, pois irá influenciar diretamente na escolha dos parâmetros de interpolação. Em depósitos com baixa continuidade, a apuração desses parâmetros seria, obviamente, ineficaz. Contudo, em depósitos com continuidade comprovada e, ainda, com distâncias de pesquisa apropriadas, tendências de mineralização definidas e a consideração de fatores relativos à anisotropia, a continuidade é determinante para extrapolar valores adequadamente (Bass, 1987 apud Yamamoto, 2001).

2.2 Composição de amostras

Os trabalhos de pesquisa em um depósito mineral têm por meta o conhecimento da geologia, da configuração do depósito e do valor das variáveis de interesse. Esses trabalhos fornecem subsídios para estimar as características mineralógicas, químicas e tecnológicas do depósito, as quais são progressiva e detalhadamente obtidas para a reconstrução do modelo de uma parte ou da totalidade do depósito. A avaliação de reservas e, consequentemente, a escolha do método específico de avaliação devem ser feitas sempre à luz do modelo geológico do depósito. Os testemunhos de sondagem podem variar bastante em tamanho, comprimento e peso. As amostras individuais têm uma porção representativa de sua massa enviada para análises laboratoriais, porções estas que variam de alguns centímetros até vários metros de comprimento. Isso se justifica perante a necessidade de reconhecer e delimitar possíveis zonas ricas dentro da jazida. Então, faz-se necessária a normatização dos dados obtidos laboratorialmente, de modo que as informações possam ser correlacionadas, facilitando, assim, a análise conjunta dos dados. Trata-se, portanto, de uma metodologia que é aplicada quando existem amostras com diferentes comprimentos, aos quais estão associados os valores obtidos por meio de ensaios laboratoriais. Os valores desses ensaios são combinados para formar médias ponderadas, de tal forma que possam ser representativas de comprimentos regulares, em geral maiores que os comprimentos das próprias amostras. Geralmente, o intervalo de amostragem não corresponde ao intervalo de trabalho na fase de avaliação de reservas. Assim, a composição de amostras pelo agrupamento destas conforme o intervalo de trabalho produzirá dados mais homogêneos e, portanto, mais facilmente interpretáveis.

Os principais benefícios da regularização dos dados amostrados são:

* atenuação da influência dos valores muito altos ou muito baixos;
* padronização do tamanho das amostras, aumentando, assim, a representatividade da população amostral como um todo;
* simplificação dos procedimentos de interpretação (pois, dependendo da metodologia de composição, o número de dados em análise pode diminuir), além da redução dos requerimentos computacionais;
* incorporação da diluição, ao efetuar-se a regularização, em virtude, por exemplo, de uma lavra com altura de bancos fixa.

O resultado da composição de amostras é, frequentemente, calculado por uma média ponderada, que relaciona o intervalo de trabalho e a variável de interesse. Os tipos de composição mais usados são a composição por zona mineralizada e a composição por bancadas. Em avaliações mais específicas, e dependendo do interesse e da solução adotada para a avaliação dos recursos minerais, outros tipos de composição podem ser mais convenientes, como a composição pela boca do furo, por litologias, por faixas de teores ou, até mesmo, a composição por características tecnológicas do minério.

2.2.1 COMPOSIÇÃO POR ZONA MINERALIZADA

Esse tipo de composição permite obter valores mais representativos das espessuras dos tipos litológicos reconhecidos nos furos de sondagens ou nas seções geológicas. É indicado para depósitos em camadas ou formas tabulares. Na Fig. 2.1, está representado um perfil com uma série de comprimentos mineralizados, l_i, e os correspondentes teores, g_i. Nesse caso em particular, o minério aparece sob a forma de uma camada horizontal de espessura constante, a qual foi interceptada por um furo de sondagem.

O teor médio da zona mineralizada é dado pela seguinte equação:

$$\bar{g} = \frac{\sum l_i g_i}{\sum l_i} \qquad (2.1)$$

em que $\bar{g}$ é o teor médio composto para a camada mineralizada.

2.2.2 Composição por bancada

Para depósitos de grande espessura e pouca heterogeneidade em termos litológicos, como os depósitos do grupo 1, e onde a transição entre minério e estéril se realiza de forma gradual, os intervalos de ponderação mais convenientes não são os intervalos mineralizados, mas a altura das futuras bancadas da mina a céu aberto. Adota-se, nesse caso, cotas altimétricas fixas para topo e base da bancada. Essa técnica é conhecida como composição por bancadas. A Fig. 2.2 ilustra uma bancada (linha tracejada). Nesse caso, o teor composto da bancada é dado pela Eq. 2.2.

$$\bar{g} = \frac{\sum l_i g_i}{H} \qquad (2.2)$$

em que:

l_i = comprimentos mineralizados ou não;

g_i = teores correspondentes;

H = altura da bancada.

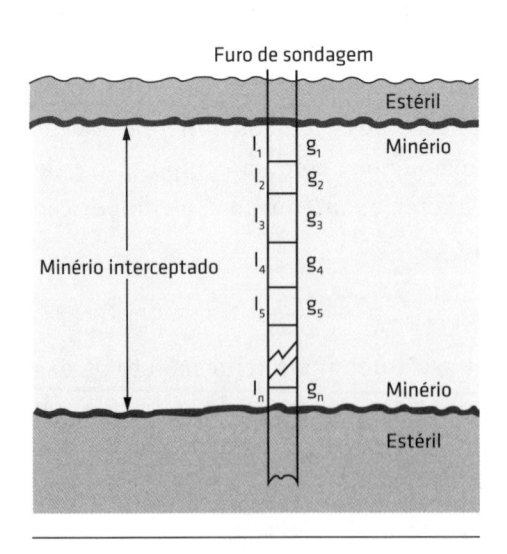

FIG. 2.1 *Desenho esquemático da composição por zona mineralizada*

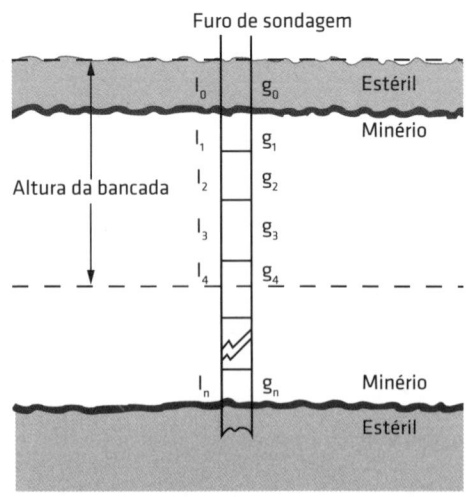

FIG. 2.2 *Desenho esquemático da composição por bancada*

O procedimento da composição por bancadas é o mais indicado para fazer a avaliação de reservas em depósitos cuja lavra se dará a céu aberto. Ressalta-se que os outros tipos de composição de amostras citados, como a composição pela boca do furo, por litologia, por faixas de teores ou por características tecnológicas, apresentam uma metodologia de ponderação análoga.

2.2.3 Composição para furos inclinados

Como visto anteriormente, a composição por bancadas é feita aplicando-se a Eq. 2.2, em que as espessuras reais, ou aparentes, foram determinadas com base em diferenças entre profundidades, dentro dos limites de cada bancada. No caso de furos inclinados, as espessuras são aparentes, e o comprimento composto (CC) será sempre maior que a altura da bancada, sendo cada vez maior à proporção que a inclinação do furo é menor, conforme ilustrado na Fig. 2.3. O comprimento composto (CC) pode ser calculado segundo a Eq. 2.3:

$$CC = H / sen\theta \qquad (2.3)$$

em que:

H = altura da bancada;

θ = ângulo formado entre a inclinação do furo e um plano horizontal que o intercepte.

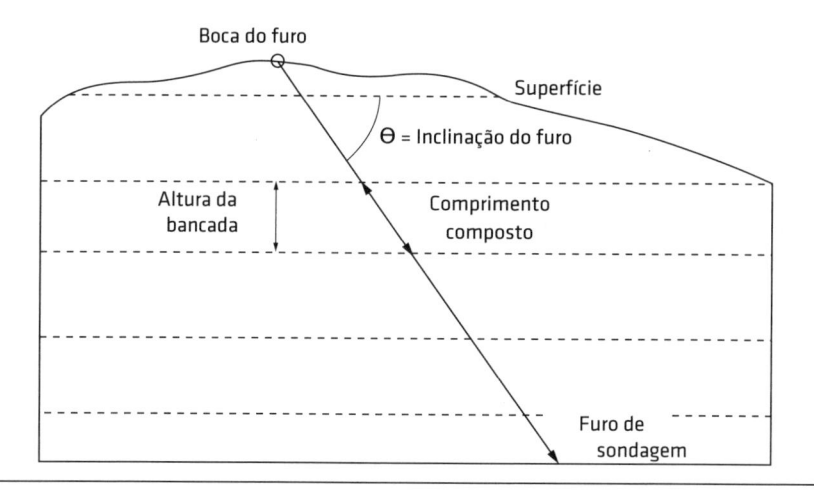

Boca do furo

Superfície

θ = Inclinação do furo

Altura da bancada

Comprimento composto

Furo de sondagem

Fig. 2.3 *Comprimento composto em furos inclinados e sua relação com a altura da bancada*

Recomenda-se limitar a inclinação dos furos, pois, por exemplo, para furos com inclinações de 20°, o comprimento composto será cerca de três vezes maior que a altura da bancada, como mostra a Tab. 2.1.

Tab. 2.1 Fator de multiplicação da altura da bancada para cálculo do comprimento composto em furos inclinados

Inclinação do furo (°)	Fator de multiplicação
20	2,924
30	2,000
45	1,414
60	1,547
80	1,015

2.3 Métodos de avaliação de jazidas

O cálculo de reservas tem como objetivo a obtenção da melhor estimativa da massa e da qualidade de um corpo de minério, bem como a determinação do erro associado a essas estimativas em um certo intervalo de confiança. A precisão dessas estimativas depende da quantidade, qualidade e distribuição espacial das amostras e do grau de continuidade da mineralização (regularidade do corpo de minério). Os resultados do cálculo de reservas servem de base para todos os estudos de viabilidade técnica e econômica posteriores. Assim, o cálculo de reservas é de vital importância para o sucesso do empreendimento mineiro. Portanto, as estimativas de tonelagens e teores devem ser as mais confiáveis possíveis considerando a disponibilidade de amostras, a qualidade das análises e o controle geológico da mineralização. Obviamente, deve-se sempre procurar fornecer estimativas de reservas as mais refinadas possíveis, principalmente em casos de depósitos com teores marginais, pois um pequeno erro na estimativa do teor pode inviabilizar totalmente o empreendimento mineiro (Yamamoto, 2001). Existem, na prática mineira, vários procedimentos empregados para a avaliação de reservas, amplamente descritos em livros-textos de pesquisa mineral, tais como os de Maranhão (1982), Yamamoto (2001) e Sad e Valente (2007). Tais métodos são classificados em três grupos:

a) métodos clássicos;
b) métodos estatísticos;
c) métodos geoestatísticos.

2.3.1 Métodos clássicos

O conceito de estimação de reservas teve sua origem há milhares de anos, quando surgiu a necessidade de se conhecer uma reserva mineral como condição para provar a viabilidade de sua lavra. Os métodos utilizados para a determinação do bem mineral útil de um determinado jazimento se baseavam em observações puramente visuais de partes desse jazimento. A precariedade desse procedimento ocasionava estimativas superficiais, sem fundamento científico e totalmente dependentes da experiência do avaliador. Com o advento da Química Analítica, as avaliações passaram a ser, gradativamente e progressivamente, baseadas em metodologias científicas, deixando de existir os critérios estimativos fundamentados exclusivamente em avaliações subjetivas ou não mensuráveis. As avaliação tornaram-se, assim, quantitativas, e surgiram os métodos clássicos de determinação de um bem mineral, até hoje muito aplicados, que se fundam na Geometria Euclidiana. Os métodos tradicionais, ou convencionais, baseiam-se em dois princípios:

* *Princípio das iguais áreas de influência*: que postula a extensão do valor verificado em um ponto para uma dada distância e, posteriormente, para uma dada área e/ou volume de influência;
* *Princípio das variações graduais*: que postula a variação contínua ou gradual do valor verificado entre pontos amostrais.

Método das figuras geométricas

Para se avaliar um depósito mineral, inicia-se por conhecer e examinar sua extensão, profundidade e a quantidade e qualidade das suas substâncias minerais úteis. O princípio das iguais áreas de influência deu origem aos métodos dos polígonos (no plano) ou prismas (no espaço). Consiste em se extrapolar, exatamente, os valores obtidos em uma determinada amostra ou trabalho de pesquisa a uma determinada área ou volume de influência. Cada furo é amostrado em intervalos definidos para a obtenção de fragmentos representativos das diversas litologias. As quantidades são determinadas em volume e/ou peso. Não há como pesar um depósito mineral, portanto, o seu peso é determinado, indiretamente, por meio da multiplicação dos volumes pelos respectivos pesos específicos dos diversos materiais constituintes da jazida. O valor do minério depende da quantidade de materiais úteis nele contidos. O teor do mineral-minério costuma ser a expressão usual dessa quantidade, sendo apresentado em porcentagem (%), gramas (g) por tonelada (t) de minério, ou ainda em gramas (g) por metro cúbico (m^3) de minério. Exemplos: a) minério de ferro com 50% de Fe; b) minério de ouro com 2 g de Au/t; c) minério de fosfato com 6% de P_2O_5.

Como exemplo do método das figuras geométricas, pode-se considerar a Fig. 2.4, em que se tem uma representação, em planta, de uma malha de furos de sonda verticais atravessando um dado corpo de minério.

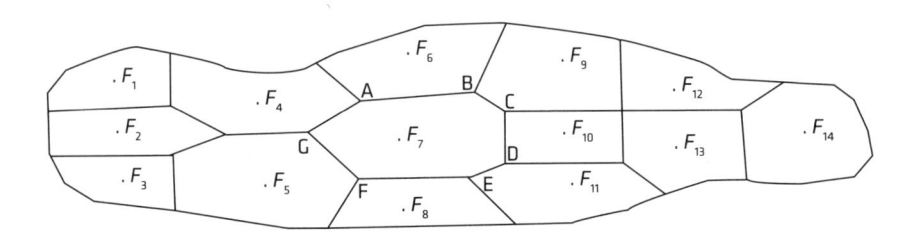

FIG. 2.4 *Exemplo ilustrativo do método das áreas de influência*

Ainda na Fig. 2.4, é representada a delineação do mesmo corpo mineralizado em um dado nível N. Considere que os teores de cada um dos furos de sondagem F_1, F_2, F_3, F_4, (...) F_{14} para o intervalo N + h são conhecidos (h correspondendo à espessura, ou altura, de uma *lâmina* do corpo mineral). Segundo o método das figuras geométricas, para se extrapolar os valores (teores), traçam-se, primeiramente, as áreas de influência de cada furo, determinadas pelas mediatrizes correspondentes a furos contíguos; como representado na Fig. 2.4. Exemplificando, a área interior ao polígono ABCDEFG é a área de influência do furo F_7, e o seu teor é aquele determinado para o intervalo correspondente à altura do prisma considerado. A massa total da lâmina considerada determina-se pelo somatório de todos os prismas correspondentes a cada área de influência, para uma altura h e uma densidade d comum. O teor médio da lâmina se obtém ponderando os teores com os respectivos prismas de influência. A cubagem de todo o corpo mineralizado é a resultante do somatório das massas de cada lâmina e o teor médio é o resultante da ponderação do teor médio de cada lâmina com a massa respectiva. O método das figuras geométricas não contorna o problema do erro de extensão, isto é, o erro que se comete ao se extrapolar o valor verificado para um determinado intervalo de sondagem para a totalidade do seu volume de influência.

Método das curvas de isovalores

O princípio das variações graduais deu origem a métodos como o de análise das superfícies de tendência e os do inverso da distância (ID). O método de análise de superfícies de tendência baseia-se no traçado de curvas representativas dos lugares geométricos de igual valor. Essas curvas são construídas, a exemplo do que se faz em mapas topográficos, pela interpolação – ou mesmo extrapolação – dos valores determinados em amostras adjacentes. Um exemplo de curvas de isovalores é apresentado na Fig. 2.5.

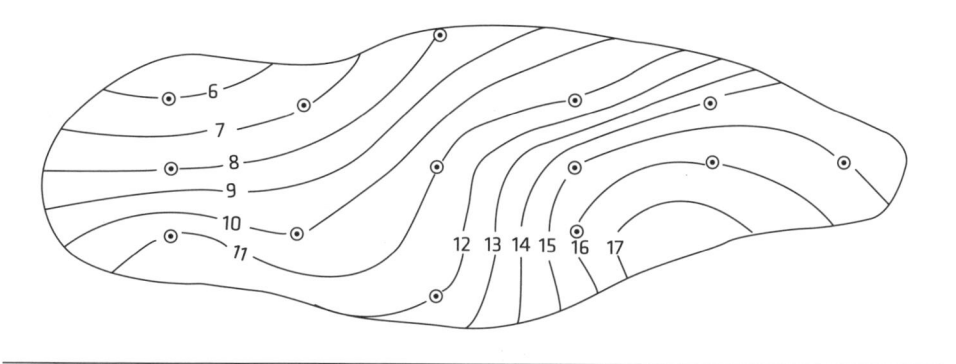

FIG. 2.5 *Exemplo ilustrativo do método das curvas de isovalores*

Para se calcular o teor médio da lâmina considerada, calcula-se cada área compreendida entre duas curvas contíguas e atribui-se àquela um teor igual à média aritmética dos teores das curvas; em seguida, ponderam-se os teores com as respectivas áreas. A massa da lâmina é a resultante do produto do somatório das áreas pela altura h comum e pela densidade d. O teor médio da lâmina se obtém ponderando os teores com os respectivos prismas de influência. Para todo o corpo mineralizado, obtém-se a massa pelo somatório das massas das lâminas e o teor médio pela média ponderada dos teores médios de cada lâmina com as respectivas massas. O método das curvas de isovalores também não contorna o erro de extensão, além de apresentar o agravante de se basear em interpretações subjetivas no traçado das curvas de isovalores.

Método das distâncias pesadas

O método das distâncias pesadas se baseia na Eq. 2.4, em que t_1, t_2, t_3, (...) t_n correspondem aos valores da variável em análise e d_1, d_2, d_3, (...) dn correspondem às distâncias dos furos F_1, F_2, F_3, F_4, (...) F_n ao furo centrado no prisma (ou ponto P), cujo valor (t_p) se quer calcular. Geralmente, são usados no cálculo apenas os furos circundantes ao furo em foco (*vide* Fig. 2.4). Isso se deve ao fato de que os fatores multiplicadores do valor dos outros furos, sendo inversamente proporcionais às respectivas distâncias, terão as suas influências reduzidas com o aumento dessas distâncias, podendo apresentar diferenças desprezíveis no teor que se deseja calcular.

$$t_p = \left\{ \dfrac{t_1 \cdot \dfrac{1}{d_1}}{\dfrac{1}{d_1}} + \dfrac{t_2 \cdot \dfrac{1}{d_2}}{\dfrac{1}{d_2}} \cdots \dfrac{t_n \cdot \dfrac{1}{d_n}}{\dfrac{1}{d_n}} \right\} \qquad (2.4)$$

A principal vantagem desse método é que as influências de furos afastados do ponto cujo valor se quer determinar são atenuadas pelas respectivas distâncias, que podem crescer exponencialmente ao se adotar os expoentes 2, 3, (...) n. Em razão de diversos estudos práticos realizados em mineração, o mais comum é o uso do denominado método do inverso do quadrado das distâncias, no qual as distâncias são elevadas ao quadrado. Embora o método das distâncias pesadas apresente algumas vantagens em relação aos anteriores por conduzir a erros menores na estimação, ainda não contorna os problemas dos erros de extensão e de estimação dos teores dos furos, ou seja, os erros cometidos ao estimar o teor de um determinado ponto com base somente na informação disponível, sem maiores considerações. Para se aprimorar o método das distâncias pesadas visando determinar o valor t_p de um ponto P (Fig. 2.6), adota-se, frequentemente, uma área de influência delimitada por um círculo de raio R com centro no ponto P. Todos os pontos contidos nessa área de influência seriam, então, considerados no cálculo do valor do ponto t_p. Atribuem-se, assim, indiretamente, pesos relativos aos valores dos pontos t_1, t_2, t_3, (...) t_n, de forma que, quanto maior for a distância do ponto considerado ao ponto P, menor será a sua influência relativa.

Os cálculos dos demais valores referentes à totalidade do corpo mineralizado são feitos de modo análogo àqueles apresentados para os outros métodos considerados.

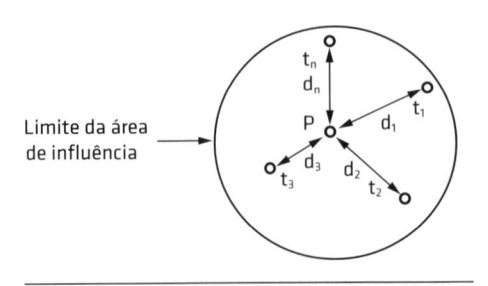

Limite da área de influência →

FIG. 2.6 *Exemplo ilustrativo representando a área de influência delimitada por um círculo de raio R com centro no ponto P*

Como comentado, os *métodos clássicos* utilizam os princípios das áreas de influência e/ou variação gradual e abordam o problema (estimação de valores de reservas minerais) de uma forma elementar, podendo apresentar, em determinados casos, resultados com desvios apreciáveis em relação aos verdadeiros. Os métodos clássicos possuem problemas de estimação principalmente porque são métodos aprioristicos e, às vezes, não interpretam o comportamento real do jazimento mineral, o que pode produzir resultados imprecisos. Por exemplo, o método do inverso da distância apresenta uma incongruência matemática quando as distâncias tendem para zero. Além disso, sabe-se que os depósitos minerais não seguem a lei newtoniana do inverso do quadrado das distâncias. A natureza dos depósitos minerais apresenta aspectos nitidamente probabilísticos, que são evidenciados, apenas, quando se adotam metodologias de cálculo um pouco mais avançadas. Apesar dessa deficiência, os métodos clássicos, amplamente usados até os anos 1960, podem perfeitamente ser empregados para avaliar adequadamente reservas minerais mais simples e homogêneas. Como conclusão, pode-se afirmar que os métodos clássicos não quantificam os erros que se cometem, tanto os de extensão quanto os de estimação, na determinação de valores de reservas minerais. Eles não avaliam, também, se a quantidade de informação obtida na exploração mineral é suficiente para o conhecimento da jazida. O julgamento sobre a propriedade dos trabalhos executados na exploração mineral, indispensável à decisão sobre a conveniência de implantação do projeto – e do qual é um dos condicionantes capitais –, pode ser aprimorado com a aplicação dos métodos estatísticos, os quais serão abordados resumidamente, em seus princípios, nos itens seguintes.

2.3.2 MÉTODOS ESTATÍSTICOS

Segundo Devore (2006), a utilização de métodos estatísticos e de modelos probabilísticos, para análise de dados, se tornou uma prática comum em quase todas as disciplinas científicas. Na avaliação de reservas minerais, não é diferente. De acordo com Girodo (2006), a avaliação de jazidas por métodos estatísticos iniciou-se a partir da década de 1950, simultaneamente, nos Estados Unidos e nos países da antiga União Soviética e, também, na modelagem das jazidas de ouro do Witwatersrand (África do Sul). Os métodos estatísticos interpretaram a natureza aleatória das mineralizações considerando os princípios elementares de estatística convencional. Atualmente, uma das primeiras tarefas que deve ser feita ao se iniciar a avaliação de reservas é a análise estatística dos dados oriundos da sondagem e das composições dos furos de sondagem. Essa análise objetiva caracterizar e descrever estatisticamente as distribuições dos dados para melhor entendimento do comportamento das variáveis de interesse (como o teor médio e a distribuição de frequências dos teores). O teor médio do mineral-minério pode dar uma ideia inicial da viabilidade técnico-econômica do depósito, e as análises das distribuições de frequência permitem avaliar a porcentagem de teores, segundo classes preestabelecidas em histogramas. Além dos dois parâmetros citados, existe outro, muito importante na avaliação dos depósitos, que é a dispersão dos teores, o qual está relacionado a erros de amostragem, erros na determinação dos teores e à variabilidade natural dos depósitos minerais.

Distribuição de frequências

A análise estatística começa pelo estudo das distribuições de frequência que descrevem como as amostras de uma população de dados estão distribuídas segundo o intervalo amostrado. As distribuições de frequências são constituídas pelo processo de tabulação dos dados medidos do depósito em classes constantes. Os dados agrupados em classes são representados graficamente na forma de um histograma (Fig. 2.7), com as classes representadas no eixo das abscissas (x) e as frequências, no eixo das ordenadas (y).

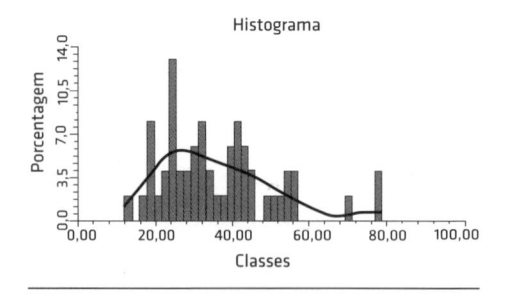

FIG. 2.7 *Exemplo de histograma para dados de um depósito mineral*

A curva construída pela união dos pontos médios do topo de todas as classes representa a distribuição de frequências dos dados. A função que descreve a distribuição de frequência dos dados é a função densidade de probabilidade ou função de distribuição. Na distribuição de frequências acumuladas, as frequências dos dados agrupados nos intervalos são acumuladas sucessivamente. A curva acumulativa é a representação gráfica obtida pela soma das frequências acumuladas nas ordenadas e os intervalos de medida nas abscissas. A curva obtida pela união dos pontos médios das classes sobre a curva acumulativa dá origem à função de distribuição acumulada ou curva de partição, a qual descreve a proporção da população amostral, que é menor ou maior que um dado valor de referência. Quando aplicada a depósitos minerais, esse valor de referência é geralmente o teor de corte. Fazendo uso das curvas de distribuição de frequência, é possível, rapidamente, fazer um pré-estudo de viabilidade técnica e/ou econômica do depósito, pois, dependendo da proporção encontrada acima ou abaixo do teor de corte, o depósito pode ser considerado viável ou inviável do ponto de vista econômico. As funções de distribuição obtidas são empíricas, portanto, suas expressões matemáticas não são conhecidas, nem, consequentemente, suas propriedades. Assim surge a necessidade de aproximar as distribuições de frequências obtidas às distribuições teóricas conhecidas. Na análise de dados para a avaliação de reservas, as duas distribuições mais importantes e que são, geralmente, consideradas são a distribuição normal e a distribuição lognormal.

Distribuição normal

A distribuição normal ou gaussiana é a mais importante de todas em probabilidade e estatística. Diversas populações numéricas possuem distribuições que podem ser ajustadas aproximadamente por uma curva normal. Segundo Devore (2006), mesmo quando a distribuição em questão é discreta, a curva normal, frequentemente, fornece aproximação excelente. A função densidade de probabilidade, que descreve matematicamente essa distribuição é dada pela Eq. 2.5:

$$f(X) = \frac{1}{\sigma\sqrt{2\pi}} e^{-\frac{1}{2}\left[\frac{X-\mu}{\sigma}\right]^2} \qquad (2.5)$$

em que: f(X) é a função densidade de probabilidade; X é uma observação; μ e σ são, respectivamente, a média e o desvio padrão; e denota a base do sistema de logaritmos naturais (com valor aproximado de 2,71828); e π representa a constante matemática familiar com valor 3,14159.

A Fig. 2.8 apresenta os gráficos da função densidade de probabilidade, nos quais se encontram delimitadas as áreas correspondentes a 68%, 95% e 99,7% da distribuição, ou seja, equivalentes aos intervalos $\mu\pm\sigma$, $\mu\pm2\sigma$ e $\mu\pm3\sigma$, respectivamente.

Áreas sob a distribuição normal podem ser calculadas integrando-se a função densidade de probabilidade (Eq. 2.5), como representado na Fig. 2.9.

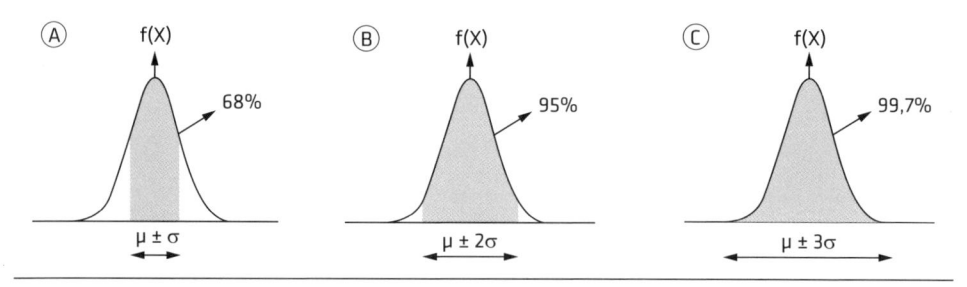

Fig. 2.8 *Gráficos da função densidade de probabilidade da distribuição normal para áreas correspondentes a (A) 68%, (B) 95% e (C) 99,7% de distribuição*

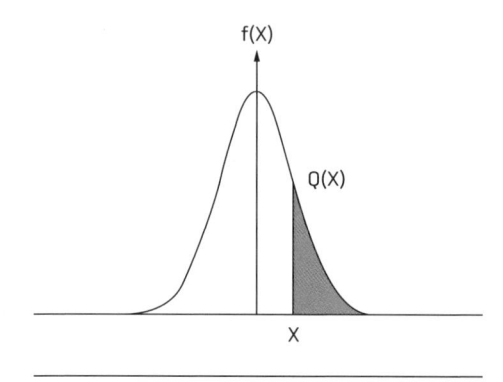

Fig. 2.9 *Gráfico da distribuição normal mostrando a área correspondente à integral da função densidade de probabilidade de X · a + ∞*

Os depósitos minerais se caracterizam por conter variáveis, ditas regionalizadas, que podem ser contínuas ou discretas. As variáveis contínuas podem apresentar comportamentos característicos que podem ser interpretados pela forma dos histogramas. Quando a distribuição tiver assimetria positiva, justifica-se a transformação dos dados para evitar a influência dos valores muito altos.

Distribuição lognormal

Segundo Hustrulid e Kuchta (2006), a distribuição lognormal é muito importante na avaliação dos teores de depósitos minerais metálicos, pois, nesses casos, ao relacionar as quantidades de amostras com os teores correspondentes, obtém-se geralmente uma distribuição lognormal. A distribuição lognormal tem esse nome em razão dos logaritmos naturais dos valores das amostras formarem uma distribuição normal.

De acordo com Devore (2006), uma variável aleatória (VA) X possui uma distribuição lognormal se a VA Y = ln(X) possuir uma distribuição normal. A função densidade de probabilidade resultante de uma *variável aleatória* lognormal quando ln(X) tiver distribuição normal com parâmetros μ e σ é representada na Eq. 2.6:

$$f(X; \mu, \sigma) = \begin{cases} \dfrac{1}{\sqrt{2\pi}\ \sigma x} e^{-[\ln(X)-\mu]^2 / (2\sigma^2)} & x \geq 0 \\ \\ 0 & x < 0 \end{cases} \qquad (2.6)$$

É preciso estar atento nesse caso, pois os parâmetros μ e σ não são a média e o desvio padrão de X, mas sim de $\ln(X)$. Embora a curva normal seja simétrica, a lognormal possui inclinação positiva (assimetria positiva). Considerando a Eq. 2.6, os parâmetros μ e σ é que dão a forma da curva de densidade lognormal.

Teorema do limite central

O teorema do limite central é um dos mais importantes da estatística matemática. De acordo com tal teorema, quando amostras aleatórias de tamanho fixo são retiradas de uma população, à medida que o número de amostras aumenta, a *distribuição amostral* da sua média aproxima-se mais de uma *distribuição normal*. Considerando uma amostra aleatória simples $(X_1, X_2, ..., X_n)$ de tamanho n retirada de uma população com média μ e variância σ^2 finita, a distribuição amostral de média $\dfrac{\sum_{i=1}^{N} X_i}{n} = \bar{X}$ aproxima-se cada vez mais de uma distribuição normal com média μ e variância $\dfrac{\sigma^2}{n}$ à proporção que o número de amostras (n) aumenta.

Parâmetros descritivos

Conhecida a distribuição de frequência dos dados, pode-se obter algumas estatísticas que caracterizam numericamente o depósito em estudo. Tais estatísticas permitem estudar propriedades da população em termos do valor médio medido e como os demais se distribuem em torno desse valor. Os parâmetros estatísticos mais importantes usados no tratamento das amostras oriundas de um conjunto de testemunhos de sondagem são a média, a variância, o desvio padrão, o coeficiente de variação e a covariância. A média corresponde a uma medida de tendência central ou esperança matemática dos dados. O valor médio de um conjunto de amostras é determinado pela média aritmética ($\bar{X}$), que se obtém dividindo o somatório dos valores observados (x_i) pelo conjunto total de amostras n segundo a Eq. 2.7:

$$\bar{X} = \sum \frac{x_i}{n} \qquad (2.7)$$

A variância S^2 estima a dispersão dos valores medidos com base em um conjunto de amostras em torno da sua média de acordo com a Eq. 2.8:

$$S^2 = \sum \frac{(x_i - \bar{x})^2}{(n-1)}$$

(2.8)

O desvio padrão S é igual à raiz quadrada da variância e é também um modo de medir a dispersão dos valores em torno de sua média. Normalmente, é por meio do desvio padrão que se faz esse tipo de análise, porque seu resultado vem expresso nas mesmas unidades que as amostras, em vez de estarem elevadas ao quadrado, como a variância.

O coeficiente de variação C é calculado pela razão entre o desvio padrão e a média, ou seja:

$$C = \frac{S}{\bar{X}}$$

(2.9)

Por ser adimensional, o coeficiente de variação tem a vantagem de poder ser usado para comparar as variações relativas de dois ou mais conjuntos de amostras, independentemente das unidades em que vêm expressos. Outros parâmetros a considerar em distribuições de frequência são o coeficiente de assimetria e o coeficiente de curtose. O primeiro indica o grau de simetria da distribuição em relação a sua média e o segundo, a dispersão de valores em torno da média.

2.3.3 MÉTODOS GEOESTATÍSTICOS
A Geoestatística

Pelo termo popularmente conhecido como *Geoestatística*, entende-se as teorias matemáticas das funções aleatórias e processos estocásticos, devidamente adaptados, na virada dos anos 1950/1960, por Matheron e seus colaboradores, à modelação e avaliação de jazidas minerais (Girodo; Campos, 1998). A esse formalismo matemático, Matheron (1971) deu o nome de teoria das variáveis regionalizadas. Por considerar a distribuição espacial das amostras, a Geoestatística se diferencia da Estatística clássica, em que é postulada a total independência entre amostras. Por meio da Geoestatística, é possível avaliar erros de estimação e introduzir distâncias de influência entre as amostras. Enquanto a Estatística trabalha com variáveis aleatórias, a Geoestatística o faz com variáveis denominadas *regionalizadas*.

Essa possibilidade resulta do fato de as variáveis usadas como base para cálculo dos valores (teores, espessuras etc.) serem consideradas como uma realização de uma função aleatória n dimensional dotada de uma certa função de autocorrelação e, portanto, às estimações feitas, é possível associar um erro quantificável, que depende, não só da quantidade de informação disponível, mas também, da sua distribuição espacial. As variáveis assim definidas são chamadas variáveis regionalizadas. A função que relaciona o valor de um ponto, ou amostra, com o valor de amostras vizinhas denomina-se variograma. O variograma é uma função de autocorrelação e representa um sistema de interdependência estatística entre amostras vizinhas. A primeira tarefa da avaliação geoestatística é a definição dos variogramas globais da reserva mineral, válidos para o campo (ou campos) homogêneo(s) que se pretenda avaliar.

A função variograma

A função variograma mede a variância de valores entre pontos separados por uma distância definida ($\vec{h}$). Normalmente, para pontos próximos, a diferença entre os valores dos pontos é pequena e, consequentemente, a variância também tende a ser pequena. O aumento da distância entre os pontos faz com que a diferença entre os valores dos pontos tenda a aumentar, aumentando, também, a variância.

Dado um conjunto de amostras localizadas no espaço, em pontos de coordenadas x (a uma, duas ou três dimensões) e, sendo a variável regionalizada associada a x designada como $Y(x)$, o variograma $\gamma(h)$ é dado por:

$$\gamma(h) = \frac{1}{N} \sum_{x=1}^{N} \left[Y(x+h) - Y(x) \right]^2 \qquad \text{(2.10)}$$

em que:
h = vetor de distância que liga dois pontos no espaço;
N = número total de amostras na direção de h.
Assim, o variograma corresponde à média dos quadrados das diferenças entre valores distanciados de $\vec{h}$.

O variograma, segundo uma determinada direção $\vec{h}$, mede o segundo momento das diferenças sucessivas entre os valores das amostras e será, em geral, maior conforme os valores $Y(x)$ e $Y(x+h)$ forem mais afastados no espaço. As distâncias também chamadas de passos (*lags*) devem ter, em princípio, dimensões equivalentes à malha amostral da pesquisa exploratória no plano horizontal (X e Y). No plano vertical (Z), o passo geralmente tem o tamanho do compósito ou um submúltiplo deste. Muitas vezes, a variância se estabiliza em torno de uma variância máxima, a partir de uma dada distância. Isso significa que, mesmo com o aumento da distância, a função variograma irá oscilar em torno da variância máxima, denominada patamar. Tais casos definem os chamados variogramas com patamar. Existem vários modelos de variogramas teóricos com patamar, entre eles, os modelos gaussiano, exponencial, esférico e cúbico. Entretanto, segundo Yamamoto e Landim (2013), poucos podem explicar a variabilidade de fenômenos espaciais, tais como ocorrem nas reservas minerais.

Entre os modelos téoricos de variograma mais utilizados na avaliação de reservas minerais, destaca-se o modelo matemático, dito esférico.

Nesse modelo, a interpolação de variogramas construídos sobre três direções ortogonais se faz por meio da expressão analítica:

$$\gamma(h) = \begin{cases} C\left[\dfrac{3}{2}\cdot\dfrac{h}{a} - \dfrac{h^3}{2a^3}\right] & para\ h < a \\ C & para\ h \geq a \end{cases} \qquad \text{(2.11)}$$

A representação gráfica da expressão analítica da Eq. 2.11 é mostrada na Fig. 2.10.

O esquema esférico depende fundamentalmente de dois parâmetros:

a = amplitude, que é a distância a partir da qual as amostras se tornam independentes na direção $\vec{h}$;

C = patamar, que é a medida da variância *a priori* entre as variáveis tomadas como independentes.

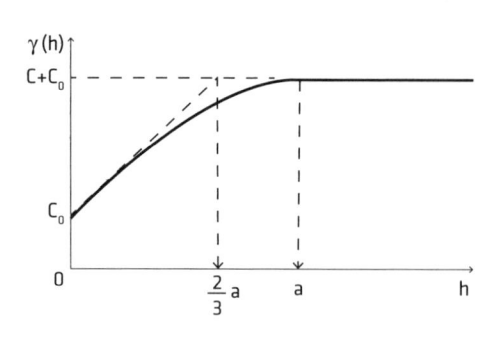

FIG. 2.10 *Exemplo de uma curva representativa de um variograma* modelo esférico

Na representação gráfica do variograma, aparecem uma reta horizontal, que corresponde ao patamar $C + C_0$ (o qual coincide com a variância *a priori* σ^2), e uma curva, que corresponde ao ajuste gráfico da função variograma que se pretende obter (com essa curva, definem-se os valores da amplitude a e do efeito de pepita C_0). A reta inclinada corresponde à tangente da curva ajustada na origem, de ordenada C_0, a qual define, no modelo esférico, em seu ponto de interseção com o patamar $C + C_0$, o valor exato de 2/3 de a.

A amplitude corresponde à noção intuitiva de zona de influência de uma amostra. A amplitude é uma medida de distância média, a partir da qual o princípio estruturante se dissipa e os fatores aleatórios prevalecem. Caso não houvesse o princípio estruturante, o variograma reduzir-se-ia ao patamar C, resultando em uma mineralização sem estrutura, à escala da amostragem.

Para exemplificar, mudanças no tipo de mineralização (um dos princípios estruturantes que conferem relação entre as variáveis) podem alterar a amplitude do variograma, refletindo, dessa forma, os fenômenos de transição mineralógica da reserva mineral em avaliação.

As variáveis regionalizadas podem apresentar comportamentos distintos próximo à origem do variograma. Certas variáveis regionalizadas apresentam alta continuidade na origem, o que significa que, em pequenas distâncias, o valor da variável não se altera muito, mas as diferenças começam a surgir a partir de distâncias maiores. Entretanto, existem também variáveis descontínuas na origem.

O teor de uma reserva mineral é o melhor exemplo de uma variável que pode apresentar descontinuidade na origem. A incerteza em pequenas distâncias, principalmente pela ausência de conhecimento da distribuição espacial da variável em estudo, reflete-se no variograma por meio do denominado efeito pepita (C_0). Esse efeito se deve, fundamentalmente, a dois fatores distintos:

* por um lado, traduz o erro de amostragem (*vide* a Eq. 2.12), pois duas amostras tomadas em pontos infinitamente próximos não têm valores iguais por causa dos erros de amostragem, analíticos etc.;

$$\lim_{\vec{h} \to 0} \gamma(h) = C_0 \neq 0 \quad \textbf{(2.12)}$$

em que:

$\vec{h}$ = vetor de distância que liga dois pontos no espaço;

C_0 = efeito pepita.

* por outro lado, representa a influência de microrregionalizações em escalas inferiores àquela da amostragem.

Quando as amostras não estão alinhadas e quer se determinar o variograma segundo uma determinada direção alfa (α), é necessário adotar o chamado ângulo de regularização (δ_α) para que se aumente a largura de busca e mais pontos sejam incluídos. As amostras são, então, agrupadas por classes de distâncias e todos os pontos incluídos no intervalo coberto pelo ângulo regularizado ($\alpha + \delta_\alpha$ e $\alpha - \delta_\alpha$) serão considerados para o cálculo do variograma global na direção alfa (α). A tolerância angular, em geral, está relacionada ao número de direções utilizadas na análise dos variogramas, sendo definida como 90/N, em que N é o número de direções. Na aplicação de tolerâncias angulares, se não houver uma limitação, a área do triângulo ou volume do cone tende a crescer indefinidamente, englobando maior número de pontos. Para evitar isso, é aplicada uma largura máxima (*bandwidth*), estabelecendo uma distância a partir da qual o triângulo ou o cone ficam limitados. Como parâmetro inicial para determinação da *bandwidth*, utiliza-se o seu valor como sendo a metade da malha. O mesmo ocorre com a altura da caixa de busca quando a busca é tridimensional, situação em que é necessário definir a *slicing height*. Para esse parâmetro, o valor do compósito pode ser um ponto de partida para a sua determinação.

O volume da amostra sobre o qual a variável é conhecida chama-se suporte da regularização, e os variogramas só podem ser comparados e interpretados desde que tenham o mesmo suporte. Segundo Annels (1991), o suporte de uma variável regionalizada, além de estar ligado ao volume, também se relaciona com a forma e a orientação da(s) amostra(s) no espaço. Assim, o valor de uma variável regionalizada, em um certo ponto, será diferente se a amostra for proveniente de um furo de sondagem a diamante, de uma amostragem de canal ou de uma face de um talude de mina.

Como o variograma é uma função que depende do vetor $\vec{h}$, poderá ter configurações diferentes conforme a direção desse vetor, evidenciando anisotropias da reserva mineral. Quando a função variograma não se altera com a direção, diz-se que o fenômeno em análise é isotrópico. O fato de as amplitudes serem diferentes representa uma evidência de que, possivelmente, a jazida apresenta *anisotropia geométrica* (no caso, o patamar se mantém inalterado). Por outro lado, quando variogramas apresentam patamares diferentes, isso pode ser uma evidência de que a reserva mineral apresenta *anisotropia zonal* (no caso, as amplitudes se mantêm inalteradas). Quando tanto a amplitude como o patamar variam com a direção, tem-se a evidência da chamada *anisotropia mista* (Yamamoto; Landim, 2013). Em reservas minerais, a função variograma ajuda a decifrar a estrutura do espaço mineralizado. O variograma pode revelar também fenômenos de transição quando, por exemplo, dada uma certa distância, as amostras se tornam independentes e o variograma tende para um patamar. O variograma está sempre ligado à noção de escala do fenômeno mineralizado. Assim, dada uma certa malha de amostragem e a distância entre amostras sucessivas na direção de $\vec{h}$, o variograma construído a partir dessa malha reflete a estrutura em relação a essa escala. Como na maioria dos fenômenos geológicos, existem diferentes escalas superpostas; o variograma traduz, normalmente, um conjunto de estruturas, ditas imbricadas.

A *krigagem*

Com base na obtenção dos modelos que interpretam os variogramas e seu ajuste, é necessário construir os estimadores dos valores médios das variáveis em análise e calcular o respectivo erro.

O estimador mais simples é a média aritmética dos valores da variável nos pontos amostrados, sendo o erro desse estimador calculado por meio da variância de extensão – variância do erro que se comete estendendo esse valor a toda a área mineralizada em consideração.

Após muita pesquisa para se encontrar um estimador de erro mínimo, optou-se pela técnica denominada krigagem, em que o estimador empregado, ao invés de se restringir a médias dos valores das informações, baseia-se em uma combinação linear de toda a informação disponível. Krigagem é um processo geoestatístico para estimar valores de parâmetros no espaço quando considerados interdependentes pela análise variográfica. O termo krigagem, ou *krigeage*, na acepção francesa da palavra, foi assumido pela Escola Francesa de Geoestatística em homenagem a Daniel G. Krige, engenheiro de minas sul-africano e pioneiro na aplicação dessa técnica. Abrange uma família de algoritmos conhecidos, entre outros, como krigagem simples, krigagem da média, krigagem ordinária e krigagem universal (Yamamoto; Landim, 2013). Em Geoestatística, a krigagem é o meio mais avançado de estimação e refere-se ao modo de ponderar as diversas amostras disponíveis, atribuindo pesos maiores a amostras mais próximas e pesos menores a amostras mais distantes. O sistema de krigagem, necessário para a atribuição dos ponderadores associados a cada um dos pontos estimadores, fundamenta-se na ideia de que quanto maior a covariância entre uma amostra x_i (em que $i = 1, 2, 3, (...) n$) e o local que está sendo estimado, x_0, mais essa amostra deve contribuir para a estimativa. O sistema de krigagem considera, assim, tanto a distância entre as amostras quanto o seu agrupamento.

Como consequência, verificam-se na krigagem propriedades de grande praticidade como o denominado *efeito de écran*. Esse efeito associa ponderadores mais elevados apenas às amostras situadas no interior ou nas proximidades do volume que se pretende krigar, sendo o peso das restantes, principalmente as bem afastadas, muito pouco significativo. Tal propriedade está intimamente associada à *transferência de influência*. Pela transferência de influência, a coleta de uma nova amostra, associada a um ponderador não nulo, pode ocasionar a brusca alteração do valor desse ponderador.

As principais vantagens da krigagem são a minimização do erro de estimação e a possibilidade de uso da totalidade da informação disponível. Outra vantagem dessa técnica é a possibilidade de eliminação dos erros sistemáticos que se cometem ao avaliar-se, por exemplo, o teor médio de um bloco apenas pela informação existente no seu interior. Isso ocasiona uma constante superestimação dos blocos ricos e a uma subestimação dos blocos pobres. Assim, a técnica de krigagem possibilita o uso de toda a informação disponível na reserva mineral para a estimação de um bloco (ponderada, logicamente, por meio da estrutura subjacente revelada pelo variograma), eliminando os erros sistemáticos.

A técnica de krigagem pode ser matematicamente formulada do seguinte modo:
* seja x_i os valores tomados nos pontos i do espaço;
* seja V o volume a estimar, de valor verdadeiro Z desconhecido;
* um estimador de Z será conforme expresso na Eq. 2.13:

$$Z^* = \Sigma_i \, \lambda_i \, x_i \qquad\qquad (2.13)$$

em que λ_i são os ponderadores a se determinar. Por definição, essa formulação deve satisfazer as seguintes condições:

(1) Condição de universalidade:

$\rightarrow$ implica $\Sigma\lambda_i = 1$ (2.14)

(2) Condição de otimalidade:

$\rightarrow$ implica $\sigma^2(Z^* - Z)$ mínima (2.15)

Fisicamente, a condição de universalidade é uma condição de não enviesamento, pois ela implica que a esperança matemática do estimador é igual à esperança matemática do que se pretende estimar.

Já a condição de otimalidade, fisicamente, dá significado prático ao estimador de krigagem, porque, para que qualquer estimador tenha significado, deve existir sempre a possibilidade de calcular a sua variância de estimação. Um estimador é considerado ótimo quando a sua variância de estimação é mínima.

Para minimizar $\sigma^2(Z^* - Z)$, sob o constrangimento de universalidade, introduz-se o coeficiente μ de Lagrange e deriva-se $Q = \sigma^2(Z^* - Z) = Z_\mu \, (\Sigma_i \, \lambda_i - 1)$ em ordem a λ_i. Tem-se, assim, um sistema de $n+1$ equações a $n+1$ incógnitas (os λ_i e o parâmetro de Lagrange) que conduz à solução do problema. Esse é o chamado sistema de Matheron, cuja resolução é facilitada pelo fato de a variância de krigagem $\sigma^2(Z^* - Z)$ poder exprimir-se apenas em função das covariâncias que se calculam com base no variograma; portanto, a krigagem depende só da configuração geométrica das amostras e dos valores a, C e C_0 do variograma. Pode-se demonstrar que o sistema de Matheron é regular, isto é, conduz a uma solução única.

Com todas essas condições (não enviesamento, linear e ótimo), o estimador de krigagem é chamado de BLUE (*best linear unbiased estimator*), provando-se, matematicamente, a impossibilidade de existência futura de um melhor estimador. Mas a krigagem é exata, além de ser BLUE. Diz-se que um interpolador é exato quando assume para os pontos experimentais os valores reais (corretos) destes, em vez de fornecer números próximos (Costa, 1979).

O sistema de equações da krigagem é usualmente representado em forma matricial:

$$[K]\cdot[\lambda] = [M] \tag{2.16}$$

Na Eq. 2.16, as matrizes [K], [λ] e [M] correspondem, respectivamente, à matriz dos variogramas entre as amostras, à matriz dos ponderadores e à matriz dos variogramas entre as amostras e o bloco a estimar (Soares, 2006).

Os termos $\gamma(x_i,x_j)$ são os variogramas entre os pontos amostrais nas posições x_i e x_j; $\gamma(x_i,x_0)$ são os variogramas entre os valores amostrais em x_i e o bloco a estimar; λ_i são os ponderadores da krigagem ordinária a serem determinados; e μ é o parâmetro de Lagrange (Sinclair; Blackwell, 2004). O multiplicador de Lagrange é introduzido nos sistema de equação porque os pesos λ devem somar 1 (condição de universalidade).

Como já salientado anteriormente, os depósitos minerais se caracterizam por conter variáveis ditas regionalizadas, que podem ser contínuas ou discretas. As variáveis contínuas podem apresentar comportamentos característicos, que podem ser interpretados pela forma dos histogramas. Para dados com distribuição normal ou que apresentem assimetria negativa, não há necessidade de transformação dos dados, e a krigagem ordinária é aplicada diretamente sobre os dados originais. Entretanto, quando a distribuição tiver assimetria positiva, justifica-se a transformação dos dados para evitar a influência dos poucos valores muito altos. Transformações de dados são, assim, necessárias para a estimação geoestatística, sendo as mais importantes a gaussiana, a logarítmica e a indicadora. As estimativas geoestatísticas para os dados transformados são obtidas, respectivamente, por meio das krigagens multigaussiana, lognormal e indicadora (Yamamoto; Landim, 2013).

Segundo Girodo (2006), os métodos de avaliação de reservas minerais que mais progrediram foram os métodos geoestatísticos, principalmente em virtude dos seguintes pontos relevantes:

a) levam em conta a estruturação do depósito. Como se sabe, os fenômenos geológicos geram jazidas de formas bastante organizadas. Todo mineiro sabe que, com maior probabilidade, encontra-se minério rico perto de minério rico e, alternativamente, minério pobre perto de minério pobre. Jazidas são organizadas segundo diversas estruturas que devem, assim, ser convenientemente mapeadas e cartografadas. No caso da Geoestatística, os modelos quantitativos não são apriorísticos e ajustam-se à realidade da variação dos teores no jazimento mineral, por exemplo.

Entretanto, ressalta-se que é pura perda de tempo efetuar trabalhos detalhados de Geoestatística em jazidas mal conhecidas. Costuma-se até dizer que, em Geoestatística, Geologia vem antes e Estatística, depois.

b) não promovem sub ou superestimação das reservas (o que pode ocorrer com os métodos clássicos), pois seus estimadores são formulados para se evitar erros sistemáticos.

c) fazem o melhor uso das informações coletadas, pois os estimadores geralmente usados (por exemplo, krigagem) avaliam todo o domínio proposto, com variância (erro) mínima(o). Trata-se, pois, de um estimador ótimo.

Outras vantagens, já destacadas, são referentes à krigagem e dizem respeito a contornar o problema de redundância de informações e ser um interpolador exato. Ao longo dos anos, a aplicação da Geoestatística extrapolou os domínios da Geologia (e Mineração), passando a ser usada com sucesso nas mais diversas áreas do conhecimento, tais como: Cartografia, Meteorologia, Batimetria, Amostragem (Gy, 1979; 1998), Pesquisa Operacional e diversas outras áreas ligadas às avaliações das propriedades do meio ambiente.

2.4 PARAMETRIZAÇÃO DE RESERVAS MINERAIS

Segundo Sad e Valente (2007), um dos grandes problemas existentes no planejamento mineiro é a compreensão e a determinação do teor de rejeição ou corte, apesar desse teor ser de consenso comum. A cada variação do teor de corte, quantificam-se novos valores para reservas (geológica e lavrável), movimentação total de minério e estéril, minério obtido, relação estéril/minério (REM), metal contido, parâmetros econômicos em geral entre outros. Denominam-se curvas de parametrização as curvas que são construídas para quantificar reservas, minério, estéril, metal contido e outros parâmetros de interesse por meio, principalmente, da variação do teor de corte. Segundo Mackenzie e Henriquez (1976) apud Gama (1986), algumas jazidas minerais aceitam uma relação exponencial do seguinte tipo:

$$Q = G \cdot e^{-T_c / T_{m(g)}} \qquad\qquad (2.17)$$

em que:

Q = reserva lavrável, com teor acima do teor de corte T_c;

G = reserva geológica total, de teor médio $T_{m(g)}$.

Verifica-se que, para o teor de corte igual a zero, a reserva lavrável se iguala à reserva geológica.

O metal contido (M) no interior da reserva lavrável seria:

$$M = T_{m(g)} \left(1 + T_c / T_{m(g)} \right) \cdot G \cdot e^{-T_c/T_{m(g)}} \qquad\qquad (2.18)$$

expressão que, desenvolvida, conduz a:

$$M = Q \left(T_c + T_{m(g)} \right) \qquad\qquad (2.19)$$

significando que o teor médio do minério lavrável seria igual à soma do teor de corte com o teor médio da reserva geológica. Contudo, é prudente não generalizar essas expressões, sendo, entretanto, importante assinalá-las por conterem uma avaliação qualitativa inicial indicada pela lógica e pelo bom senso.

Parametrizar é equacionar a vinculação de reserva lavrável aos parâmetros que a constituem. Ressalta-se que a parametrização é válida apenas dentro de um quadro tecnológico e econômico definido. Assim, depois da avaliação inicial das reservas pelos métodos estatísticos, clássicos e/ou geoestatísticos, é necessário selecionar as reservas lavráveis, considerando, agora, uma dada tecnologia e uma certa conjuntura de mercado. Mudanças nesse quadro levam a variações nos valores dos parâmetros e, obviamente, a novas parametrizações. Assim, o aproveitamento ótimo de uma jazida não se restringe apenas à determinação do teor de corte e definição dos blocos tecnológicos de lavra; compreende também a *caracterização otimal* da jazida (por meio do estudo de sua curva característica ótima), a escolha e afinação do(s) método(s) de beneficiamento do(s) minério(s) e a identificação dos parâmetros influentes na lavra e no beneficiamento (que depois terão que ser *estacionarizados*). Segundo Sad e Valente (2007), a característica otimal de uma jazida representa a relação que maximiza o peso global de metal recuperado para se obter dado peso de concentrado. O instrumento clássico de planejamento nessa fase de seleção é a curva tonelagem *versus* teor, a qual dá a tonelagem de minério a extrair de um certo teor de corte. Também é de grande utilidade a curva teor médio da reserva lavrável *versus* teor de corte, que dá o teor médio do minério retido *acima* de um dado teor de corte.

As grandezas teor de corte, teor médio e quantidades (volumes e tonelagens) de uma certa reserva mineral podem ser inter-relacionadas pelas curvas de parametrização. Para exemplificar, considere-se uma reserva mineral sem zonas preferenciais de mineralização, ou seja, um corpo mineralizado supostamente homogêneo. Nesse caso, os limites da lavra não se alteram muito em razão do teor de alimentação selecionado. A Fig. 2.11 é exemplo de curva de parametrização para uma reserva mineral desse tipo.

Pela Fig. 2.11, verifica-se, tal como pela Eq. 2.17, que, para o teor de rejeição ou corte igual a zero, a reserva lavrável se iguala à reserva geológica. À medida que o teor de rejeição da jazida aumenta, aumenta também a relação estéril/minério e diminui a quantidade de minério (Q). A curva tonelagem extraída além do capeamento *versus* teor de corte (Fig. 2.11) possibilita os cálculos dos custos de produção, enquanto a curva teor médio *versus* teor de corte (Fig. 2.12) possibilita avaliar o metal contido e, consequentemente, as receitas. É importante estar atento ao fato de que, nesse caso, o teor médio se refere ao teor médio do minério retido *acima* de um dado teor de corte e não ao teor médio da reserva geológica como um todo. O jogo entre essas duas curvas permite otimizar o processo de lavra, definindo o teor de corte e o ritmo de lavra mais conveniente para determinado objetivo (Sad; Valente, 2007).

Uma vez definido, com a aproximação necessária, o quadro tecnológico e econômico válido para a parametrização que se pretende efetuar, o planejamento subsequente tem de ser feito com base em valores estimados. É imprescindível, entretanto, manipular criteriosamente as curvas de parametrização. É evidente o impacto do método de cálculo de reservas na construção das curvas tonelagens *versus* teores de corte e/ou médios e na determinação da cava final a executar, com base em uma certa *função benefício*, sujeita a diversos constrangimentos (taludes, sequência de exploração, necessidade de blendagem etc.). Uma grande vantagem adicional da consideração da função benefício numa parametrização prende-se à maior facilidade de se estacionarizar o teor de concentrado e sua recuperação em peso, em comparação à estacionarização do teor do minério bruto, visto que as variâncias daqueles são menores que a deste. Isso significa que as regras de mistura são mais simples no primeiro caso do que no segundo. Em resumo, esse fato é mais uma evidência de que o planejamento da lavra de uma jazida deve considerar os resultados obtidos no beneficiamento do respectivo minério (Costa, 1979).

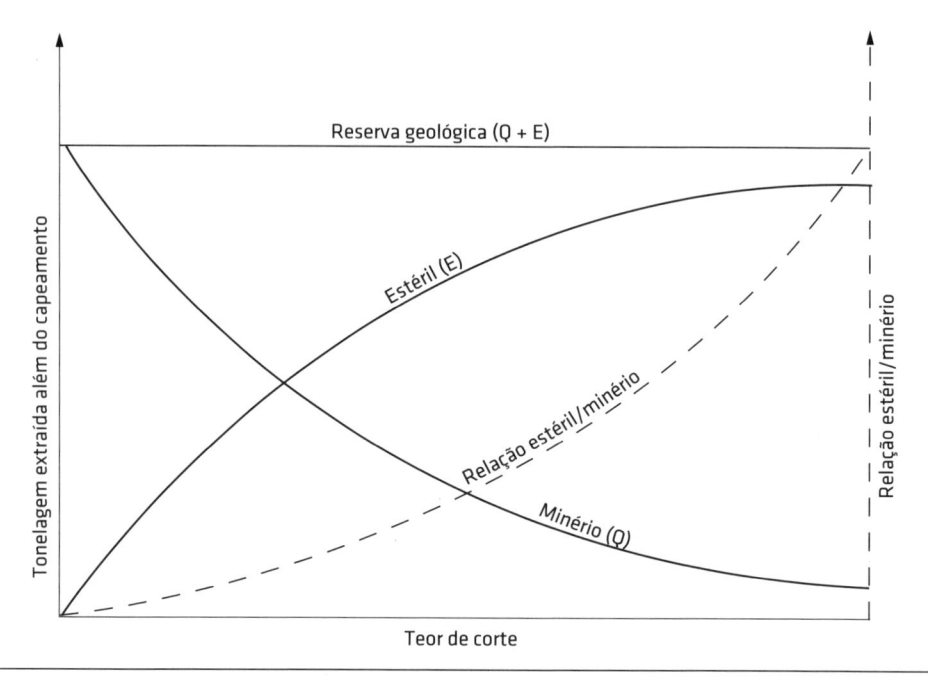

Fig. 2.11 *Variações típicas das reservas minerais e da relação estéril/minério em função do teor de corte para jazidas minerais lavradas a céu aberto*

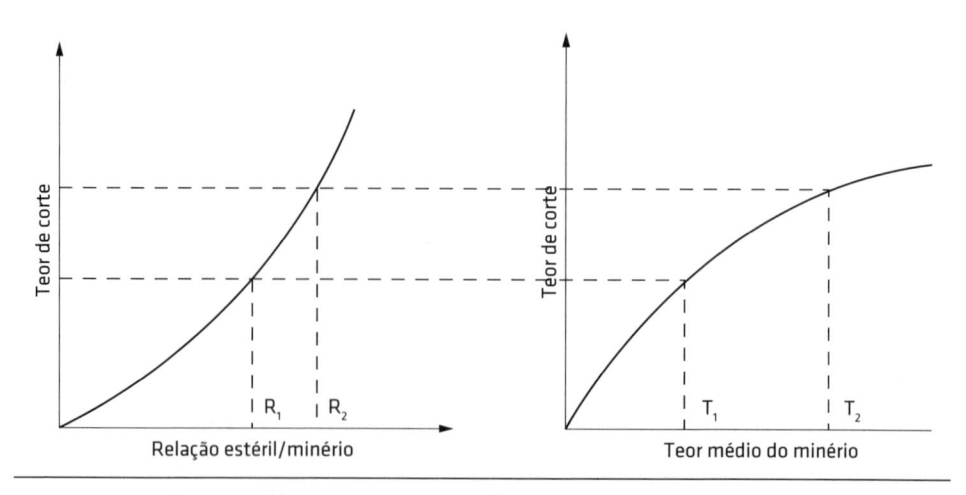

Fig. 2.12 *Curvas características relacionando as variações típicas entre teor de corte, relação estéril/ minério e teor médio do minério*

Uma das vantagens do uso da Geoestatística é a possibilidade de definição mais concreta e precisa do teor de corte de uma jazida, que permite quantificar com mais precisão o que se perde ou o que se ganha por meio da variação daquele teor. Sendo possível estimar o erro associado às avaliações por krigagem, será possível, também, estimar os intervalos de confiança com que foram calculados os estimadores. O objetivo final da avaliação geoestatística com parametrização é o cálculo da reserva global – tonelagem de minério bruto, teores médios e respectivas curvas de parametrização – por meio da metodologia própria da Geoestatística, suportada pela respectiva teoria. Para aplicação dessa metodologia, todos os estimadores calculados podem ser afetados por um erro e, portanto, será possível estabelecer, para um certo nível de probabilidade, os intervalos de confiança dos valores obtidos. Geralmente, esse nível de probabilidade é de 95%.

2.5 Determinação do custo de mineração

Como discutido na parametrização técnica de reservas, as grandezas teor de corte, teor médio e quantidades (volumes e tonelagens) referentes a uma determinada reserva mineral estão intimamente relacionadas: ao se fixar o valor de qualquer uma dessas grandezas, as outras ficam automaticamente fixadas. Essa correspondência é avaliada por meio das curvas de parametrização, como se demonstrou. Na maioria das vezes, o valor a ser fixado é o teor médio do minério a ser lavrado, que deverá atender aos pré-requisitos de ordem técnica e econômica do conjunto mina-beneficiamento. Esse teor médio deve ser tal que minimize a soma do custo de mineração, calculado por meio da soma do custo de lavra com o custo de tratamento do minério. A minimização de custos e maximização do aproveitamento da reserva mineral corresponde a um dos preceitos elementares da boa prática mineira. Justifica-se, assim, a importância que é dada para a criteriosa determinação do teor médio, como uma condicionante para o atendimento desses objetivos.

Existem reservas minerais que, embora estruturadas, não apresentam zonas preferenciais de mineralização. Considere uma reserva mineral desse tipo, ou seja, em um corpo mineralizado supostamente homogêneo. Para uma reserva mineral desse tipo, os limites da cava de exaustão permanecem praticamente inalterados, independentemente do teor de alimentação selecionado. Agora, serão analisadas as consequências da variação do teor médio sobre o custo de mineração para um corpo mineralizado supostamente homogêneo.

Retornando às curvas de parametrização da jazida para analisar, com base nelas, os efeitos referidos, admite-se, ainda, que se estabeleça que a quantidade anual do produto de beneficiamento permaneça constante, qualquer que seja o teor de alimentação selecionado. A um aumento do teor médio de alimentação da usina de tratamento de minérios, corresponde um aumento no teor de corte e uma diminuição na reserva lavrável. Como consequência, haverá também um aumento na relação estéril/minério, ou seja, a quantidade de estéril a ser removida para a liberação de uma tonelada de minério aumenta com o incremento do teor de alimentação. Como o custo de lavra é calculado com base no custo de uma tonelada de minério à entrada da usina de beneficiamento, estando já incluso nele o custo de remoção de estéril, fica claro que o custo de lavra aumenta com o aumento do teor de alimentação, pela maior quantidade de estéril removida. Na verdade, essa análise deveria ser um pouco mais complexa, pois o custo de beneficiamento deveria estar arrolado à quantidade de matéria útil contida no minério bruto (ou concentrado) e não ao metal contido. Todavia, pode se demonstrar que, por ambas as linhas de raciocínio, chega-se à mesma conclusão. Uma curva representativa da variação do custo de lavra em função do teor médio de alimentação no beneficiamento é demonstrada pela Fig. 2.13:

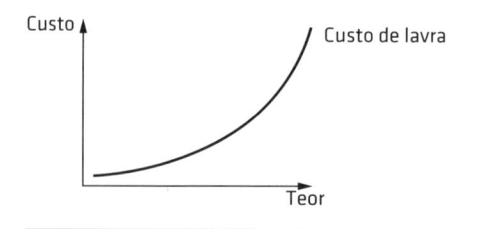

FIG. 2.13 *Custo de lavra em função do teor médio de alimentação no beneficiamento para um corpo mineralizado supostamente homogêneo*

Quanto ao custo de beneficiamento, este decresce com o aumento do teor médio de alimentação, pois, para a produção de uma mesma quantidade de concentrado, a quantidade de minério bruto a se processar é menor por ele ser mais rico, e, consequentemente, haverá menor consumo de reagentes, menor quantidade de insumos, menor quantidade de material rejeitado, menor utilização da capacidade de beneficiamento instalada, menor consumo de energia, enfim, um menor investimento inicial e um menor custo operacional. Nesse caso, também é válida a observação quanto à incidência do custo sobre o minério bruto (ou concentrado) e não sobre o metal contido. Todavia, pode-se demonstrar que, por ambas as linhas de raciocínio, chega-se à mesma conclusão. A Fig. 2.14 ilustra a variação do custo de beneficiamento com o teor médio de alimentação.

Conforme foi mencionado, o custo de mineração equivale à soma dos custos de lavra e dos custos de beneficiamento; portanto, sobrepondo-se Fig. 2.13 e Fig. 2.14, representativas das variações desses custos, e traçando a curva representativa do somatório destes, tem-se a Fig. 2.15, que permite avaliar o teor médio ótimo da reserva mineral.

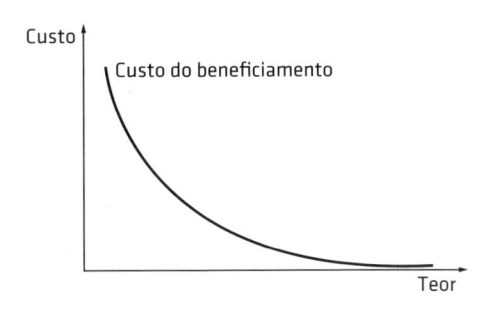

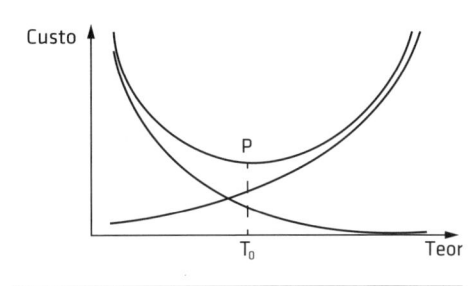

FIG. 2.14 *Relação entre o teor e o custo de beneficiamento para uma exploração a céu aberto*

FIG. 2.15 *A interpretação das curvas do custo de mineração permite identificar o ponto P, ao qual corresponde o teor ótimo T_0, para o qual o custo de mineração é mínimo*

Existem modelos matemáticos que permitem a dedução do teor ótimo de alimentação e a definição da curva característica ótima de uma jazida. Segundo Sad e Valente (2007), com base na curva característica ótima da jazida, pode-se definir a melhor solução tecnológica para enquadrar o conjunto lavra-beneficiamanto. Obtida a curva otimal característica, pode-se parametrizar novamente a jazida, considerando certo critério relevante. Habitualmente, escolhe-se o critério de maximizar a margem monetária global. A aplicação desses modelos é extremamente útil e válida como uma primeira aproximação do problema, pois permite quantificar uma ordem de grandeza do teor médio procurado. A partir desse valor inicial, deve-se proceder a outros testes de concentração – ainda que em escala de bancada ou piloto – e determinar mais pontos suficientes para o aprimoramento do traçado das curvas. Por meio do somatório dos custos de lavra e beneficiamento, constrói-se a curva do custo de mineração total, que permite identificar o ponto P, em que esse custo é mínimo. A esse ponto P, corresponde o teor ótimo T_0, para o qual o custo de mineração é mínimo. Simultaneamente, elaboram-se os planos de lavra correspondentes aos vários teores pré-selecionados – que devem estar compreendidos em um intervalo próximo à porção mais baixa da curva do custo (ponto P, na Fig. 2.15) de mineração determinada pelo modelo matemático. Também são gerados aqui pontos suficientes que permitam o traçado da curva correspondente à variação do custo da lavra com o teor de alimentação. Ainda conforme comentários de Sad e Valente (2007), a alocação otimizante permite construir diretamente a característica otimal de uma dada jazida. A característica otimal representa a relação que maximiza o peso global de metal recuperado para se obter dado peso de concentrado. Logicamente que tal característica está intimamente condicionada ao quadro tecnológico vigente e/ou instalado e variará com o tempo. A processos de concentração distintos, corresponderão diferentes trajetórias com recuperações distintas e, consequentemente, perdas de metal distintas. Um processo de tratamento de minérios será mais adequado quanto menor for a perda de metal (Δm) e maior for a recuperação do processo de tratamento de minérios. A curva de característica otimal pode ser expressa em termos de massa do concentrado e respectiva quantidade de metal contido ou teor do concentrado. Para cada preço de venda da unidade de massa do concentrado e respectivo metal contido, existirá um limite superior (máximo admissível) para os custos de mineração (lavra mais beneficiamento). Nas novas parametrizações, as curvas de parametrização de concentrados *versus* teor médio e concentrados *versus* teor de corte podem ser reconstruídas, variando-se a soma dos custos de mineração, do benefício, ou ambos, simultaneamente. Assim, a característica otimal facilita a parametrização e introduz conceitos alternativos de teor de corte, baseados no produto final. A escolha do teor de corte é, então, bem fundamentada e precisa, graças às técnicas da parametrização, que levaram ao que hoje é chamado de prática das rejeições, muito bem tratada por Rogado (1977 apud Sad; Valente, 2007). Finalmente, com base nas curvas de parametrização e da jazida avaliada em nível local (bloco a bloco), estabelece-se a cava ótima e os planos sequenciais de lavra (a longo, médio e curto prazos); e, fundamentando-se nesses planos, projeta-se o sequenciamento da produção na lavra, como será visto no Cap. 5.

2.6 Pesquisa de mercado

Após o conhecimento da jazida, é necessário analisar o comportamento do mercado em relação ao bem mineral que ela irá produzir. Inicialmente, deve-se estabelecer os limites econômicos da reserva mineral, ou seja, a sua área de influência econômica, e avaliar o comportamento do mercado nessa área. O espaço físico que o mercado consumidor abrange está intimamente relacionado às atividades de natureza econômica, ou seja, existe uma área geográfica, na qual a reserva mineral se insere, onde o produto desta é capaz de ser comercializado em condições competitivas com outros similares. Embora restrita a uma área geográfica, a pesquisa mercadológica deve, necessariamente, considerar as influências externas a longo prazo nessa área.

As pesquisas mercadológicas abrangem análises de tendências e extrapolações, baseadas em dados resultantes de análises de conjunturas econômicas e até de injunções políticas, de âmbito nacional e, muitas vezes, internacional, e, por isso, podem se tornar complexas. Há uma série de questões cujas respostas são necessárias à conclusão sobre a real capacidade de absorção do mercado na área de abrangência do projeto de mineração. Merece destaque especial o estudo das tendências de evolução dos preços, tanto de venda do produto final da mina quanto dos custos dos insumos de produção, considerando a vida útil estimada para a mina. A evolução do consumo, verificado durante um período suficientemente longo para ter valor estatístico, também é um fator importante. Assim, um crescimento aparente do consumo tanto pode ser consequência de excessos de oferta – e, portanto, baixa de preço –, quanto de um real desenvolvimento econômico.

Outro fator a ser investigado diz respeito às fontes de abastecimento do bem mineral na área em estudo, se internas ou externas, se quantitativa e qualitativamente estáveis ou não, se sujeitas ou não a influências outras como custo de importação. Exemplificando, a área em estudo pode ter sido abastecida, durante o período de análise, por uma fonte externa em quantidade e qualidade suficientes; mas, a um dado momento, pode deixar de sê-lo se o custo de importação implicar um ônus extra ao consumidor que torne o uso daquele bem proibitivo.

Há ainda que se atentar para a presença de projetos em implantação e potenciais relativos à área, visando à avaliação da possível coexistência econômica. Resumindo, antes de se tomar a decisão de implantação do projeto, deve-se assegurar que o bem mineral a ser comercializado tenha seu consumo garantido por um tempo, no mínimo, suficiente para pagar os investimentos a serem realizados. Para a concretização dos estudos mercadológicos, necessita-se de trabalhos de pesquisa histórica de evolução de preços, conhecimentos atualizados de política mineral e de mercado internacional, além de alta sensibilidade técnica e econômica, a qual é imprescindível para o estabelecimento seguro de projeções. A pesquisa de mercado tem como objetivo final a determinação de uma certa quantidade (ou quantidades) de produto (ou produtos) dentro de certas especificações, que a zona de influência econômica da reserva mineral absorverá, justificando, assim, a implantação do empreendimento. Esses valores serão, então, confrontados com os resultantes da determinação da escala econômica ótima de produção, envolvendo fatores característicos da reserva mineral, como será abordado a seguir.

2.7 Determinação da escala de produção

A determinação da escala de produção de um empreendimento mineiro é estabelecida em razão das reservas minerais, da conjuntura tecnológica e econômica, e, em particular, da pesquisa de mercado, como comentado anteriormente. Em princípio, seria lógico concluir que grandes reservas conduzem a elevadas escalas de produção. Entretanto, o raciocínio não é tão óbvio. A lavra muito rápida, com escalas de produção muito elevadas, pode não fornecer tempo suficiente para a depreciação de equipamentos, instalações e imóveis. Inversamente, escalas de produção diminutas reduzem, sobretudo, a taxa interna de retorno do investimento. De acordo com a definição estritamente econômica de *indústria extrativa mineral*, apresentada no Cap. 1, o seu objetivo é a maximização do valor atual líquido dos benefícios monetários futuros, durante toda a vida da mina. O valor atual é função da vida da mina e esta, por sua vez, é função da escala de produção. Assim, o problema se resume em determinar o valor da escala de produção que maximize a função $V = f(t)$, em que V é o valor atual e t, a taxa de produção.

A partir da década de 1960, foram propostos alguns métodos para a determinação da escala de produção, entre eles o denominado modelo estático de massa e crescimento da riqueza (Girodo, 2006). O modelo matemático mais simples é o modelo estático de massa (Costa, 1979), que parte das seguintes hipóteses:

* o investimento inicial é proporcional à escala de produção e é totalmente dispendido no ano zero, ou seja, antes de se iniciar a produção;
* o preço unitário de venda permanece constante durante a vida da mina;
* o custo unitário de produção é também constante e o custo anual de produção é proporcional à escala de produção;
* a escala de produção se mantém constante durante toda a vida da mina.

Como se percebe, são premissas simplificadoras dos reais eventos das operações mineiras, estabelecidas para se poder construir um modelo matemático que as utilize como base. De acordo com essas premissas, pode-se propor as seguintes equações:

* Investimento inicial: $\quad A = a \cdot t$ $\qquad$ (2.20)

  em que:

  a = investimento inicial por tonelada de extração anual;

  t = escala de produção.

* Receita anual: $\quad P = p \cdot t$ $\qquad$ (2.21)

  em que:

  p = preço unitário de venda.

* Custo anual de produção: $\quad C = c \cdot t$ $\qquad$ (2.22)

  em que:

  c = custo unitário de produção.

* Saldo anual de caixa: $\quad S = (p - c)\, t$ $\qquad$ (2.23)

* Vida útil da mina: $\quad n = \dfrac{Q}{t}$ $\qquad$ (2.24)

  em que:

  Q = reserva lavrável (quantidade de minério);

  n = número de anos da vida útil da mina.

Assim, o fluxo de caixa se reduz a um investimento inicial A na data zero e uma série uniforme de n saldos anuais S.

O valor atual V do fluxo de caixa pode ser calculado para uma certa taxa de juros r escolhida pelo investidor:

$$V = V_s - A \qquad (2.25)$$

em que:

V_s = valor atual bruto das receitas a uma taxa de juros r e para n anos de vida da mina.

V_s se exprime pela seguinte fórmula:

$$V_s = S\,\frac{(1+r)^n - 1}{r(1+r)^n} \qquad (2.26)$$

Substituindo, nas duas últimas equações, os valores de V_s, S, n e A anteriormente encontrados, virá:

$$V = (p - c)t\frac{(1 + r)^{Q/t} - 1}{r(1 + r)^{Q/t}} - a \cdot t \tag{2.27}$$

Na última equação apresentada, considerando as hipóteses assumidas, os valores de p, c e t são constantes, e Q e r também o são. Assim, obtendo-se a função $V = f(t)$, o seu valor máximo corresponderá à escala de produção que maximiza o valor atual líquido dos benefícios futuros, conforme se quer demonstrar.

A Fig. 2.16 apresenta curvas representativas das funções que caracterizam o modelo estático de massa, evidenciando o ponto t^* ao qual corresponde o máximo valor atual.

O modelo estático de massa, como o próprio nome indica, admite uma estacionarização de parâmetros que, na prática, são dinâmicos. Assim, sua aplicação pode levar a resultados não representativos da realidade, pois as premissas admitidas para a sua formulação falham pelo excesso de simplificação. Nele, considera-se que:

a) o custo anual de produção não é proporcional à tonelagem anualmente extraída;

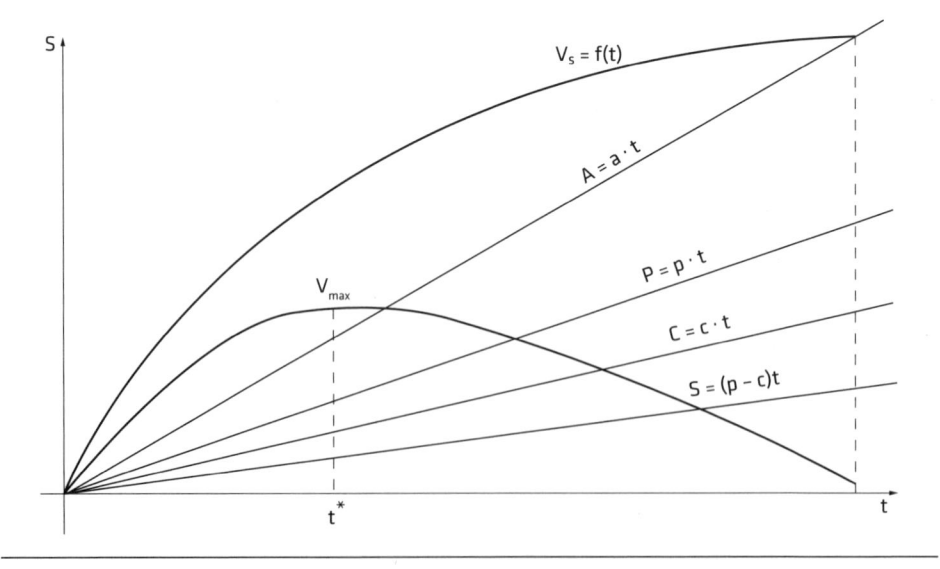

Fig. 2.16 *Curvas representativas das funções que caracterizam o modelo matemático estático de massa*

b) o investimento inicial não é proporcional à tonelagem extraída;

c) durante a vida da mina, há necessidade de reposição de equipamentos, por alcançarem o limite de sua vida útil; e, portanto, de novos investimentos;

d) o preço unitário de venda oscila com as tendências do mercado consumidor;

e) a taxa anual de produção também não é constante, crescendo de valores pequenos, no início das operações, até um valor máximo, e decrescendo até zero no fim da vida da mina.

Trata-se, no entanto, de uma primeira aproximação do problema de determinação da escala ótima de produção e, antes da decisão final, devem ser introduzidas, nesse modelo, novas considerações que realmente reflitam as condições da operação mineira que se planeja.

Vários engenheiros estudaram o problema do tamanho ótimo do sistema mina e tratamento de minérios. A metodologia de Lane (1964) apud Girodo (2006), por exemplo, baseia-se no teor de corte na mina e na integração do sistema mina, planta de tratamento e metalurgia como um todo. O modelo matemático proposto por Lane simula a operação segundo vários ritmos de produção e teores de corte na mina também variáveis. No modelo de Lane, cada estágio (mina, planta de tratamento e metalurgia) terá seus custos associados e capacidades limite. A operação integrada, como um todo, terá, no final, um custo fixo constante que será adotado nos cálculos para a determinação da escala de produção, exatamente como no caso do modelo estático de massa.

Em 1977, Taylor estabeleceu uma regra empírica bem simples, baseando-se nos grandes depósitos de cobre profirítico, para estimar em nível bastante preliminar o ritmo da produção ou a vida útil de uma mina (Rudenno, 2009). Segundo Taylor, a vida útil da mina em anos (n) é igual a uma constante (6,5) multiplicada pela raiz quádrupla das reservas (G) em milhões de toneladas (com variação de 20%).

$$n = 6,5 \times \sqrt[4]{G} \ (+/- 20\%) \qquad (2.28)$$

A regra de Taylor também pode ser expressa em termos de capacidade de produção anual (C) em toneladas (t) segundo a relação:

$$C(t) = 0,147 \times G^{0,75} \tag{2.29}$$

É interessante destacar que o ritmo de produção definido pela fórmula de Taylor não envolve o teor do depósito nem o tipo de minério. Serve tanto para *bulk como-dities*, como o ferro, cobre, fosfato e alumínio, quanto para minérios de baixo teor, como o ouro e o diamante (Girodo, 2006). Como conclusão, destaca-se que, para a determinação da escala de produção, há a necessidade de um estudo técnico--econômico, cujos resultados suscitem uma escala ótima de produção, que deve ser confrontada com a capacidade de absorção do mercado para se decidir pela escala final que atenda, simultaneamente, aos dois aspectos considerados, ou seja, otimização da escala e observação da capacidade de absorção do mercado.

2.8 PESQUISA TECNOLÓGICA

A pesquisa tecnológica tem como objetivo a definição dos tipos de minério e estéril, do processo de tratamento de minérios e dos principais parâmetros geotécnicos. Visa, também, em última análise, enquadrar a realidade geológica dentro do conceito tecnológico, fornecendo elementos indispensáveis de decisão sobre o empreendimento, o que não seria possível somente com a pesquisa geológica (Costa, 1979). O campo de atuação da pesquisa tecnológica corresponde a todo o espaço físico representado pela reserva mineral em estudo e deve ser suficientemente amplo para garantir a representatividade dos resultados.

Um dos sistemas de amostragem mais apropriados para refletir a representatividade e a totalidade do espaço mineralizado é aquele composto por aberturas (de galerias, ou poços, por exemplo) convenientemente espaçadas e posicionadas no corpo de minério. A amostragem deve ser executada em todo o domínio da reserva mineral, e deve-se procurar atingir o corpo de minério, primeiramente, com aberturas dispostas ao longo do eixo principal do corpo mineralizado e, depois, com aberturas perpendiculares àquele eixo, proporcionando a confecção de seções, se possível, equidistantes. Assim, as aberturas para a coleta de amostras para a pesquisa tecnológica devem ser posicionadas, sempre que as condições topográficas o permitirem, equidistantes umas das outras, aumentando, dessa forma, a representatividade da população amostral. Para aumentar a representatividade ainda mais, as aberturas devem ser feitas tendo os seus eixos perpendiculares à direção geral das camadas, ou seja, perpendiculares ao eixo principal da reserva mineral. Considerando o posicionamento do jazimento, as aberturas devem ser embocadas em posições de relevo favorável, de modo a atingir, rapidamente e com facilidade, o corpo mineralizado. As diversas aberturas (galerias, poços etc.) cuidadosamente amostradas proporcionarão a obtenção de várias amostras individuais, que devem ser usadas para:

* definição da tipologia dos minérios;
* ensaios de tratamento de minérios, inclusive em plantas piloto;
* obtenção de amostras (blocos indeformados e outras) para estudos geotécnicos;
* análise da geologia estrutural do depósito, por meio do mapeamento geológico das paredes das galerias;
* outros estudos de interesse.

Tipologia de minérios

O objetivo da tipologia é classificar os diferentes tipos de minério, avaliando a quantidade de cada um e a sua distribuição espacial na reserva mineral. Os diferentes tipos de minério e processos de tratamento devem ser ajustados visando ao aproveitamento mais racional possível da jazida.

O método habitualmente adotado para o estudo tipológico de minérios é denominado análise grupal, ou *cluster analysis*. A técnica da análise grupal presta-se à formação de grupos homogêneos de minério, segundo graus de dissimilaridade crescente, com suporte em valores assumidos pelas variáveis consideradas importantes para o agrupamento (composição química e/ou mineralógica, teores etc.) das diversas amostras disponíveis. A escolha das variáveis deve ser criteriosa pois devem permitir a formação de grupos homogêneos. Por outro lado, os grupos homogêneos assim definidos, devem, de alguma forma, retratar diferenças de comportamento tecnológico, genéticas etc. Se houver apenas uma variável caracterizante, o agrupamento é fácil. Entretanto, quando as amostras e/ou elementos disponíveis para a formação de grupos são caracterizados por muitas variáveis, a formação destes só é possível se for utilizada uma metodologia apropriada. Essa metodologia deve ter um critério objetivo e único na comparação das amostras, permitindo uma análise prática dos grupos formados. A análise grupal, inicialmente desenvolvida para servir à Psicologia e depois aplicada à Paleontologia, atende a esses pré-requisitos. A aplicação da técnica de análise grupal, ou *clustering*, permite reunir elementos aparentemente díspares e formar grupos homogêneos segundo a propriedade de interesse.

A metodologia da análise grupal pode ser entendida considerando o operador apresentado pela Eq. 2.30, em que, dados N elementos caracterizados cada um por M variáveis, comparam-se inicialmente todos os elementos, dois a dois. Essa comparação é feita por meio do operador:

$$D_{j,k} = \sqrt{\sum_{i=1}^{M} \frac{\left(x_{i,j} - x_{i,k}\right)^2}{M}}$$

(2.30)

em que:

$D_{j,k}$ = dissimilaridade entre os elementos j e k;

$x_{i,j}$ = valor normalizado da variável i, referente ao elemento j;

M = número de variáveis usadas;

i = ordem da variável sob consideração;

j,k = ordem dos elementos sob consideração.

Sendo M o número de parâmetros que caracterizam cada elemento, N o número total de elementos a serem agrupados e $x_{m,n}$ os valores desses parâmetros, com n variando de 1 a N, e m, de 1 a M, a normalização do parâmetro de ordem M_0 se faz comparando os valores $x_{M_0,n}$, com n variando de 1 a N. Aos máximos e mínimos $x_{M_0,n}$ encontrados, atribuem-se os valores 1 e 0, respectivamente, sendo que os demais $x_{M_0,n}$ compreendidos entre o máximo e mínimo têm suas grandezas calculadas por interpolação linear, entre zero e um. Após a conclusão da análise grupal, incluindo todos os M parâmetros, todas as variáveis são normalizadas, o que torna possível a comparação entre elas durante o cálculo das dissimilaridades.

A dissimilaridade entre os componentes j e k, ou $D_{j,k}$ representa a distância entre j e k em um hiperespaço multidimensional com M dimensões (M = número de variáveis). Ao dividir-se essa distância por M, na realidade, está sendo efetuada uma diferença média quadrática, cujo significado físico é equivalente ao do desvio padrão das diferenças entre os valores dos parâmetros das duas amostras j e k. Consequentemente, quanto menor for o valor de D, maior será a semelhança entre os elementos considerados, chegando-se ao extremo em que D se iguala a zero, significando a semelhança total, ou seja, o caso em que as amostras são completamente iguais. À medida que D aumenta, ocorre o inverso, ou seja, a semelhança entre as amostras vai diminuindo e os elementos vão se distanciando no hiperespaço com M dimensões. Os valores de D podem variar entre 0 e 1, respectivamente, a mínima e a máxima dissimilaridade.

A metodologia para a elaboração do algoritmo de análise grupal consta dos seguintes passos, segundo Sad e Valente (2007):

1. Cálculo de $D_{j,k}$, comparando todos os elementos, dois a dois, entre si;
2. Comparação entre si de todos os $D_{j,k}$ calculados, buscando encontrar o D_{j_0,k_0} mínimo;
3. D_{j_0,k_0} mínimos implicam que j_0 e k_0 são os dois componentes mais semelhantes de toda a coleção.

Esses dois elementos (j_0 e k_0) passarão a formar um conjunto, que no algoritmo passa a ser considerado um novo elemento j_0, cujos parâmetros terão por medida a média ponderada dos valores correspondentes nos elementos combinados. Na ponderação entre os valores dos parâmetros j_0 e k_0 para a determinação do novo j_0, utiliza-se como peso para j_0 e k_0 o número de elementos que tenham sido incorporados, respectivamente, a cada um nos passos anteriores. Essa ponderação é realizada a fim de que o novo elemento j_0 a ser formado sofra maior ou menor influência de j_0 ou k_0, conforme o número de elementos que cada um contenha. Considerando agora o novo componente j_0 e desprezando k_0, todos os elementos são novamente comparados entre si, recalculando-se suas dissimilaridades $D_{j,k}$. O procedimento segue idêntico ao descrito anteriormente, até que todos os elementos tenham sido agrupados. O dendograma da Fig. 2.17 é a exposição gráfica desses resultados. Consiste num diagrama, em que, nas ordenadas, são colocados os diversos elementos e, em abscissas, são colocados os valores de D. Os diversos elementos são agrupados por barras verticais, o que também é feito para os vários grupos formados, como mostra a Fig. 2.17.

Observa-se que:

F e G são totalmente iguais (D = O);

(F + G) e E são agrupados;

C + D são agrupados;

(F + G + E) e (C + D) são agrupados;

(F + G + E), (C + D) e (A + B) são agrupados.

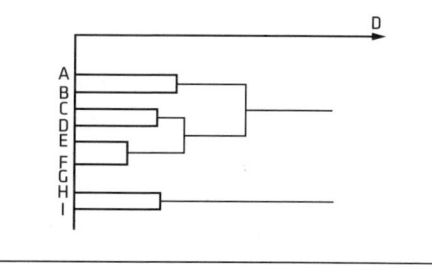

FIG. 2.17 *Dendograma para os dados amostrados*

Fonte: Costa (1979).

Com a evolução do algoritmo, os agrupamentos iniciais vão se juntando e também vão se incorporando a eles outros elementos isolados. Ao final, todos os vários agrupamentos tendem a agrupar-se em um único grupo de dissimilaridade máxima. Deve-se, então, selecionar, criteriosamente, os diversos níveis de dissimilaridade conforme as necessidades. Normalmente, subdivide-se o dendograma segundo as dissimilaridades de cada agrupamento, fornecendo, para cada variável, as médias e os desvios padrões dos componentes do grupo em questão. Com base na localização espacial dos grupos, pode-se visualizar em um espaço tridimensional o seu posicionamento relativo dentro da reserva mineral. Essa possibilidade é de grande importância para o planejamento da lavra, pois pode facilitar o desmonte seletivo e o sequenciamento na lavra de tipos diferentes de minério e até mesmo favorecer uma blendagem específica de vários tipos de minério.

Estudos de tratamento de minérios

A definição dos tipos de minério e a localização deles, no interior da reserva mineral, possibilita a retirada de amostras representativas de cada tipo de minério para os testes de tratamento de minérios. Geralmente as amostras são submetidas à moagem em circuito contínuo para maior confiança na representatividade do produto de moagem. Essa moagem pode ser feita, por exemplo, em moinho de bolas operando em circuito fechado com um classificador espiral. O produto da moagem será usado para os ensaios de tratamento do minério e caracterização mineralógica. As amostras devem ser coletadas por incrementos periódicos, durante todo o decorrer dos ensaios.

As caracterizações devem seguir procedimentos padrão, que podem incluir separações granulométricas, separações dos minerais em faixas diferenciadas por densidade, separações magnéticas e outros ensaios, objetivando uma identificação mineralógica precisa. Um dos principais objetivos dos testes de moagem é a determinação das granulometrias em que o minério esteja suficientemente liberado para ser concentrado pelo processo de tratamento de minérios mais adequado. Esses testes são geralmente realizados em laboratórios e seguem, para cada tipo de minério, uma metodologia específica. Durante os testes com os vários tipos de minério, examinam-se os ajustes que devem ser efetuados nos parâmetros do processo, de modo que tipos diferentes de minério gerem produtos iguais, buscando atender às especificações requeridas pelo mercado consumidor (ou cliente). Evidentemente, cada mudança nos referidos parâmetros corresponderá a uma mudança no custo final de tratamento. Dentre as várias alternativas estudadas, na medida do possível, deve-se eleger aquela que compatibilize o mínimo custo de beneficiamento com o máximo aproveitamento da reserva. Deve-se priorizar os processo de tratamento dos minérios que sejam flexíveis, isto é, adaptáveis à lavra de minérios similares.

Nos ensaios de tratamento de minérios, além da moagem em circuito contínuo, geralmente são necessários outros testes, como os de peneiramento, concentração gravimétrica, concentração magnética e ensaios de flotação, modificando-se, em cada teste, as condições de operação. As principais questões a se estudar nos ensaios de flotação são:

* efeitos de variações do ph e potencial zeta;
* efeitos da adição de coletores e/ou depressores, incluindo variações na concentração, tempo de condicionamento e granulometria do minério, em cada teste.

A deslamagem das amostras testadas pode ser necessária, pois o efeito das lamas pode ser nocivo, tanto em termos da recuperação do mineral-minério, como em termos do teor dos concentrados a serem obtidos.

Os resultados das séries de testes devem demonstrar a faixa granulométrica em que a liberação do mineral-minério irá ocorrer e o nível de recuperação do mineral-minério no concentrado final. Finalmente, para os diversos minérios testados, definem-se as condições de operação para a obtenção de concentrados segundo as especificações requeridas.

2.9 INFRAESTRUTURA DA MINA

A viabilidade de um empreendimento não se prende apenas à existência de uma reserva mineral sem considerações quanto a sua localização em relação aos consumidores do bem que ela irá gerar e situação dos fornecedores de insumos necessários à geração desse bem. Não se pode dizer que existe uma jazida se o preço de venda do seu produto não for competitivo. Essa competitividade é fortemente dependente das distâncias de transporte envolvidas, seja para a entrada de insumos, seja para a saída do produto final conforme as especificações do mercado consumidor. Assim, uma análise criteriosa da rede viária da região da jazida, bem como da conexão dessa rede com a rede viária nacional e portuária (se for o caso), apresenta-se como um dos condicionantes da viabilidade do projeto. Essa análise deve ser feita para estimar custos de transporte de insumos e produtos, de modo a permitir o cálculo do custo do produto no local em que ele será consumido ou entregue para embarque ou venda.

Outros dois fatores sempre muito importantes na composição do custo final do produto se referem à disponibilidade local de energia e água a serem consumidas na mineração. Considerando a crescente tendência mundial de privilegiar o uso de energias limpas, sempre que possível, deve-se dar prioridade a projetos que maximizem o uso da energia elétrica ou outras fontes alternativas. O destacado potencial hidrelétrico brasileiro, por exemplo, reforça o uso dessa alternativa energética, juntamente com o uso do álcool combustível, em detrimento de outras alternativas energéticas consideradas limpas, como energia eólica e energia solar, as quais ainda não estão bem consolidadas. Entretanto, a opção por uma dada forma de energia estará, sempre, condicionada às peculiaridades do bem mineral em lavra, podendo-se usar a energia do petróleo, desde que os resultados econômicos o justifiquem. O mais importante é que se estabeleça uma estratégia racional de uso das diversas energias disponíveis, com o intuito de prevenir descontinuidades no fornecimento de energia. Quanto ao abastecimento de água, a sua importância se estabelece pelo seu uso nos diversos processos mineiros, principalmente nas operações de tratamento de minérios. Diferentemente da energia, que apresenta formas alternativas de uso, a água é insubstituível, tornando-se, pois, uma condicionante imprescindível em termos de viabilidade de qualquer projeto. Assim, as disponibilidades locais em termos de energia e água devem ser cuidadosamente analisadas pela importância que assumem na constituição do custo de mineração.

O porte do empreendimento mineiro irá determinar a natureza e o tamanho da infraestrutura necessária para suportá-lo. Quando a jazida estiver localizada em região desprovida de infraestrutura adequada, este fato deve ser cuidadosamente analisado e quantificado, por ser uma parcela muitas vezes importante do investimento inicial. Em termos sociais, um dos objetivos de um empreendimento mineiro é levar o progresso à região de sua implantação, com o máximo aproveitamento da mão de obra local, para elevação do padrão de vida dos habitantes da área de influência do projeto. Além disso, considerando apenas o aspecto econômico, conclui-se o mesmo, pois, o uso da mão de obra local tende a diminuir os investimentos em infraestrutura de apoio. Deve-se, no entanto, ressalvar que, prioritariamente, um empreendimento mineiro só se estabelece por meio de uma concessão de aproveitamento de um recurso da nação: seu subsolo. A partir dessa concessão da nação, espera-se que, além do pagamento dos impostos devidos, a concessionária dos direitos minerários e seus eventuais representantes tenham a dignidade de se engajar no esforço nacional de geração de empregos e construção e desenvolvimento do país, qualquer que seja ele.

Os mineiros e suas famílias precisam de condições adequadas de subsistência, para sua fixação no local de trabalho. É necessário que se tenha moradias, escolas, hospitais, centros de abastecimento de alimentos, clubes recreativos, transportes, enfim, toda uma infraestrutura capaz de propiciar um padrão de vida adequado. É preciso considerar que, em regiões ínvias, onde frequentemente acontecem atividades de mineração, além de bons salários, é necessário prover boas condições de vida para a fixação da mão de obra necessária à realização do empreendimento. Deve-se sempre considerar a hipótese de aproveitamento máximo da mão de obra local. Desse modo, evidencia-se a necessidade de aproveitar as potencialidades da região e prover meios para adequá-la à utilização nas atividades mineiras. As consequências dessa política levam à necessidade de criar cursos de treinamento específicos, com a intensidade e a antecedência necessárias à implantação do empreendimento segundo as técnicas e prazos previstos; além disso, o grau de complexidade dos equipamentos e técnicas mineiras deve ser compatível com a capacidade da mão de obra prevista para a operação.

2.10 Aspectos ambientais

A implantação de um empreendimento mineiro tem consequências imediatas no meio ambiente, seja dentro dos limites da própria mina, seja nas áreas circunvizinhas. As áreas destinadas à lavra precisam ser desmatadas, conforme as necessidades de desenvolvimento desta, para a abertura de acessos e disposição de estéril. O equilíbrio ambiental acaba sendo afetado, em maior ou menor extensão. Assim, deve-se preceder a todas essas ações que causem impactos ambientais, prudentemente, e em conformidade com a legislação ambiental pertinente. Os principais impactos ambientais de uma mina a céu aberto são relacionados a poeiras, ruídos e vibrações e aumento de partículas sólidas em suspensão nos cursos de água, podendo também ocorrer, em algumas minas, o aumento da acidez nos cursos de água, contaminação por metais pesados e contaminação por produtos químicos. O impacto na paisagem também é um fator cada vez mais considerado. Todos esses impactos ambientais negativos devem ser reduzidos a um mínimo necessário para a manutenção do equilíbrio ecológico.

Assim, por exemplo, o uso de caminhões pipa na área da mina, coletores de pó e supressores de ruídos na área da usina de tratamento de minérios, além de atenderem às normas de higiene e segurança no trabalho, acarretam benefícios de ordem econômica, pois aumentam a vida útil dos equipamentos em operação naquelas áreas. Nas operações de desmonte de rocha com o uso de explosivo, podem ser geradas ondas de choque de igual frequência e síncronas, que, encontrando condições de transporte propícias no terreno, podem ocasionar vibrações acima do limite tolerável, pondo em risco as edificações vizinhas. Nesse caso, é necessário um controle criterioso das detonações, mediante a correta utilização de espoletas de retardos e limitação das cargas explosivas para diminuir a intensidade da onda de choque e a não sincronização dessas.

A mineração, invariavelmente, causa impactos ambientais nos mananciais a sua jusante, pois os efluentes da área da mina e da usina de tratamento de minérios convergem para eles, naturalmente. Torna-se, pois, necessária, a adoção de medidas que reduzam também esses impactos ambientais e mantenham o equilíbrio ecológico. Uma dessas medidas é a construção de barragens para contenção e decantação dos finos gerados nas operações de lavra. Deve ser destacada a conveniência desse procedimento, como também da possibilidade de recirculação da água limpa resultante do processo de decantação. Enfim, todos os impactos ambientais existentes devem ser considerados ao se planejar um empreendimento mineiro. Vale destacar que qualquer que seja o método de lavra utilizado, os requerimentos ambientais podem ser atendidos contemporaneamente ou intercalados às operações de lavra.

A mitigação dos impactos ambientais na mineração normalmente envolve grandes despesas de capital e tem altos custos; entretanto, independentemente dos custos e imposições de ordem legal regulando a atividade, uma engenharia de minas não pode ser considerada ambientalmente sustentável se não considerar a mitigação dos impactos ambientais.

EXERCÍCIOS RESOLVIDOS

1. A Fig. 2.18 representa um corte horizontal de um corpo de minério por onde passaram os furos 1, 2, 3, (...) n. Os teores encontrados nesses furos foram t_1, t_2, t_3, (...) t_n, e a espessura do corpo em cada furo foi medida, resultando nos valores h_1, h_2, h_3, (...) h_n. Cada furo tem uma distância horizontal de influência que vai até a metade da distância entre ele e o furo vizinho. Ficam, assim, definidas as correspondentes áreas de influência S_1, S_2, S_3, (...) S_n. Os exemplos de furos e sondagem e suas áreas e volumes de infuência podem ser conferidos no Quadro 2.1. Por esse método, o teor de um furo não interessa para o cálculo relativo ao furo vizinho.

   Com base no teor t_i de cada furo e considerando a sua área de influência S_i, volume V_i e densidade d, o teor médio t_m pode ser calculado pela expressão:

   $$t_m = \frac{t_1 \cdot m_1 + t_2 \cdot m_2 + \ldots + t_n \cdot m_n}{\sum m}$$

em que m representa o produto da área de influência pela espessura ou altura (h) e pela densidade (d).

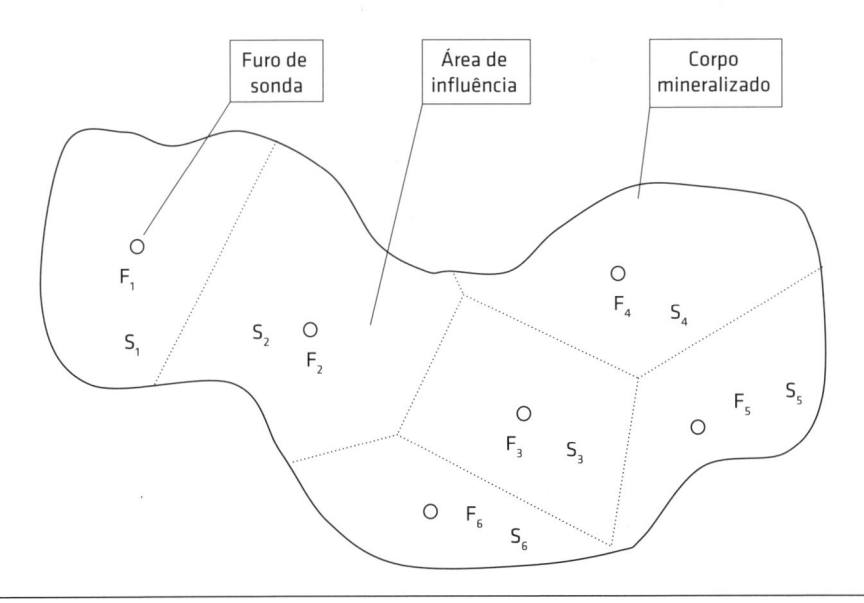

FIG. 2.18 *Exemplo ilustrativo do método das áreas de influência*

Quadro 2.1 EXEMPLOS DE FUROS DE SONDAGEM E SUAS ÁREAS E VOLUMES DE INFLUÊNCIA

Furos	Áreas de influência	Espessuras	Volumes	Teores	Massa
F_1	S_1	h_1	V_1	t_1	$V_1 \cdot d$
F_2	S_2	h_2	V_2	t_2	$V_2 \cdot d$
F_3	S_3	h_3	V_3	t_3	$V_3 \cdot d$
.	.	.	.	.	.
.	.	.	.	.	.
F_n	S_n	h_n	$V_n = S_n \cdot h_n$	t_n	$V_n \cdot d$

2. Considerando novamente a Fig. 2.4 (utilizada no método das figuras geométricas), assuma os seguintes teores dos furos medidos no intervalo $N + h$: $F_1 = 6$; $F_2 = 8$; $F_3 = 11$; $F_4 = 7$; $F_5 = 10$; $F_6 = 8$; $F_7 = 11$; $F_8 = 12$; $F_9 = 11$; $F_{10} = 15$; $F_{11} = 16$; $F_{12} = 14$; $F_{13} = 16$; $F_{14} = 15$, sendo esses números referentes ao teor do corpo mineralizado. Determine o teor do prisma correspondente ao furo F_{10}, usando o método do inverso do quadrado da distância.

Solução

O teor do furo F_{10} se calcula com a aplicação da seguinte fórmula:

$$t = \dfrac{t_9 \dfrac{1}{(d_9)^2} + t_{12} \dfrac{1}{(d_{12})^2} + t_{13} \dfrac{1}{(d_{13})^2} + t_{11} \dfrac{1}{(d_{11})^2} + t_7 \dfrac{1}{(d_7)^2}}{\dfrac{1}{(d_9)^2} + \dfrac{1}{(d_{12})^2} + \dfrac{1}{(d_{13})^2} + \dfrac{1}{(d_{11})^2} + \dfrac{1}{(d_7)^2}}$$

em que:

t_n = são os teores correspondentes aos furos;

F_n e d_n = as distâncias dos furos F_n ao furo centrado no prisma cujo teor se quer calcular.

Deve-se notar que são utilizados nesse cálculo apenas os furos circundantes ao furo em foco, já que os fatores multiplicadores dos teores dos outros furos, sendo inversamente proporcionais ao quadrado das respectivas distâncias, terão as suas influências reduzidas com o aumento dessas distâncias, apresentando diferenças pequenas no teor que se deseja calcular.

Avaliando-se as distâncias, como apresentado a seguir, tem-se:

$$t = \frac{11 \times \dfrac{1}{(1)^2} + 14 \times \dfrac{1}{(2,3)^2} + 16 \times \dfrac{1}{(2)^2} + 16 \times \dfrac{1}{(1)^2} + 11 \times \dfrac{1}{(2)^2}}{\dfrac{1}{(1)^2} + \dfrac{1}{(2,3)^2} + \dfrac{1}{(2)^2} + \dfrac{1}{(1)^2} + \dfrac{1}{(2)^2}} = 13,5$$

Como se pode ver, esse resultado é diferente daquele anteriormente admitido para o prisma em questão (no método das figuras geométricas), cujo valor é igual a 15.

3. Considerando a Tab. 2.2, logo adiante, que contém a descrição do furo de sonda FSC-76, determine o teor do compósito para a zona mineralizada, em destaque, para o elemento químico Pb.

Tab. 2.2 LOG DO FURO FSC-76, COM TEORES DE Pb, Zn E Ag, SEGUNDO CONDE E YAMAMOTO (1995)

Profundidade (m)		Descrição litológica	Pb (%)	Zn (%)	Ag (ppm)
De	Até				
0,00	32,00	Quartzo bio. musc. xisto	0,000	0,000	0,000
32,00	42,50	Quartzo bio. anf. ep xisto	0,000	0,000	0,000
42,50	43,00	Quartzo bio. anf. ep xisto	0,013	0,024	4,000
43,00	43,50	Quartzo bio. anf. ep xisto	0,110	0,060	3,000
43,50	44,00	Calciossilicática	2,830	3,430	55,000
44,00	44,50	Zona mineralizada	3,800	3,550	77,000
44,50	45,00	Zona mineralizada	5,650	4,710	96,000
45,00	45,50	Zona mineralizada	7,670	6,380	16,600
45,50	46,00	Zona mineralizada	4,500	2,920	90,000
46,00	46,50	Zona mineralizada	0,890	1,660	28,000
46,50	47,00	Calciossilicática	0,920	0,860	15,000
47,00	47,50	Calciossilicática	1,740	1,410	46,000
47,50	60,20	Calciossilicática	0,000	0,000	0,000
60,20	61,40	Quartzito	0,000	0,000	0,000

Fonte: Yamamoto (2001).

Solução

O teor médio da zona mineralizada é dado pela expressão:

$$\bar{g} = \frac{\sum l_i g_i}{\sum l_i}$$

em que $\bar{g}$ é o teor médio composto para a camada mineralizada. Substituindo os valores dos comprimentos l = 0,5 m e dos teores respectivos, como indicado na Tab. 2.3, chega-se facilmente ao resultado de $\bar{g}$ = 4,89% de Pb.

Tab. 2.3 TEORES DE CHUMBO (Pb) PARA A ZONA MINERALIZADA DO FURO DE SONDA FSC-76

Profundidade em metros	l_i	g_i
43,5-44,0	0,5	2,83
44,0-44,5	0,5	3,80
44,5-45,0	0,5	5,65
45,0-45,5	0,5	7,67
45,5-46,0	0,5	4,50

4. Com base na Tab. 2.4, exibida adiante, que reproduz o log de um furo de sonda vertical, calcule os compósitos para as bancadas 1410 e 1420 (bancos de 10 m de altura e teor de Fe (%)). A boca do furo está na cota 1445,00.

Tab. 2.4 LOG DO FURO CP-32

Profundidade em metros		Cota (m)	Descrição	Fe (%)
De	Até			
0,00	8,35	1445,00-1436,65	Aterro da Estrada do Bota Fora	0,000
8,35	16,25	1436,65-1428,75	WH vermelho	59,770
16,25	28,00	1428,75-1417,00	WH amarelo com goethita	61,740
28,00	32,43	1417,00-1412,57	HA pulverulenta	62,810
32,43	37,00	1412,57-1408,00	Rocha intrusiva	5,000
37,00	43,00	1408,00-1394,00	Filito amarelo	0,000
43,00	51,00	1394,00	Filito cinza	0,000

Fonte: Yamamoto (2001).

Solução

O teor médio da bancada em consideração é dado pela expressão:

$$\bar{g} = \frac{\sum l_i g_i}{\sum l_i}$$

em que $\bar{g}$ é o teor médio composto para a bancada.

Substituindo os valores dos comprimentos l e dos teores respectivos, chega-se facilmente aos resultados:

+ Para a bancada 1420: $\bar{g}$ = Fe (%) = (59,77 × 1,27 + 61,74 × 8,73) / 10 = 61,49%
+ Para a bancada 1410: $\bar{g}$ = Fe (%) = (61,74 × 3,02 + 62,81 × 4,43 + 5,00 × 2,55) / 10 = 47,75%

Sugere-se a construção de uma figura para a melhor visualização das bancadas e do posicionamento delas em relação ao furo de sonda vertical.

5. Com o objetivo de exemplificar o cálculo de teores compostos por bancada para furos inclinados, considere o log de um furo de sonda com uma inclinação de 45°, conforme os dados da Tab. 2.5:

Tab. 2.5 Log do furo CP-62

Profundidade em metros		Descrição	Fe (%)
De	Até		
0,00	4,20	Aterro	0,000
4,20	16,40	WH vermelho amarronzado	62,000
16,40	26,40	Hematita cinza-escuro friável	60,000
26,40	28,70	Rocha intrusiva	-
28,70	29,72	Hematita cinza-escuro	60,000
29,72	33,04	Rocha intrusiva com itabirito cinza-escuro	35,000
33,04	93,43	Itabirito cinza-escuro, friável	55,000

Fonte: Yamamoto (2001).

Tomando esses dados por base, calcule o teor composto de ferro para bancadas de 10 m de altura.

Solução

A solução se encontra representada na Fig. 2.19, a seguir:

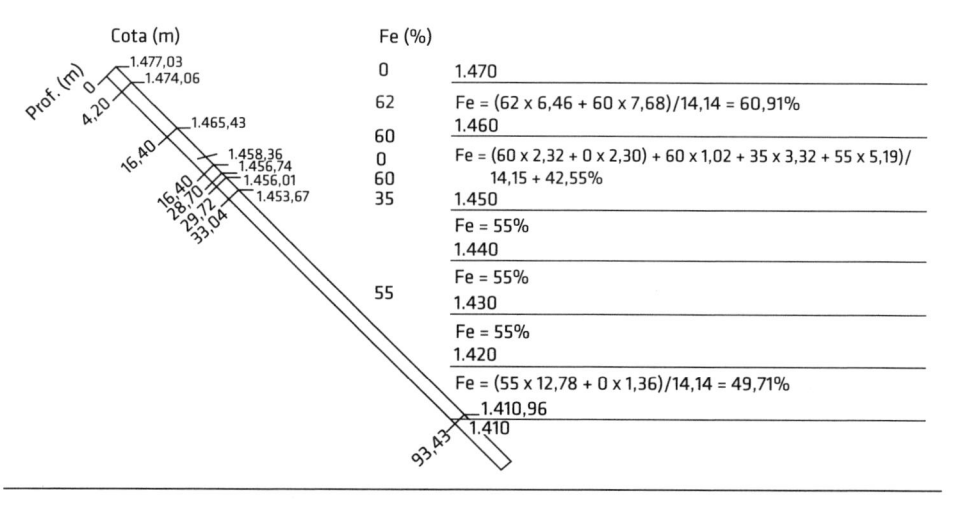

FIG. 2.19 *Composição de amostras por bancada para o furo CP-62*
Fonte: Yamamoto (2001).

Sugere-se a construção de uma figura (em uma escala adequada) para a melhor visualização das bancadas e do posicionamento delas em relação ao furo de sonda inclinado.

6. Considere um grande depósito de cobre profirítico com reservas estimadas de 81 milhões de toneladas. Determine a vida útil da mina segundo a fórmula empírica de Taylor.

Solução

Segundo a fórmula empírica de Taylor, a vida útil mais provável do depósito será:

$$n = 6,5 \times \sqrt[4]{81} \ (+/- \ 20 \ \%)$$
$$n = 6,5 \times 3 = 19,5 \ anos$$

podendo assumir, entretanto, qualquer valor entre 15,6 e 23,4 anos.

Exercícios propostos

1. Considere novamente a Fig 2.4 (utilizada no método das figuras geométricas). Assuma os seguintes teores dos furos medidos no intervalo $N + h$: $F_1 = 6$; $F_2 = 8$; $F_3 = 11$; $F_4 = 7$; $F_5 = 10$; $F_6 = 8$; $F_7 = 11$; $F_8 = 12$; $F_9 = 11$; $F_{10} = 15$; $F_{11} = 16$; $F_{12} = 14$; $F_{13} = 16$; $F_{14} = 15$, sendo esses números referentes a uma grandeza qualquer do corpo mineralizado. Determine as curvas de isovalores para a seção considerada.

2. Considerando a Tab. 2.2, que contém a descrição do furo de sonda FSC-76, efetue a composição para a zona mineralizada (em destaque) para o elemento químico Zn.

3. Considerando a Tab. 2.2, que contém a descrição do furo de sonda FSC-76, efetue a composição para a zona mineralizada (em destaque) para o elemento químico Ag.

4. Com base na Tab. 2.4, que reproduz o log de um furo de sonda vertical, calcule a composição por bancadas de 5 m e para o teor de Fe (%).

5. Tomando por base a Tab. 2.5, de log do furo CP-62 para furos inclinados (45°), calcule o teor composto de ferro para bancadas de 5 m de altura.

6. Considere um grande depósito de cobre profirítico com reservas estimadas de 81 milhões de toneladas. Determine a produção anual da mina segundo a fórmula empírica de Taylor.

7. **a]** O aproveitamento econômico de um depósito de minério exige um investimento inicial de UM$ 500.000.000,00. Estima-se em 100.000.000 de toneladas a reserva lavrável da jazida. Para uma escala de produção da ordem de 4.000.000 t/ano e um preço unitário de venda do concentrado do minério de UM$ 40,00 por tonelada, qual deverá ser o custo do produto final por tonelada que anula o valor atual do fluxo de caixa? Considera-se uma taxa de juros igual a 5% a.a.

   b] Considerando a mesma situação descrita no item anterior, qual deverá ser o custo do produto final por tonelada que anula o valor atual do fluxo de caixa se a escala de produção for de 5.000.000 t/ano?

   c] Compare os resultados de a) e b) e tire as suas conclusões. Qual é a situação mais favorável?

   d] Considere a mesma situação descrita em a), quando aplicável; se, por alguma razão, a reserva lavrável originalmente estimada for reduzida em 20%, qual deverá ser o custo do produto final por tonelada que anula o valor atual do fluxo de caixa?

Dados:

V_s = valor atual bruto das receitas a uma taxa de juros r e para n anos de vida da mina. V_s se exprime pela seguinte fórmula:

$$V_s = S \frac{(1+r)^n - 1}{r(1+r)^n}$$

$$\frac{I_0}{I_i} = \left(\frac{P_0}{P_i} \right)^{0,6}$$

em que:

I_0 = Investimento inicial correspondente à produção P_0;

I_i = Investimento inicial correspondente à produção P_i.

três

A geometria da lavra

3.1 Requisitos para a lavra a céu aberto

Em princípio, a lavra de minas a céu aberto é justificável, tecnológica e economicamente, quando se situa próxima à superfície ou a profundidades moderadas. Entretanto, em razão, principalmente, dos enormes avanços da mecanização, minérios estão sendo extraídos a profundidades cada vez maiores por essa metodologia.

Como comentado no Cap. 1, a partir do início do séc. XX, inicia-se o período da produção em massa. Tal produção está baseada no uso intensivo dos mineradores contínuos e/ou equipamentos de lavra de porte cada vez maior, o que tem possibilitado um aumento, sempre crescente, da produtividade na lavra de minas ao longo dos anos. O uso do carboneto de tungstênio nas ferramentas de corte também foi outro fator crucial no aumento da produtividade da lavra de minas. A Fig. 3.1 representa um esquema adotado para a extração do minério a em uma encosta.

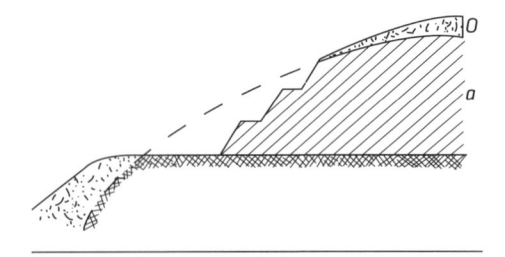

A lavra a céu aberto é possível mesmo quando os depósitos não estão expostos diretamente à superfície, mas estão cobertos por uma considerá-

FIG. 3.1 *Esboço de uma lavra a céu aberto em uma encosta*

Fonte: Shevyakov (1963).

vel quantidade de sedimentos ou rochas, cuja espessura não exceda um certo limite. Em casos como esse, o depósito pode ser horizontal (Fig. 3.2) ou inclinado (Fig. 3.3). A unidade de produção de um empreendimento mineiro que extrai o minério pelo método a céu aberto é internacionalmente denominada *open pit*.

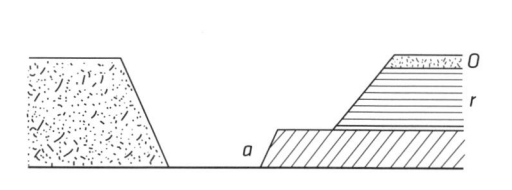 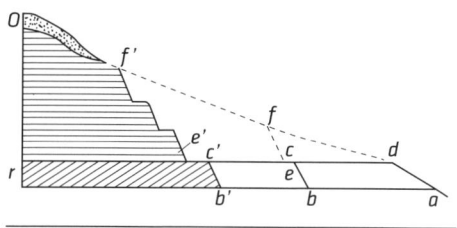

FIG. 3.2 *Esboço de uma lavra a céu aberto em uma camada plana com uma superfície horizontal*

Fonte: *Shevyakov (1963).*

FIG. 3.3 *Esboço de uma lavra a céu aberto em uma camada plana com superfície inclinada*

Fonte: *Shevyakov (1963).*

3.2 PROFUNDIDADE DA LAVRA A CÉU ABERTO

Para extrair o minério por um método a céu aberto, é necessário, primeiramente, remover certa quantidade de rochas estéreis. Essa operação é chamada de decapeamento, considerando que o solo e/ou rocha estéril removida(os) constituem o capeamento. Entretanto, o mais importante não é a quantidade absoluta de solo e rocha estéril submetida à remoção, mas seu volume relativo por unidade de minério extraído. Isso pode, por exemplo, tornar inviável a extração de uma camada de carvão que possui 1 m de espessura, se a rocha que a cobre possuir 15 m de espessura. Mas pode se tornar economicamente viável, se a espessura da camada de carvão for de 5 m.

A razão entre o volume de capeamento e a quantidade de reservas de minérios já retirada ou a ser retirada, expressa em unidade volumétrica (ou de peso), é chamada de relação estéril/minério (*REM*).

Quando a superfície do terreno e a ocorrência mineral são planas, ou quase horizontais, a relação estéril/minério é praticamente uniforme (ver Fig. 3.2). Quando a superfície do terreno se inclina, a relação estéril/minério se altera, levando a um aumento no tamanho da abertura, mesmo quando o depósito é horizontal e possui uma espessura uniforme (Fig. 3.3). Em trabalhos com camada mineralizada inclinada, ou íngreme, de espessura praticamente uniforme, a quantidade de decapeamento a ser retirada aumenta com a profundidade (Fig. 3.4). Portanto, para escavar o volume *c'cbb'* do minério, é necessário extrair o volume *aa'b'b* durante o processo de extração. No aprofundamento da lavra a céu aberto, para extrair um volume similar do minério *bcc"b"*, um grande volume de estéril *aa"b"b* precisa ser removido.

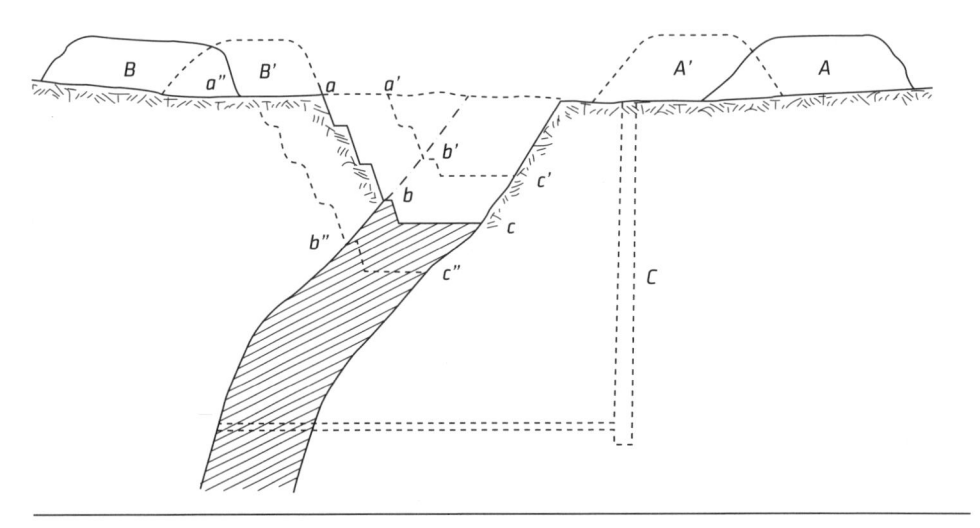

Fig. 3.4 *Esboço de uma lavra em um corpo de minério muito inclinado*
Fonte: Shevyakov (1963).

Similarmente, no caso de uma superfície horizontal ou plana, com um aumento da espessura do capeamento (Fig. 3.3), para extrair uma dada quantidade de mineral *abcd*, o volume de capeamento a ser removido será *efd*; e, subsequentemente, para a extração do mesmo volume de minério *b'c'cb*, vai ser necessário retirar um grande volume de estéril *c'f'fe*.

Com base nas condições predominantes, em cada mina a céu aberto, se determinará a relação estéril/minério máxima admissível, ou relação estéril/minério limite (REM_L), de acordo com o estágio tecnológico vigente. Quando esse limite REM_L é alcançado e o depósito está muito profundo, torna-se mais rentável optar pela lavra subterrânea, por exemplo, por meio de um poço vertical (C), como mostrado na Fig. 3.4. Essa proporção máxima depende, em geral, do custo *a* para minerar 1 m³ de minério pelo método a céu aberto, do custo *b* de decapeamento por 1 m³ e da relação estéril/minério (REM).

Dessa forma, deduz-se que o custo total para minerar 1 m³ de minério pelo método a céu aberto, incluindo o custo das operações de decapeamento, será quantificado como:

$$a+b \cdot REM \qquad (3.1)$$

Para determinar se é viável a lavra a céu aberto, em vez da lavra subterrânea, pode-se utilizar a fórmula:

$$a+b \cdot REM < c \qquad (3.2)$$

em que c é o preço da extração de 1 m³ de minério pelo método subterrâneo.

A razão máxima de decapeamento pode ser obtida por uma equação que compare e relacione os custos de lavra pelos métodos a céu aberto e subterrâneo. Considerando $a+b \cdot REM = c$, então:

$$REM_L = \frac{c-a}{b} \qquad (3.3)$$

Dependendo da geologia estrutural do depósito, do tamanho da cava, do equipamento disponível e da organização dos trabalhos, os custos de a, b e c podem variar muito e, consequentemente, o valor da relação estéril/minério máxima permitida também.

Dependendo da geologia estrutural do depósito, a quantidade de decapeamento tende a aumentar com o aumento da profundidade do *pit*. Como exemplo, considere a Fig. 3.4, na qual se percebe, claramente, o crescimento da quantidade de capeamento que precisa ser removido à medida que a profundidade da lavra aumenta.

Deve ser enfatizado que a razão máxima de decapeamento e a profundidade do *pit* correspondente estão intimamente relacionadas aos fatores estabelecidos pela igualdade entre o valor do custo de se lavrar a céu aberto e do custo de se lavrar pelo método subterrâneo. Essa relação será válida somente para os níveis considerados e não para todo o *pit*.

Essa constatação é explicada a seguir. Assume-se que o volume $c''b''bc$ (Fig. 3.4) do minério está no último nível de uma escavação a céu aberto e que se justifica remover o volume *b"a"ab* de capeamento. Particularmente nessas condições, os custos de lavra a céu aberto e subterrânea são os mesmos; mas, para se tornar possível a lavra a céu aberto de um mesmo volume *bb'c'c* do depósito mineral imediatamente superior em relação ao primeiro, um volume menor de estéril, *baa'b'*, precisa ser retirado e, consequentemente, o valor agregado para lavrar 1 m³ de mineral, nesse caso, é menor. Esse fato ocorre, normalmente, quando se trabalha com ocorrências minerais que se encontram próximas à superfície. Portanto, ao assumir que a elevação *c"* corresponde à máxima profundidade, que ainda é econômica, para o *pit* considerado, a lavra subterrânea será indicada. Em termos econômicos, portanto, a profundidade máxima do *pit* corresponderá àquele ponto em que os custos da lavra a céu aberto e da lavra subterrânea se equivalem.

3.3 Métodos de lavra a céu aberto

A grande maioria das explotações mineiras, em todo o mundo, são realizadas por métodos de lavra a céu aberto. As minas a céu aberto variam muito em termos de tamanho, forma, orientação e profundidade. Entretanto, apresentam certas feições em comum. Assim, o corpo mineral é sempre minerado de cima para baixo, geralmente por bancadas. O desenvolvimento da mina se inicia pelo nível mais alto após a abertura de uma área ampla (decapeamento) que possibilite o acesso inicial ao minério. Começando pelos níveis mais altos, a lavra progride descendentemente, segundo o sequenciamento estabelecido para ela, até o nível mais profundo. São inúmeras as vantagens da lavra a céu aberto em relação à lavra subterrânea, podendo-se ressaltar sua alta produtividade, principalmente porque não há limitações severas quanto às dimensões e ao peso dos equipamentos de lavra, como no caso da lavra subterrânea. A metodologia operacional por bancos de lavra aumenta a produtividade por desmonte, diminui o custo operacional por tonelada desmontada e aumenta a recuperação do mineral-minério, diminuindo a diluição na lavra com estéril. Outro aspecto a considerar é que a maior concentração de operações em um só lugar torna mais fácil e eficiente a gestão, inclusive de pessoal. A principal desvantagem da lavra a céu aberto está ligada aos enormes custos geralmente despendidos para a remoção, transporte e disposição de materiais estéreis. Diferentemente do caso subterrâneo, a interferência climática (chuvas, neve, insolação, ventos) limita, por vezes, o período de trabalho na lavra (Maia, 1974). Finalmente, há que se ressaltar os inconvenientes decorrentes do impacto ambiental gerado pelas aberturas superficiais, como comentado na seção 2.10.

Os principais métodos de lavra a céu aberto, com as correspondentes denominações em língua inglesa (internacionalmente consagradas), são a lavra por bancadas (*open pit mining*), a lavra em tiras ou fatias (*strip mining* e *open cast mining*, respectivamente) e a lavra de pedreiras (*quarry mining* ou *dimensioned stones mining*).

O método de *lavra em bancadas* é mais aplicado a áreas em que o corpo de minério esteja recoberto por um capeamento, que pode ser muito espesso. As bancadas são construídas consecutivamente, de cima para baixo, até atingir os limites finais dos corpos mineralizados mais profundos. O minério é lavrado e o estéril é removido e transportado formando pilha nas adjacências da mina. Quando possível, o estéril poderá ser depositado nos bancos já lavrados, possibilitando a recuperação ambiental da área. Esse método é utilizado principalmente para a lavra de depósitos de minérios metálicos.

O método de *lavra em tiras* é mais propício em depósitos tabulares ou em camadas horizontais com pouca espessura de capeamento. Como característica, apresentam produção em grande escala, proporcionando até menor custo operacional e maior produtividade do que a lavra por bancadas. É o método mais adequado para jazimentos de alguns minérios específicos tais como a bauxita, o carvão e o xisto betuminoso. Nesse método, o estéril é removido por meio de grandes equipamentos, como *shovels* e *draglines* ou mineradores contínuos. A operação pode ser complementada com o uso de explosivos. A escavação avança por meio de cortes longitudinais e paralelos, formando trincheiras de altura compatível aos equipamentos de corte e extensão que pode chegar a centenas de metros. O minério é transportado para a planta de beneficiamento, mas o estéril permanece na área de lavra, sendo, então, baldeado para uma área anexa, convenientemente preparada e situada na parte alta do banco formado pela trincheira.

Pedreiras corresponde ao termo empregado no Brasil para denominar minas que produzem materiais para uso direto na construção civil, como pedras para revestimento e pisos e britas em geral. Tal produção é também denominada *produção de granulados*. Nela, geralmente há uma *padronização de tamanhos* em decorrência do desmonte de rochas seguido pela britagem. Esse método é aplicado, por exemplo, nas explotações de calcários, granitos e gnaisses.

Outros métodos de lavra a céu aberto, menos empregados, são a *lavra por desmonte hidráulico*, empregada em depósitos aluvionares, e a *lavra especial por lixiviação química*, empregada para extração de sais solúveis. A *lavra de petróleo e/ou gases combustíveis* também é considerada uma lavra a céu aberto e corresponde a um caso bem particular, no qual o corpo mineralizado é lavrado por meio de poços de extração. Concluindo, é possível afirmar que a lavra a céu aberto pode ser aplicada a jazidas aflorantes, jazidas de capeamento relativamente reduzido, jazidas atingíveis em encostas e jazidas lavráveis por poços de extração. A lavra a céu aberto é aplicada, habitualmente, até dada profundidade em depósitos maciços que possam ser economicamente lavráveis por bancos, em flanco ou em cavas. Entretanto, muitos corpos minerais só podem ser parcialmente lavrados a céu aberto, sendo necessária a aplicação da lavra subterrânea em partes profundas.

3.4 Considerações geométricas na lavra a céu aberto

As bancadas são as unidades básicas em que se divide a explotação nas operações de lavra de minas a céu aberto. Pode-se constatar a existência de diferentes tipos de bancadas. As principais são as bancadas de trabalho, ou praças, nas quais ocorrem, efetivamente, as operações fundamentais do ciclo de lavra, ou seja, perfuração, desmonte, carregamento e transporte. Já as bancadas de contenção são dimensionadas para reter os materiais que, porventura, deslizem de bancadas superiores; enquanto as bancadas ou bermas de segurança têm a função de manter o ângulo geral de talude contribuindo, assim, para a manutenção da estabilidade geral do *pit*.

Os principais fatores que influem na determinação da geometria das bancadas são:
* características do depósito: volume, teor, distribuição etc.;
* seletividade na lavra e necessidade de blendagem;
* considerações sobre estabilidade dos taludes;
* custos operacionais em relação aos custos de investimento;
* escala de produção: toneladas de minério e estéril produzidas;
* relação estéril/minério;
* equipamentos utilizados nas operações de lavra: função básica da escala de produção.

3.4.1 Altura da bancada

A altura dos bancos de lavra, entre outros fatores, é estabelecida com base nas dimensões dos equipamentos de perfuração e desmonte, nas características do maciço e na dimensão dos blocos de lavra. A altura da bancada é determinada, normalmente, com base na altura máxima de escavação do equipamento utilizado na operação de desmonte. Com os avanços tecnológicos dos equipamentos, a perfuração, hoje, praticamente não impõe limites à altura da bancada, o que, necessariamente, precisava ser investigado até alguns anos atrás.

Valores de altura de bancada variam de 5 m, para pequenos depósitos de ouro, por exemplo, até aproximadamente 18 m, em grandes operações de lavra. Como uma referência inicial, sugere-se que a altura dos bancos não ultrapasse os 15 m em bancos provisórios e 10 m na cava final ou no início dos trabalhos de recuperação paisagística. As operações com grande escala de produção justificam o uso de equipamentos de grande porte e, consequentemente, são projetadas com bancos mais altos. Muitas das minas do Quadrilátero Ferrífero brasileiro, por exemplo, procedem ao desmonte do minério de ferro com escavadeiras elétricas de grande porte e bancadas de 13 m de altura. Já as minas de médio porte operam com escavadeiras menores e bancadas de dez metros de altura. Reservas minerais de metais nobres, como ouro e platina, por exigirem uma lavra seletiva, requerem o uso de muitos equipamentos de pequeno porte. Nesses casos, a altura dos bancos será ainda menor, ajustando-se ao pequeno porte dos equipamentos selecionados para a lavra. Como se pode constatar, a altura das bancadas pode ser bastante variável, mas, segundo Koppe (2007), há uma tendência mundial de padronização da altura das bancadas em 15 m de altura. Em pedreiras, a altura ideal das bancadas costuma não ser respeitada; verificam-se casos em que se têm alturas superiores a 20 m. Alturas muito elevadas são totalmente inadequadas e ocasionam diversos problemas de fragmentação inadequada da rocha (geração de matações) e incompatibilidade entre os equipamentos do ciclo operacional, além de aumentarem, significativamente, a insegurança no trabalho.

Se a altura dos bancos for aumentada, tem-se as seguintes vantagens:
* melhor rendimento na furação, reduzindo os tempos de deslocamento de máquinas;
* melhor produtividade em cada desmonte de rocha;
* menor número de bancos na lavra, permitindo a concentração dos trabalhos;
* menor custo na construção dos acessos.

Já se a altura dos bancos for diminuída, as vantagens são estas:
* melhor segurança para o pessoal e máquinas;

* melhor saneamento e limpeza das frentes;
* melhor controle nos desvios dos furos;
* melhor controle na fragmentação da rocha;
* menores cargas de explosivo por furo/menor nível de vibrações na área de influência da lavra;
* maior facilidade na construção de rampas e vias de acesso;
* aumento da seletividade na lavra e menor diluição;
* a descentralização dos trabalhos pode ser vantajosa em certos casos, como na substituição das frentes de produção, quando acontecerem problemas na operação da mina.

3.4.2 ÂNGULO DE FACE DA BANCADA

O ângulo de talude entre bermas (ou bancos de lavra) é definido como o ângulo que a face do banco faz com um plano horizontal. O ângulo do talude da bancada pode ser definido como aquele formado entre uma linha imaginária, de menor comprimento, que ligue o pé e a crista da bancada, e uma linha horizontal que a intercepte. A definição do ângulo de face das bancadas depende da altura dos bancos e do tipo de material constituinte do maciço rochoso. Em uma mina a céu aberto típica, diversos ângulos de taludes podem ser observados, de acordo com as litologias presentes e a qualidade do maciço rochoso em seus diversos setores.

Considerando apenas os aspectos econômicos, os ângulos das faces das bancadas deveriam ser mantidos com a maior inclinação possível. Entretanto, essa inclinação é limitada em virtude da manutenção da estabilidade e segurança dos trabalhos. Em maciços rochosos de boa qualidade, inclinações entre 55° e 80° e até taludes verticais podem ser adotados. É importante salientar que os ângulos das faces das bancadas e a largura das bermas têm influência decisiva sobre o ângulo geral dos taludes da cava final. É comum a realização de testes geotécnicos e de estabilidade de taludes para se chegar a um valor adequado, em termos do ângulo das faces das bancadas. De modo geral, quanto mais baixa for a bancada e mais competente for o maciço rochoso, mais inclinadas podem ser as faces dos bancos. Ao contrário, se o maciço rochoso for de má qualidade e, principalmente, se contiver fraturas e/ou descontinuidades (em condições desfavoráveis), a inclinação das faces dos bancos deve ser suavizada. Portanto, nas operações de lavra a céu aberto, é muito importante que se determine a inclinação dos diversos taludes de maneira precisa. É importante estar atento e evitar a escavação de *taludes negativos ou invertidos*, principalmente quando se trabalha com a altura máxima de escavação e com certos tipos de equipamentos, como escavadeiras hidráulicas e *shovels*. Essa situação pode representar riscos para a própria operação de carregamento ou para as operações subsequentes.

3.4.3 LARGURA DAS BANCADAS

A largura das bancadas deve ser calculada pela soma dos espaços necessários para o movimento das máquinas que trabalham simultaneamente na frente de lavra, como ilustrado na Fig. 3.5.

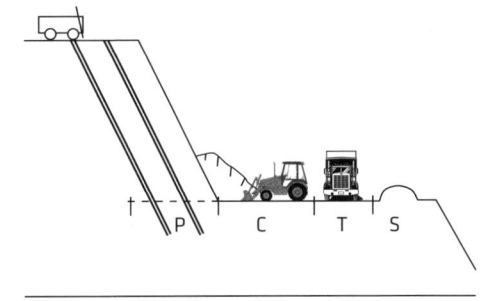

Na Fig. 3.5, o comprimento do furo P é função da orientação e mergulho do furo. O comprimento C da zona para utilização das máquinas e manobras deverá ser de, no mínimo, 1,5 vezes o comprimento da máquina de carga, considerando, inclusive, seu alcance máximo. O desmonte da rocha é feito por meio de um conjunto de técnicas específicas que consistem em perfurar o maciço rochoso, carregá-lo de explosivo, detoná-lo e, finalmente, remover o material detonado. Essas quatro fases compõem o ciclo de escavação.

FIG. 3.5 *Relação entre o tamanho dos equipamentos e a largura das bancadas na lavra a céu aberto, em que P = comprimento do furo na bancada; C = zona de utilização das máquinas para manobras; T = largura do veículo de transporte; S = zona de segurança*

Por questão de segurança, só se deve efetuar um novo desmonte da rocha em uma frente quando todo o material desmontado tiver sido transportado. O desmonte da rocha a céu aberto com a finalidade da construção de obras viárias, ferroviárias, barragens e exploração de pedreiras também é feito por meio de bancadas.

Os desmontes a céu aberto podem ser classificados quanto a sua geometria (condicionada pela localização) em desmonte, flanco de encosta ou cava.

Uma comparação entre diferentes bancadas mostra que a utilização de larguras maiores acarretaria como aspectos positivos:

* menores tempos de manobra;
* melhores possibilidades de supervisão;
* maior eficiência, produtividade e razão de produção.

E como aspectos negativos:

* menor seletividade;
* maior diluição.

Além das bancadas ou bermas de segurança, é comum, nas operações de lavra de grande porte, a utilização de leiras de proteção nessas bancadas. Tais leiras são formadas por pilhas de material fragmentado e depositado junto às cristas das bermas, como ilustrado na Fig. 3.6. Nos bancos, existe um espaço que fica livre e é utilizado como área de proteção, acessos, transporte e retenção de materiais que possam se desprender dos demais bancos ou de trabalhos superiores. É uma medida que depende das características geomecânicas da rocha em causa. Se for utilizada para circulação de máquinas, a sua largura deve levar em conta essa possibilidade.

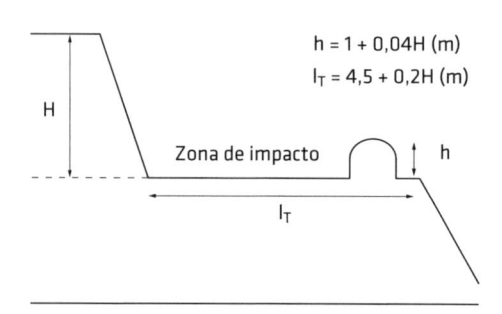

$$h = 1 + 0,04H \text{ (m)}$$
$$l_T = 4,5 + 0,2H \text{ (m)}$$

Fig. 3.6 *Dimensionamento das leiras das bancadas nas minas a céu aberto, em que l_T = largura total da bancada; h = altura da leira; H = altura da bancada*

Na Fig. 3.6, h e l_T representam, respectivamente, a altura da leira e a largura da bancada, as quais podem ser dimensionadas com base na altura da bancada H (para um cálculo rápido, uma aproximação inicial), como apresentado na mesma figura. A Tab. 3.1 mostra alguns valores típicos para a composição da largura das bancadas, considerando as dimensões da área de impacto e das leiras de proteção.

Em locais de tráfego duplo, é comum incluírem-se leiras na parte central das pistas. Nesse caso, a largura do acesso deve ser dimensionada com base no equipamento de maior largura que trafegue no local. A Organização Internacional de Segurança no Trabalho, por exemplo, sugere uma largura adicional de segurança igual à metade da largura do equipamento, tanto à direita quanto à esquerda da pista. Adiciona-se, ainda, a largura da leira de proteção e da vala de drenagem e tem-se uma estimativa inicial da largura total de uma estrada de mina. Considerando os aspectos citados, a largura da estrada, geralmente, fica em torno de quatro vezes a largura do equipamento (caminhão, por exemplo). Outra consideração de segurança a ser feita com relação à altura das leiras é que esta deverá ser, pelo menos, igual ao raio dos pneus dos equipamentos que trafegam nas bancadas.

Tab. 3.1 GEOMETRIAS PARA AS BERMAS DE ACORDO COM AS DIMENSÕES DAS BANCADAS E ÁREAS DE PROTEÇÃO, COM MEDIDAS EM METROS (m)

Geometria de bermas de segurança				
Altura da bancada (m)	Área de impacto (m)	Altura das leiras (m)	Largura das leiras (m)	Largura mínima da bancada (m)
15	3,5	1,5	4	7,5
30	4,5	2	5,5	10
45	5	3	8	13

3.4.4 VIAS DE ACESSO

As vias de acesso são desenvolvimentos básicos que permitem atingir a jazida. O desenvolvimento da lavra e o acesso às pilhas de estéril dependem do sistema de acesso à mina. O planejamento do sistema de acessos está vinculado, principalmente, às necessidades de desenvolvimento de frentes de lavra e de remoção dos estéreis e deve conciliar a otimização com a racionalidade operacional. Segundo Maia (1987), os diferentes sistemas de acesso para transporte de material extraído da mina em lavra a céu aberto podem ser agrupados em:

* sistemas de vias em forma de zigue-zague ou serpentina;
* sistemas de via helicoidal contínua;
* sistemas de planos inclinados a céu aberto, com uso de correias transportadoras ou esquipes;
* sistemas de suspensão por cabos aéreos, utilizando torres e caçambas;
* sistemas de funil (*glory hole method*), em que o minério desmontado é escoado por aberturas afuniladas no fundo da cava, atingindo chutes. Dos chutes, o minério segue por aberturas subterrâneas e é guindado por esquipes, por meio de plano inclinado ou poço vertical, e descarregado em novos chutes superficiais (Maia, 1987).

Em certas lavras especiais – de petróleo, gases combustíveis, sais solubilizados etc. –, as *vias de acesso* se restringem aos poços de extração que, ao atingirem os corpos de minério, possibilitam a extração da substância útil da jazida, mas não o acesso humano.

Na atualidade, na grande maioria das lavras a céu aberto, as vias de acesso são simplesmente estradas principais, convenientemente construídas, que dividem a jazida verticalmente. Para o trânsito entre as bancadas, devem ser projetadas vias de circulação, interconectadas por rampas, para a extração das rochas, movimentação dos equipamentos e do pessoal. O conjunto de rampas, ao longo da lavra, deve ser estrategicamente definido para que possa dar rendimento, segurança e funcionalidade à operação de lavra. As pistas, ou vias, de circulação são os caminhos por onde se realiza o transporte habitual de materiais, pessoal e equipamentos dentro da lavra. As vias de circulação, com dois sentidos, permitem a circulação com velocidades mais rápidas. A largura da via deve ser, pelo menos, dois metros superior em relação à maior largura da maior máquina que circula nela. As rampas são projetadas para possibilitar o acesso inclinado entre bancos sucessivos ou para acesso esporádico para a manutenção da estabilidade dos taludes. Como regra geral, a inclinação das vias de acesso e rampas não deve ultrapassar os 20% e deve também ser dimensionada, principalmente, com base na capacidade de torque dos equipamentos de transporte. Opcionalmente, rampas construídas somente para a manutenção da estabilidade e recuperação ambiental dos taludes podem ter largura limitada, sentido único e maior caimento. Os acessos deverão ter locação, greides, raios de curvatura, largura e piso (superfície de rolamento) compatíveis com os tipos e dimensões dos equipamentos adotados para carregamento e transporte. Para o trânsito de equipamentos pesados, como caminhões e máquinas, sugerem-se declividades das vias principais com valores máximos em torno dos 12% e, mesmo assim, em trechos limitados. As vias secundárias são, geralmente, menos inclinadas que as vias principais. A malha viária deve ser dimensionada para atender às necessidades da produção, procurando não se abrir vias sem necessidades para evitar o aumento de poeira, ruídos, consumo de água para irrigação e processos erosivos.

3.4.5 ÂNGULO GERAL DE TALUDE NA LAVRA DE MINAS

A simples abertura de um corte para a construção de uma estrada de mina já cria condições de instabilidade no solo e/ou na massa rochosa remanescente. Esse corte, no entanto, se adequadamente projetado, vai se manter em equilíbrio permanente, permitindo a continuidade do uso da estrada. Na mineração a céu aberto, esses cortes podem atingir centenas de metros, aumentando a instabilidade do maciço rochoso, o que justifica a aplicação das melhores técnicas para a manutenção da estabilidade geomecânica do maciço rochoso da mina. A abertura de uma mina leva à execução de diversas escavações e à remoção e disposição de grandes quantidades de material escavado, podendo criar condições de instabilidade, se esses trabalhos não forem realizados com critério.

Para a elaboração de um projeto de mineração, é necessário o conhecimento dos parâmetros que reflitam o comportamento do maciço rochoso, na área de influência da lavra. À Geotecnia, cabe a definição e quantificação dos parâmetros geomecânicos intervenientes. Os valores de tais parâmetros são obtidos por meio de testes padronizados, efetuados nos diversos tipos de rochas e solos constituintes do maciço rochoso. O campo de atuação da Geotecnia é bastante amplo na mineração e pode ser estudado em várias publicações e livros-texto, de que é exemplo a obra de Hoek e Bray (2004). As amostras de rochas e solos são geralmente obtidas em perfurações de sondagem e/ou por meio da abertura de galerias e devem ser representativas dos tipos de materiais cuja estabilidade irá afetar.

A correta definição do ângulo geral do talude desses cortes aparece como o primeiro grande desafio a ser solucionado. Essa definição se torna mais complexa quanto mais heterogêneo (descontínuo e fraturado) for o maciço rochoso atingido por esse corte, podendo existir, em uma mesma mina, vários ângulos de talude, em virtude dos diversos tipos de material rochoso presentes. É frequente a existência de vários ângulos de talude para um mesmo material rochoso, em razão das profundidades em que eles são escavados. Por princípio, o ângulo de um dado talude deve ser tal que permita a continuidade das operações que se realizam em seu nível ou banco de lavra e em níveis adjacentes; em outras palavras, um talude deve permanecer estável enquanto perdurarem as operações de lavra, no mínimo. Isso porque a manutenção da estabilidade do talude, após o término da vida útil da mina, pode ser requerida por causa das características do projeto de fechamento de mina.

Quando a cava de mineração atinge grandes profundidades, o talude deve ser bermado, isto é, a sua continuidade é quebrada pela existência de plataformas ou praças, com dimensões e em níveis adequados, posicionadas ao longo do talude. Na Fig. 3.7, são representados um corte esquemático e uma perspectiva de um talude com bermas.

A simbologia da Fig. 3.7 tem o seguinte significado:
* α = ângulo geral de talude, definido como o ângulo que uma reta que passa pelas cristas dos bancos faz com a horizontal. Esse ângulo é determinado baseando-se nos estudo geotécnicos efetuados, e o seu cálculo foge à finalidade desse enfoque; no entanto, pode-se dizer que o seu valor deve ser

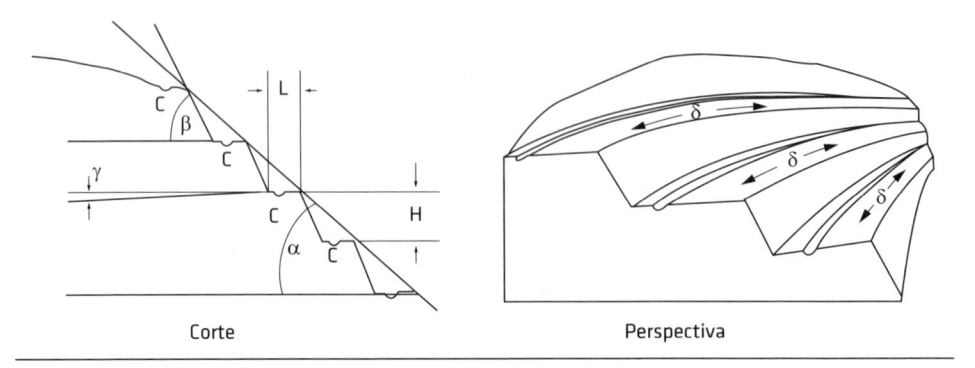

Corte

Perspectiva

FIG. 3.7 *Principais elementos geométricos de uma lavra de mina a céu aberto por bancadas*
Fonte: Costa (1979).

o mais apropriado para que a totalidade do talude permaneça estável por um período de tempo, no mínimo, igual à vida útil da mina, como comentado anteriormente. Opcionalmente, tem-se adotado como ângulo geral de talude aquele definido por uma reta imaginária, que passa pelo pé do banco mais profundo e pela crista do primeiro banco, e a horizontal.

* β = ângulo de talude entre bermas (ou bancos de lavra), definido como o ângulo que a face do banco faz com a horizontal; o seu valor é definido com base no tipo de equipamento de escavação e no material a ser escavado e deve possibilitar a estabilização da face do banco por um período de tempo, no mínimo, equivalente ao período de operações de lavra naquele banco.

* γ = ângulo da berma, definido como o ângulo que o piso da berma faz com a horizontal; o seu valor deve ser tal que permita o escoamento das águas (de chuva e/ou de surgências subterrâneas) para a canaleta C, sem provocar erosão no piso da berma.

* C = canaleta posicionada longitudinalmente ao pé de cada banco, destinada a coletar as águas anteriormente referidas e conduzi-las para fora da área de lavra. É comum também criar um ou mais frisos, posicionados estrategicamente no entorno dos bancos, para orientar a drenagem das águas (pluviais ou não). Essas canaletas devem ser posicionadas em uma distância adequada dos pés dos bancos de tal maneira que não sejam obstruídas por um eventual movimento de massas da face do banco superior.

* L = largura da berma, dimensionada de tal maneira que permita o acesso de equipamentos destinados à remoção de materiais eventuais por causa de escoamentos ou escorregamentos, desobstruindo, assim, as canaletas, se isso acontecer, e permitindo a drenagem da mina tal como

projetada. Além disso, a sua função principal é evitar que os movimentos de massa (escoamentos e/ou deslizamentos) atinjam níveis inferiores.

* H = altura da berma, que, muitas vezes, coincide com a altura do banco da lavra; essa altura deve ser cuidadosamente dimensionada para que os fenômenos de instabilidade se restrinjam ao nível local dos bancos de lavra, e não se propaguem na direção do talude geral.
* δ = ângulo de inclinação das canaletas, dimensionado de tal forma que as águas coletadas nos pisos das bermas possam ser conduzidas para fora da área da mina, sem erodir o fundo das canaletas.

Nas fases de recomposição topográfica e paisagística, as faces das bermas devem ser protegidas contra a ação das intempéries e cobertas com vegetação, de preferência, da mesma espécie que ocorre na região. Desse modo, a velocidade das águas pluviais é reduzida, e, consequentemente, diminui-se o seu poder erosivo. Quanto aos pisos das bermas, se for necessário, eles devem ser revestidos com materiais impermeabilizantes, reduzindo-se, assim, a infiltração das águas naquelas superfícies, evitando a saturação dos taludes e, consequentemente, aumentando a estabilidade local e geral destes últimos. Logo, a adoção de bermas em taludes tem tanto a finalidade de drenagem quanto de proteção dos níveis inferiores, propiciando condições de operação mais estáveis e seguras.

Além do cumprimento dos requisitos de segurança, o projeto de taludes deve obedecer, simultaneamente, a critérios de ordem econômica e ambiental. O custo unitário de lavra, geralmente expresso pelo custo da tonelada de minério à entrada da usina de beneficiamento, inclui o custo da remoção de estéril; assim, a minimização do custo de lavra está intimamente relacionada à quantidade de estéril correspondente. Constata-se, então, a importância da correta definição do ângulo geral de talude (α) como um dos condicionantes essenciais da rentabilidade de um empreendimento mineiro. A Fig. 3.8 ilustra o que foi referido anteriormente. Essa figura representa um corte transversal de uma jazida qualquer, para a qual se projetou a lavra total da massa mineralizada M, contida em uma massa estéril E. ABCD representa o limite final da cava, definido pelos ângulos α e α_1, calculados de modo a prover a estabilidade dos taludes gerais AB e CD. A desigualdade entre α e α_1 reflete os comportamentos diferentes dos flancos da cava aos quais se referem. A adoção de ângulos β e β_1 certamente proporcionará maior estabilidade aos taludes correspondentes, porém, acarretará a remoção de uma massa suplementar AV de estéril para a lavra de uma mesma massa M de minério e, consequentemente, ocasionará um acréscimo ao custo unitário de lavra. Durante o processo de lavra, diversas vias de acesso e praças (bancadas em lavra) são acrescentadas, o que acaba aumentando a extensão lateral da cava. A introdução dessas modificações leva a algumas alterações no valor do ângulo do talude geral. Assim, para contornar tal situação, pode-se dizer, genericamente, que o ângulo geral de talude (α) de uma seção (ou perfil) da cava poderia ser determinado da seguinte forma:

$$\alpha = (arctg) \ H / P \qquad\qquad (3.4)$$

em que:

H = altura total da cava na seção considerada;

P = projeção horizontal do talude geral na seção considerada;

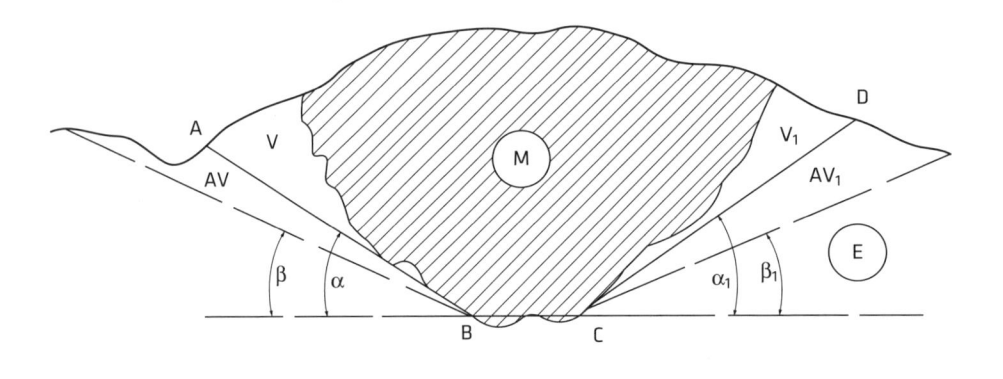

FIG. 3.8 *Corte transversal de uma jazida qualquer, para a qual se projetou a lavra total da massa mineralizada* M, *contida em uma massa estéril* E. ABCD *representa o limite final da cava, definido pelos ângulos* α *e* α_1, *calculados de modo a prover a estabilidade dos taludes gerais* AB *e* CD

Fonte: Costa (1979).

3.5 RELAÇÃO ESTÉRIL/MINÉRIO

A geometria da cava final e o desenvolvimento da explotação podem variar em razão das litologias, estrutura da mineralização e estudos geotécnicos. A relação estéril/minério vai ser influenciada diretamente pela definição da geometria e conduzirá a modificações no aprofundamento da cava, tendo em vista as metas e resultados que se pretende obter.

Por vezes, é necessário definir previamente um projeto para se esclarecer a área que se deve detalhar por meio de estudos geotécnicos. Após isso, pode ser necessário retomar o projeto, o que poderá conduzir a novos resultados em relação à cota do fundo e à sua conformação final.

O parâmetro relação estéril/minério (REM) é amplamente usado para a definição da geometria da lavra. Representa o montante de material desprovido de valor econômico (estéril) que deverá ser removido, para liberar uma unidade de minério.

Para o desenho da cava, é preciso avaliar as relações estéril/minério sob os pontos de vista geométrico e econômico. A relação estéril/minério (REM) tem uma importância fundamental no desenho e planificação das minas a céu aberto, pois reflete a quantidade de material estéril que é necessário remover para extrair o mineral com benefícios econômicos.

Sob o ponto de vista geométrico, distinguem-se três tipos de relação estéril/minério:

* relação média ou global;
* relação incremental;
* relação temporal.

A relação *média* ou global quantifica a quantidade, ou volume, de estéril (VE) extraída por uma determinada quantidade de referência de minério (VM).

$$REM_m = \frac{VE}{VM} \qquad (3.5)$$

A relação estéril/minério (REM_m), nesse caso, seria adimensional; mas ela pode também ser expressa em diversas outras unidades como, por exemplo, (t/t), (m^3/m^3) ou (m^3/t). A expressão m^3/t é mais usada quando a remoção de estéril é executada por empreiteiros ou é terceirizada. A relação *incremental* (REM_i) quantifica a quantidade de estéril extraída por uma determinada quantidade de referência de minério quando existe ampliação em profundidade ou lateralmente.

$$REM_i = \frac{\Delta VE}{\Delta VM} \qquad (3.6)$$

A relação *temporal* (REM_t) quantifica a quantidade de estéril extraída por uma determinada quantidade de referência de minério por unidade de tempo (t).

$$REM_t = \frac{VE(t)}{VM(t)} \qquad (3.7)$$

Já sob o ponto de vista econômico, para se definirem os limites de uma explotação de uma massa mineral em que existe estéril associado (por exemplo, na cobertura), devem ser levadas em conta a *relação econômica limite* e a *relação econômica média*.

A *relação econômica limite* (REM$_L$) representa a quantidade máxima de estéril admissível para a extração de uma dada quantidade de mineral útil, mantendo um benefício mínimo, previamente estabelecido. Sua aplicação condiciona, a cada unidade de material desmontado, um benefício igual ou superior ao limite mínimo fixado.

$$REM_L = \frac{V_e(m^3)}{T_m(t)}$$ (3.8)

Em que:

$V_e(m^3)$ é o volume total em m³ de estéril extraído para um desmonte no limite de viabilidade;

$T_m(t)$ é a tonelagem de minério extraída num determinado desmonte.

Já a *relação econômica média* (REM$_{em}$) representa a relação global entre todo o volume de estéril e toda a tonelagem de mineral extraída. Em alguns desmontes, a massa mineral é extraída com uma REM baixa e, consequentemente, com um elevado benefício. Em outros, ocorre a situação oposta: REM elevada, com baixo ou nulo benefício; sendo esta paga pelos primeiros desmontes.

$$REM_{em} = \frac{V_{T_e}(m^3)}{T_{T_m}(t)}$$ (3.9)

Em que:

$V_{T_e}(m^3)$ é o volume total em m³ de estéril extraído;

$T_{T_m}(t)$ é a tonelagem total de minério extraída.

Se o critério da relação econômica média for aplicado, o benefício médio para toda a vida da mina será menor que durante os melhores períodos da extração (não necessariamente os últimos). As diversas relações econômicas apresentadas são parâmetros dinâmicos que dependem, obviamente, da conjuntura econômica. Para a determinação da geometria da lavra, as seguintes etapas devem ser executadas:

a) Cálculo da relação (razão) econômica média (REM$_{em}$):

$$PV_b = REM_{em} \cdot P_e + P_m + P_{pc} + B$$ (3.10)

$$REM_{em} = \frac{PV_b - (P_m + P_{pc} + B)}{P_e}$$

(3.11)

em que:

PV_b = valor do mineral *in-situ*, função do preço de venda e recuperação global ($/t);

P_e = custo de extração do estéril: desmonte, carregamento e transporte para a pilha de estéril ($/m³);

P_m = custo de extração da massa mineral útil e transporte para o local de venda ($/t);

P_{pc} = custo do tratamento e comercialização do material útil por tonelada ($/t);

B = benefício por tonelada ($/t).

b) Determinação da profundidade máxima em função da relação econômica média e atendendo aos ângulos de talude máximos. Desenho de seções em duas dimensões (2D) e respectivos cálculos.

c) Desenho da cava final da explotação em três dimensões (3D), utilizando as seções interpretadas na alínea anterior.

d) Determinação das geometrias e cálculo das quantidades com base na criação de um modelo tridimensional (3D). Se os valores forem aceitáveis, mantém-se o desenho final da cava. Caso contrário, altera-se a profundidade e/ou os ângulos de talude e redesenha-se o projeto.

3.6 Projeto do sistema de disposição de estéril

Com base nos dados e premissas básicas e estratégias de longo prazo, calculam-se os quantitativos referentes ao material útil no projeto final de lavra e no seu sequenciamento. Como consequência, as quantidades, volumes e tipos de estéril a serem removidos são também determinados, visando ao ajuste da configuração final projetada para as pilhas de disposição de estéreis. De qualquer modo, existirá uma massa de estéril que deve ser retirada, transportada e estocada. Dessas operações, a estocagem merece cuidados especiais se considerarmos que a pilha de estéril, assim como o talude da cava, deve ser estável, mas de modo permanente, e não apenas durante a vida da mina. A imposição de ser a pilha permanentemente estável é particularmente reforçada se existirem habitações, ou cursos d'água, à jusante do local de deposição do estéril (que poderiam ser afetadas(os) em casos de instabilidade).

Constata-se, assim, que a disposição de estéril pressupõe a aplicação de técnicas especiais, também compreendidas no campo da Geotecnia. Essa disposição, geralmente, se faz sob a forma de pilhas construídas, se possível, em vales próximos à área da mina. A construção das pilhas deve ser fundamentada em estudos geotécnicos que considerem as propriedades intrínsecas do material a ser depositado, a forma do local (vale) de deposição, as condições de drenagem, os índices pluviométricos locais, o ângulo de repouso do material e demais parâmetros pertinentes. Após esses estudos, projetam-se as pilhas de estéril, que devem ter capacidade para atender aos volumes requeridos, contemplando as drenagens e acessos. Definem-se, então, as trajetórias que resultem nas menores distâncias de transporte entre os pontos de origem e destino do estéril. Os dados básicos a serem informados pelo planejamento de longo prazo visando à construção das pilhas de estéril são: localização, início de operação, dimensões, características geométricas e métodos de transporte do estéril. Há algumas condições específicas que devem ser observadas, por exemplo, procurar dispor o estéril o mais próximo possível para diminuir a distância média de transporte e, preferencialmente, em áreas já degradadas, como em cavas já exauridas. O estéril temporário (minério marginal) deve ser estocado, preferencialmente, nas imediações da usina de beneficiamento, para facilitar uma eventual retomada. Na Fig. 3.9, é representado, em planta e em seção, um sistema de disposição controlada de estéril em pilha.

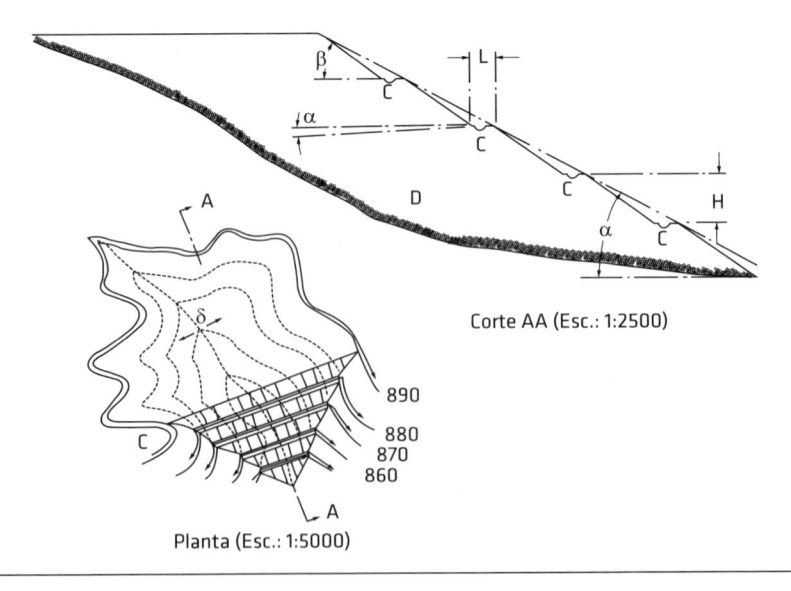

Corte AA (Esc.: 1:2500)

Planta (Esc.: 1:5000)

FIG. 3.9 Ângulo de talude da cava *e a configuração final de uma pilha de estéril*

Fonte: Costa (1979).

A simbologia tem significado semelhante àqueles definidos na seção 3.4.5, e a configuração final da pilha deve, igualmente, satisfazer os requisitos de segurança e economicidade.

A estabilidade da pilha pode ser bastante aumentada pela disposição adequada dos diversos materiais que a constituem. Uma boa prática é a deposição de camadas sucessivas de estéril, de baixo para cima, convenientemente compactadas, e com a intercalação de bermas ao longo do talude, em níveis predeterminados. Os diversos níveis da pilha são, então, munidos de canaletas destinadas a coletar e desviar as águas de chuva e de surgências da face da pilha, como ilustrado pelas setas na Fig. 3.9. Outra medida muito importante para manter a estabilidade da pilha é a construção de um ou mais leitos drenantes (D na Fig. 3.9) com o uso de matacões, de modo que as águas existentes no fundo do vale onde se construiu a pilha tenham fluxo livre por meio deles, evitando, assim, a erosão e o consequente solapamento da pilha. Também nesse caso, se necessário, os pisos das bermas podem ser impermeabilizados – para evitar a infiltração – e as faces cobertas com vegetação. A disposição controlada de estéril em mineração é uma imposição legal; e, como se comentou, nesse caso, os custos adicionais de compactação, sistema de drenagem e maiores distâncias de transporte, quando necessários, são justificados pelo respeito à manutenção das melhores condições ambientais. Baseando-se no planejamento da lavra a longo prazo, deve-se projetar, com base na localização e no traçado da cava, o sistema de drenagem e contenção de finos. Cabe ao sistema de drenagem prover as condições favoráveis à retenção de partículas em suspensão dentro da mina, buscando evitar assoreamentos e possíveis transtornos à comunidade. Na fase de operação da mina, deve-se efetuar a drenagem das bancadas para que se favoreça o aspecto operacional e econômico, reduzindo os processos erosivos, causados pelas águas de chuva, e consequente carreamento de finos para áreas externas à lavra. Um sistema de canaletas deve ser utilizado para coletar as águas superficiais e surgências, as quais, posteriormente, devem ser coletadas, tratadas e bombeadas para fora da área da mina, ou, preferencialmente, reutilizadas nos processos de tratamento de minérios.

3.7 Considerações geotécnicas

Segundo Mendes (1985), a heterogeneidade, a descontinuidade e a anisotropia podem ser consideradas características constantes das rochas e maciços rochosos. No entanto, a certas escalas de observação, as descontinuidades e anisotropias podem ser desprezáveis, e as heterogeneidades podem se apresentar distribuídas aleatoriamente. Em tais escalas, é possível admitir, para simplificação e efeito de estudos, hipóteses de continuidade, homogeneidade e isotropia; mas, nas demais escalas, será preciso reavaliar quais as hipóteses simplificadoras a se adotar. Quanto aos maciços rochosos, pode-se constatar que a descompressão faz aumentar a importância mecânica relativa das superfícies de descontinuidade (falhas, diáclases etc.) ocorrentes, as quais, por ficarem mais abertas, sujeitas à maior deformabilidade e tensões de alívio, podem possibilitar escorregamentos. A escavação da cava tende a criar um desequilíbrio no estado geral de tensões do maciço rochoso, principalmente nos limites da abertura. As tensões horizontais preexistentes tendem a se rearranjar, recompondo-se, preferencialmente, segundo a direção do fundo da cava (e nos contornos dos limites do *pit* final). As tensões verticais são reduzidas pelo efeito de remoção do capeamento. Isso significa que as partes do maciço rochoso situadas nos limites do *pit* e nas linhas de fluxo de tensão em desequilíbrio sofrem um grande alívio de tensão vertical. Como resultado desse alívio de tensão, aumentam a quantidade e as dimensões das descontinuidades (fraturas e juntas etc.) do maciço rochoso com a consequente redução das resistências por coesão e atrito atuantes nas rochas *in situ*. Além disso, as águas de escoamentos superficiais e de surgências, subterrâneas ou não, poderão, mais facilmente, percolar através dessas descontinuidades, reduzindo a força normal atuante nos eventuais planos de fratura. À medida que a escavação se aprofunda, as possibilidades de ocorrência de rupturas podem aumentar em consequência da extensão da zona de alívio de tensões. As possibilidades de se encontrar estruturas desfavoráveis (falhas, diques, áreas de fraqueza etc.) nessas zonas aumenta também. Assim, análises cinemáticas devem ser efetuadas para evidenciar os mais prováveis mecanismos de ruptura dos taludes em razão do padrão estrutural do maciço rochoso. Deve-se estar atento, especialmente, à orientação das descontinuidades (ou famílias de descontinuidades) em relação às faces dos taludes em cada setor da mina. A Fig. 3.10 ilustra os quatro principais tipos de ruptura que podem ocorrer nos taludes de uma lavra a céu aberto.

A *ruptura circular* ocorre, tipicamente, em solos, materiais estéreis de cobertura nas minas a céu aberto, ou em rochas muito fraturadas e sem um padrão estrutural definido. A *ruptura plana* ocorre em maciços rochosos com padrão estrutural bem definido, como acontece, por exemplo, em jazidas de certas rochas ornamentais e de revestimento; são exemplos ardósias, quartzitos, arenitos etc., utilizados em placas ou lajotas, na forma beneficiada e/ou *in natura*, na construção civil. A *ruptura em cunha* ocorre quando duas ou mais famílias de descontinuidades isolam cunhas. Segundo Guidicini (1976), o tombamento de blocos, no caso mais simples, deve-se a sua forma e a seu peso. A força vertical decorrente do peso próprio do bloco, apoiado num plano inclinado, pode levá--lo a um equilíbrio instável em relação a sua base. As propriedades do maciço rochoso e das rochas e a sequência estratigráfica são de grande importância na avaliação dos movimentos de massas em virtude da evolução da lavra e do tempo de observação dos fenômenos em estudo. Se todos os demais fatores forem iguais, os estratos mais competentes são mais susceptíveis às fraturas. Por outro lado, os estratos compostos por rochas brandas e de comportamento plástico, mais dificilmente apresentarão descontinuidades e fraturas, mas esta-rão muito mais sujeitos a deformações e a fenômenos de movimentos de massas em geral, consoante o período de observação dos fenômenos.

Guidicini (1976) classifica os movimentos de massa em escoamentos, raste-jos, corridas, avalancha de detritos, escorregamentos, além da queda de blocos e da queda de detritos. Denomina-se subsidência o resultado do efeito

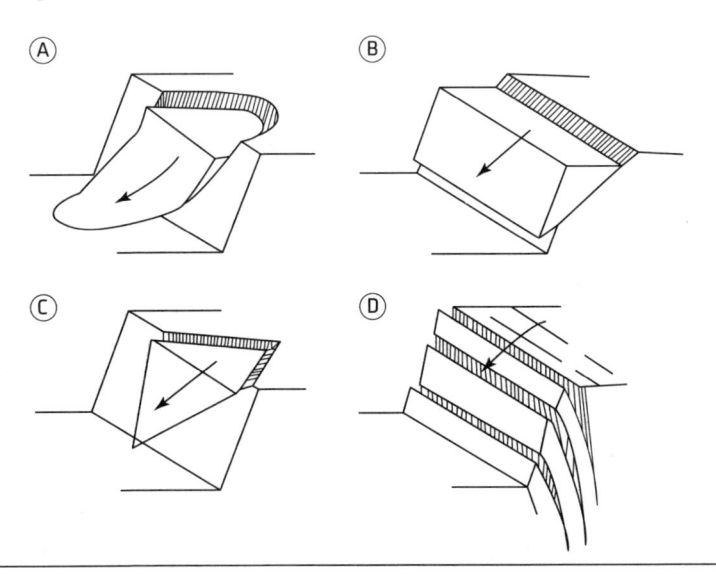

FIG. 3.10 *Tipos de ruptura característicos dos taludes de uma lavra de minas a céu aberto: circular (A), plana (B), em cunha (C) e tombamento de blocos (D)*

Fonte: Hoek e Bray (2004).

de adensamento ou afundamento de estratos ou camadas do maciço rochoso, em decorrência da remoção de alguma fase sólida, líquida ou gasosa do seu substrato. A ocorrência da subsidência está geralmente associada a trabalhos subterrâneos de mineração (Curi, 1995). Os denominados desabamentos, por exemplo, são formas de subsidência bruscas, embora em áreas restritas. Na verdade, subsidências têm pouco a ver com a estabilidade de taludes naturais ou de escavação. Entretanto, num contexto mais amplo, as subsidências também são decorrentes de movimentos de massas ou movimentos coletivos de solo e de rochas. Recalques são definidos como movimentos verticais de uma estrutura provocados pelo próprio peso ou pela deformação do subsolo por outro agente. Os recalques se diferenciam das subsidências por envolverem áreas muito menores e estarem, via de regra, relacionados a estruturas construídas, que são, assim, afetadas. As operações mineiras básicas na lavra de minas são desmonte, carga, transporte e descarga dos materiais úteis e estéreis, executados por equipamentos adequados, cuja especificação e dimensionamento levam em consideração as características geotécnicas e físicas dos materiais manuseados. O conhecimento dessas características geotécnicas e físicas faz-se necessário para o atendimento da compatibilização requerida entre equipamento e materiais. Esse conhecimento é, ainda, objeto dos estudos geotécnicos e é obtido por meio de testes específicos de cada característica que se deseja determinar.

As propriedades do material rochoso a serem determinadas para uso no dimensionamento dos equipamentos e dos elementos geométricos da lavra são várias. São destacadas aqui as mais importantes, a saber: o peso específico *in situ*, o empolamento, a umidade, a compactação, o recalque e a resistência à compressão.

O *peso específico in situ* é o peso por unidade de volume do material rochoso em seu estado natural, ou seja, na face onde se processará a operação de desmonte. A relação entre o peso específico de um dado material e o peso específico da água, a 4 °C, é chamada de densidade (relativa) e é representada por um número puro. A densidade pode ser expressa considerando o material seco, ou úmido, e varia de material para material; a primeira é usada na cubagem de uma reserva – que geralmente é expressa em toneladas secas, referindo-se, no entanto, à umidade contida – e a segunda, para o dimensionamento de equipamentos, já que estes manuseiam o material em seu estado natural, ou seja, contendo uma certa quantidade de umidade. Um procedimento rápido para o cálculo da densidade de um material qualquer é o seguinte: em um frasco graduado contendo água, joga-se um fragmento do material com um peso conhecido e determina-se o correspondente acréscimo de água. Esse acréscimo do volume corresponde ao volume do fragmento e, conhecendo-se o seu peso, pode-se calcular a sua densidade. Se o fragmento estiver previamente seco, tem-se a densidade seca; caso contrário, a úmida. Mesmo que essa determinação seja efetuada por diversas vezes, com fragmentos colhidos em toda a massa mineral, poderá haver erros sistemáticos, pois os fragmentos são geralmente compactos, deixando de refletir a realidade da totalidade da massa mineral, em que ocorrem vazios em razão das descontinuidades naturais do maciço rochoso. O uso dessa metodologia pode resultar em um valor da densidade que seja maior que o valor real, ocasionando um erro proporcional na avaliação da reserva e um superdimensionamento dos equipamentos de lavra. Para se contornar esse problema, usa-se outra metodologia, com volumes maiores de material, para que as descontinuidades mássicas do maciço rochoso sejam incluídas e consideradas nos cálculos. Para exemplificar, supõe-se que se queira determinar a densidade natural (úmida) de uma certa jazida. Conforme foi demonstrado no Cap. 2, a abertura das galerias pode satisfazer aos critérios de representatividade e, assim, amostras delas retiradas serão representativas da totalidade de massa mineral. Para a determinação da densidade por meio das galerias, procede-se da seguinte forma: escava-se, no piso da galeria, um cubo com um volume conhecido, suficientemente grande para incluir as descontinuidades, e pesa-se o material escavado. O resultado da divisão do peso pelo volume permite calcular um valor da densidade. A repetição dessa operação ao longo de cada galeria, em locais previamente selecionados e que reflitam a heterogeneidade do material rochoso, atravessado pela galeria, e em todas as galerias, fornecerá novos valores da densidade, cuja média é o valor procurado da densidade. Se o material estiver seco antes da pesagem, será obtida a densidade seca.

Outro fenômeno típico dos solos e rochas muito importante no desmonte de rochas e terraplanagem é o *empolamento*, ou expansão volumétrica. Ao escavar-se o terreno natural, o material que se encontrava num certo grau de compactação sofre uma expansão volumétrica. Após o desmonte, o material assume um volume solto maior que aquele em que se encontrava em seu estado natural. Define-se, então, o empolamento de um material como o aumento de volume constatado quando este é removido de seu estado natural, e esse fenômeno é representado como uma porcentagem desse volume. De modo geral, quanto mais fragmentada a rocha, maior o empolamento (Reis, 1982). Como o material empolado é que será transportado pelos equipamentos de lavra; a densidade do material empolado deve ser considerada quanto forem efetuados os cálculos para o dimensionamento da frota de carregamento e transporte na lavra.

Já a *umidade* expressa a relação percentual entre a quantidade de água existente no material em seu estado natural e a massa total do material incluindo a água. A avaliação da umidade pode ser feita com base em amostras coletadas em canaletas dispostas ao longo das paredes das galerias, em intervalos regulares. A umidade é uma característica intrínseca do material a ser lavrado e influencia no tipo e no porte dos equipamentos de lavra a selecionar. Além disso, esse fenômeno corresponde a um dos fatores a considerar quando da escolha do tipo de explosivo para o desmonte e do tipo de equipamentos a ser utilizado no tratamento do minério. Assim, por exemplo, não se pode usar a mistura explosiva ANFO (nitrato de amônio e óleo diesel) para o desmonte de uma rocha muito úmida, pois o ANFO é pouco resistente à água. Por outro lado, o uso de correias transportadoras pode ser inadequado se, por exemplo, além de úmido, o material contiver lamas, o que ocasionará problemas de entupimentos nos pontos de transferência e desgastes excessivos nos componentes mecânicos das correias transportadoras.

A compactação pode ser definida como um processo mecânico de adensamento dos solos por meio da diminuição do índice de vazios, o que resulta na melhora do seu comportamento no que diz respeito à capacidade de suporte, alteração volumétrica ou impermeabilização. Essa compactação pode ser obtida por intermédio de rolos, compactadores, vibradores, socadores e irrigação e objetiva, em última análise prover condições de estabilidade ao material compactado, como acontece no caso das pilhas de estéreis. *Na verdade, o emprego de equipamentos mecânicos na compactação visa transferir certa quantidade de energia mecânica gerada na máquina para o solo que a sustém* (Ricardo; Catalini, 1977, p.220).

No caso das pilhas de estéril, é preciso definir o grau de compactação para a manutenção da estabilidade a longo prazo. Em minas a céu aberto, a compactação geralmente é executada pelos mesmos caminhões que transportam o estéril e por tratores e motoniveladoras que espalham o estéril basculado pelos caminhões, dando à pilha o formato projetado. A compactação requer um criterioso estudo geotécnico para especificar a altura limite das camadas de disposição consecutiva, o tipo de compactador, o número adequado de passadas segundo as características de cada camada, a umidade mais apropriada, o tipo e a frequência de testes de averiguação do nível de compactação, entre outros aspectos. Em obras de terraplenagem, é usual compactar o material acima do que estaria em seu estado natural, ou seja, um certo volume de material no estado natural, após compactação, sofrerá uma redução. Este fenômeno é denominado *recalque*, ou contração, e é definido em relação ao material no estado natural, não no estado empolado. Por exemplo, quando se define que a contração é de 20%, isso significa que 1 m³ de material no estado natural ocupará um espaço correspondente a 0,80 m³ após a compactação.

Em serviços de terraplenagem, é comum compactar o material acima do que estaria em seu estado natural, ou seja, um determinado volume de material no estado natural sofrerá uma diminuição após sua compactação. Esse fato é chamado de contração ou *recalque* e é expresso em relação ao material no estado natural e não em estado empolado. Assim, quando se diz que a contração é de 20%, quer-se dizer que um metro cúbico de material no estado natural ocupará um espaço equivalente a 0,80 m³ após compactação.

Finalmente, destaca-se *a resistência à compressão*, que é uma propriedade física que expressa o limite de resistência de um dado material à ação de compressão de um agente externo, sendo que, quando esse limite é atingido, o material se rompe. Essa é uma propriedade física muito útil para o dimensionamento de perfuratrizes e para a definição das condições de suporte do piso, como as estradas e praças de trabalho por onde trafegam os equipamentos. Além das propriedades já referidas, outras propriedades físicas de interesse das rochas em termos das operações mineiras são a coesão, a dureza, a porosidade e o ângulo de repouso natural (Reis, 1982).

Durante a lavra, o monitoramento e controle geotécnico dos taludes deve ser constante. O controle geotécnico está relacionado com a observação sistemática e o diagnóstico de situações anômalas. A instrumentação é um meio determinante no processo de monitoramento e controle geotécnico. Nesse processo, é imprescindível usar equipamentos que permitam efetuar medições dos deslocamentos relativos, rotações, pressão da água, variação de tensões e orientação dos deslocamentos (Torres; Gama, 2012). Baseando-se nas propriedades das rochas e nas análises geotécnicas de cada banco, ou nível de lavra, e nos testemunhos de sondagem, a área do *pit* pode ser subdividida em domínios estruturais, de acordo com o padrão de descontinuidades. Como referido, a certas escalas de observação, as descontinuidades podem ser desprezáveis. Nessas escalas, é possível admitir hipóteses simplificadoras para efeito de estudos; mas, nas demais escalas, será preciso reavaliar quais hipóteses simplificadoras serão usadas. A definição da geometria em cada domínio essencialmente homogêneo se fará considerando a orientação das faces dos taludes de lavra naquele setor.

EXERCÍCIOS RESOLVIDOS

1. Seja de UM$ 36 o custo de lavra de 1 t de minério em lavra subterrânea; UM$ 6 o custo de lavra de 1 t de minério a céu aberto; UM$ 10 o custo de decapeamento de 1 t; UM$ 4 o custo de beneficiamento por tonelada. Supõe-se que o valor do produto é de UM$ 60 para cada tonelada tratada, desejando-se um lucro mínimo de UM$ 5 por tonelada. Qual a relação estéril/minério limite (REM_L) (Maia, 1987)?

Solução

$$REM_L = (36 - 6) / 10 = 3$$

Nesse caso, seria preferível a lavra a céu aberto nos trechos em que houvesse até três toneladas de capeamento para uma tonelada de minério. Contudo, a relação dependerá também do valor recuperável por tonelada do minério e do lucro desejado. Chamando de REM_L' essa nova relação, tem-se:

$$REM_L' \, b' \leq V - (a' + L)$$

em que:

V = valor do produto, por tonelada;

a' = custo da lavra a céu aberto, por tonelada, + custo de beneficiamento;

b' = custo de remoção do estéril e deposição, por tonelada;

L = lucro desejado, por tonelada de minério.

e, no limite:

$$REM_L' = V - (a' + L) / b'$$

Conforme o caso particular, REM_L' poderá ser maior ou menor que REM_L'.

Se for maior, parte da jazida poderá ser lavrada a céu aberto e parte, subterraneamente. Se for menor, somente a lavra a céu aberto é recomendável.

No exemplo:

$$REM_L' = 60 - (10 + 5) / 10 = 4,5$$

2. Calcule a relação limite REM_L' considerando os dados do exercício anterior e o valor do minério beneficiado de UM\$ 42 para cada tonelada tratada.

Solução

$$REM_L' = 42 - (10 + 5) / 10 = 2,7$$

Somente parte da jazida que tivesse até 2,7 t de capeamento por 1 t de minério seria lavrável com lucro mínimo desejado de UM\$ 5 por tonelada. A lavra subterrânea seria antieconômica. Basta verificar que uma tonelada de minério beneficiada ficaria UM\$ 40, não podendo fornecer o lucro desejado.

3. Suponha que a determinação da densidade natural *in situ*, baseada na escavação de volumes conhecidos nos pisos de uma galeria, tenha acusado um valor médio de 2,0. Para a determinação da densidade empolada, paleia-se o material escavado, sem compactá-lo, para dentro do buraco escavado e pesa-se o material que não coube no referido buraco – como resultante do empolamento. O resultado dessa pesagem acusou o valor de 400 kg. Determine o valor do empolamento do material (Costa, 1979).

Solução
O material contido no buraco pesou 1.600 kg (2,0 t – 0,4 t) e, portanto, a densidade empolada é igual a 1,6. Surge daí a noção de fator de conversão, que exprime a porcentagem de redução na densidade de um material de seu estado natural para o estado empolado. Nesse caso, o fator de conversão é igual a $1,6 \div 2,0 = 0,8$. O cálculo do empolamento se faz analiticamente: se um metro cúbico de material empolado pesa 1,6 t, qual será o volume ocupado por 2,0 toneladas originais – no estado original – após o manuseio?

Uma regra de três simples nos dará como resposta 1,25 m³, ou seja, o empolamento é de 25%.

Exercícios propostos

1. Calcule a relação limite REM_L' considerando os dados do Exercício 1 da seção anterior e o valor do minério beneficiado de UM\$ 45 para cada tonelada tratada.

2. Qual é o dimensionamento recomendado para bermas e leiras em uma mina a céu aberto com altura de bancada de 10 m?

3. Qual é o dimensionamento recomendado para bermas e leiras em uma mina a céu aberto com altura de bancada de 13 m?

4. Quais são as dimensões recomendadas para o dimensionamento de estradas em uma mina a céu aberto com uso de caminhões com largura de 3,5 m?

quatro

Limites da Lavra

Após conhecer a jazida, por meio da avaliação do inventário mineral (como abordado no Cap. 2), as considerações geométricas discutidas no Cap. 3 serão usadas para estabelecer os limites da lavra, ou seja, para delimitar a porção lavrável do corpo mineral. Esse processo envolve a superposição da superfície geométrica da lavra sobre o corpo mineralizado. A reserva lavrável corresponderá à porção do corpo mineral contida dentro dos limites da geometria definida para a lavra, geralmente denominada cava ou *pit*. O tamanho e a forma da cava ou *pit* dependerá da relação estéril/minério (REM), como comentado no Cap. 3. A cava projetada para o final da vida útil da mina é denominada cava final ou *pit* final. Entre o início e o fim da vida útil de uma mina, podem ser projetadas diversas séries de cavas intermediárias. Este capítulo discutirá as metodologias para a delineação da reserva mineral ou, mais especificamente, a reserva lavrável, segundo procedimentos baseados nos métodos manuais, nos métodos manuais amparados por métodos informatizados e nos métodos computacionais. A Fig. 4.1 reapresenta o fluxograma simplificado com as etapas a serem seguidas para a determinação das reservas minerais lavráveis. A primeira etapa é a montagem de um banco de dados geológicos, contendo as informações da pesquisa mineral, como comentado no Cap. 2.

FIG. 4.1 *Síntese dos estudos necessários para a definição dos limites da lavra*

Os dados necessários para a montagem do banco de dados geológicos são indicados na Fig. 4.2, que indica também a sequência de tratamento dos dados exploratórios visando à delineação do depósito mineral. Como ilustrado na Fig. 4.2, o processo é iniciado pela confecção de um arquivo de dados contendo as informações dos furos de sondagem, tais como as coordenadas da boca dos furos de sondagem, direção e mergulho dos furos, e resultados das diversas amostragens e índices de qualidade, em função da profundidade dos furos. Todos esses resultados devem estar convenientemente locados e referenciados no espaço, para possibilitar a correta interpretação dos dados por meio das análises estatísticas, técnicas de interpolação e interpretação das seções, como ilustrado na mesma figura, que mostra, também, o encadeamento entre os dados exploratórios visando à delineação do depósito mineral.

Recomenda-se a construção de seções horizontais, verticais e longitudinais, abrangendo todo o depósito mineral, e a sua impressão, para determinar a localização das regiões mineralizadas. Essa base de dados, inicialmente, se apresenta em forma de seções horizontais e verticais, em que aparecem as informações com base na interpretação dos furos, trincheiras, poços, galerias etc. Para definir todo o domínio do depósito, é necessário determinar uma região grande o suficiente para conter todo o seu volume.

A confecção do modelo geológico dependerá do julgamento, experiência e conhecimento do profissional, que terá como tarefa principal delinear o contorno, entre o corpo mineralizado e a sua encaixante. Após a definição dos limites da região mineralizada, passa-se à determinação da morfologia do depósito. Uma vez estabelecida a forma do depósito e seus contornos, deve-se relacionar os diversos tipos de materiais rochosos presentes, com as devidas características de qualidade, quantidade e localização. O corpo mineralizado devidamente delineado, tradicionalmente, é conhecido como reserva geológica. A reserva geológica corresponde aos diversos materiais rochosos com evidências concretas de mineralização, que poderiam, hipoteticamente, ser removidos em sua totalidade, sem se considerar os aspectos econômicos. Entretanto, a prática mineira tem demonstrado que a lavra da totalidade da reserva geológica é economicamente inviável. Com efeito, a lavra de minas restringe-se ao aproveitamento das substâncias minerais úteis com qualidade superior à mínima rentável. A relação econômica limite pode ser avaliada com o uso de indicadores de qualidade mínima, ou limite, ou de corte, que poderão ser definidos, já no modelo geológico, ou mais adiante, no processo de definição dos limites da lavra. Vale ressaltar que tais indicadores estão, quase sempre, relacionados às substâncias minerais úteis, como o mineral-minério, mas podem também estar associados a outros fatores limitantes ligados à presença de contaminantes ou mesmo parâmetros físicos.

O aproveitamento de jazidas de minérios de ferro tem, na presença de fósforo em concentrações inadequadas à metalurgia, um fator limitante. A lavra de depósitos de calcários tem, na ocorrência de magnésio em concentrações inadequadas para a indústria de cimento, um fator limitante. Nos depósitos carboníferos, a presença de materiais sulfetados é, também, um fator limitante. No caso dos depósitos de minerais industriais, como talco, gipsita, calcita, fluorita, coríndon e diamante, a qualidade está relacionada aos parâmetros físicos dos minerais, tais como dureza, tenacidade, clivagem, cor e brilho. No caso dos depósitos de minerais industriais de uso direto na construção civil, como os mármores e granitos, a qualidade está relacionada a parâmetros físicos, como cor, resistência à abrasão, presença de fraturas e outras descontinuidades. Os minerais-gemas são os que podem ser usados como joias, constituindo cristais de rara beleza denominados gemas, que se destacam pela cor, transparência e brilho (Jordt-Evangelista, 2002). O mais importante é que, ao iniciar-se o planejamento da lavra de minas propriamente dito, há que se fazer um levantamento cuidadoso de todos os dados pertinentes e estudos relacionados, para se reunir a maior quantidade de informações, como descrito no Cap. 1. À medida que dados, informações e, principalmente, conclusões relevantes não são considerados, ou não são confiáveis, aumenta-se muito o risco do investimento no projeto de lavra de mina em consideração.

4.1 Método bidimensional

Até a primeira metade da década de 1960, os limites da lavra eram definidos de forma manual, baseando-se, em princípio, nas seções (duas dimensões) feitas no corpo mineral, como indicado na Fig. 4.3. O método manual é o mais tradicional e simples para obter a conformação final da lavra. Essa prática está baseada em um processo *intuitivo* de aproximações sucessivas por tentativas e erros. Tal método possui como referência o limite definido para a relação estéril/minério (REM). Para a exposição e a retirada de minério, é geralmente necessária a escavação e relocação de uma grande quantidade de estéril. A aplicação e o sucesso do método manual dependem muito da habilidade e julgamento do profissional que faz o projeto, pois a seleção dos parâmetros geométricos de um projeto de lavra é uma complexa decisão de engenharia com grandes repercussões econômicas, como discutido no Cap. 3. O texto clássico de Pfleider (1968) expõe detalhadamente a técnica de desenho dos limites da lavra baseando-se no método manual.

Para o desenvolvimento desse processo, é necessário que se tenha uma boa base de dados, com informações suficientes para dar suporte ao trabalho técnico. As informações básicas requeridas para o traçado dos limites da lavra pelo método manual são:

a) perfis geológicos do depósito mineral, com delineação das diversas litologias, equiespaçados a distâncias em torno de 100 m ou, se possível, distâncias menores, em torno de 50 m, dependendo do tipo de depósito;

b) seções horizontais e verticais, destacando, principalmente, os contatos entre o minério e o estéril, e com a discriminação precisa dos valores dos parâmetros de qualidade selecionados;

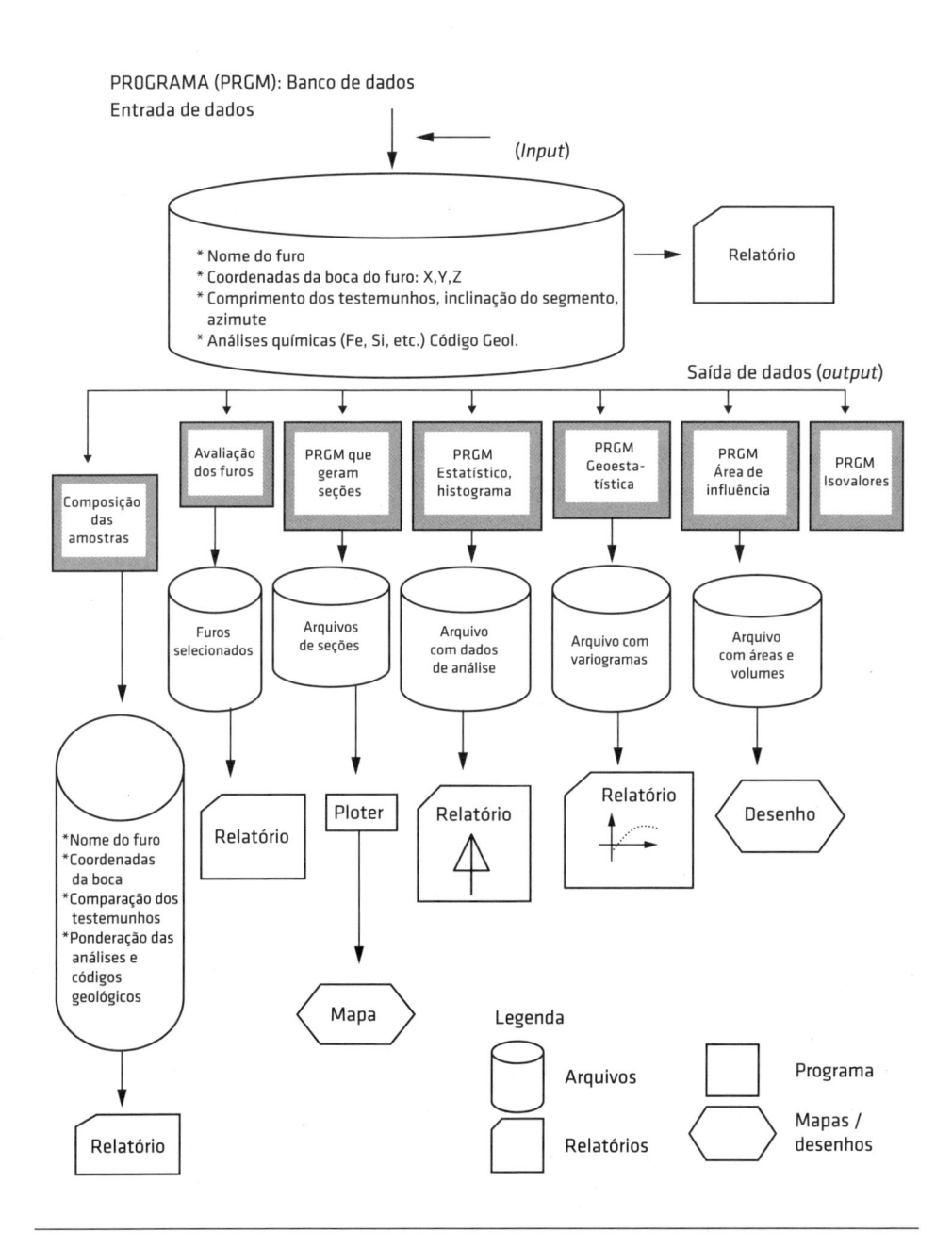

Fig. 4.2 *Sequência de tratamento dos dados exploratórios visando à delineação do depósito mineral*

c) mapa topográfico atualizado, englobando toda a área da mina;

d) definição dos ângulos das faces dos taludes para os vários setores da mina;

e) definição dos equipamentos selecionados para a lavra;

f) curvas de parametrização suficientes para a quantificação das substâncias minerais úteis, com qualidade superior à mínima rentável.

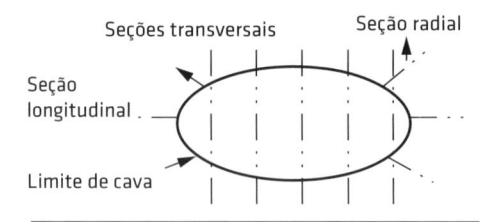

Normalmente, o método manual se utiliza de três tipos de seções para construção da cava e análise dos resultados, como representado na Fig. 4.3.

Fig. 4.3 *Tipos de seções para avaliação da relação estéril/minério e delimitação da lavra*

As seções transversais, ou perpendiculares ao corpo mineralizado, são convenientemente espaçadas; as seções radiais passam pelo centro do referido corpo e as seções longitudinais seguem a maior extensão do corpo de minério. Em cada seção, deverá estar representada a superfície topográfica, a geologia, com o devido controle estrutural, e a indicação dos níveis ou bancos de lavra. A relação estéril/minério (REM) é usada para traçar os limites da cava em cada seção. Sendo assim, os limites da lavra são definidos em cada seção, com base na relação estéril/minério e nas considerações geométricas, como abordado no Cap. 3.

Após isso, é avaliado se a quantidade do bem mineral a ser lavrado na seção apresenta uma receita positiva, de modo que pague as despesas com a remoção do estéril, ou seja, é verificado se a REM está abaixo da relação econômica limite (REM_L). Caso a REM se apresente menor que a REM_L, é possível expandir os limites da lavra. Do contrário, caso a REM se apresente maior que a REM_L, é recomendável restringir os limites da lavra. Esse processo será repetido diversas vezes, até que se atinja o limite final da lavra mais rentável. O objetivo do projetista deve ser sempre a busca das massas mineralizadas de valor. Até o aparecimento dos algoritmos de otimização de cavas finais, os limites da lavra eram determinados pelo método manual de tentativas;

> nele se procurava, através de tentativas, chegar a uma cava que deveria ser interessante e, se viesse a aparecer muito estéril dentro desta cava, ela deveria

ser fechada (em nova tentativa) para desmontar minério de maior teor e menos estéril, mas se, ao contrário, houvesse possibilidade de alargar mais a cava, tal também deveria ser feito (em nova tentativa) e assim, sucessivamente, até se alcançar uma cava final satisfatória. (Valente, 1982, p. 1253).

No passado, alguns projetistas procediam, adicionalmente, a estudos alternativos de traçagem de cavas nas seções verticais; desenhavam uma ou duas opções de cavas mais profundas ou mais rasas que o usual, objetivando fornecer mais possibilidades para redefinir a cava final (Girodo, 2006). Com base nos perfis verticais, pode-se desenhar as diversas plantas dos diversos níveis de lavra. Finalmente, são feitas as reconciliações necessárias entre os diversos perfis, projetando as rampas principais, os acessos secundários e as demais vias de circulação.

A partir desse ponto, busca-se o lucro máximo, que não necessariamente é aquele que maximiza a quantidade de minério ou o lucro percentual, mas sim aquele que maximiza o valor presente do fluxo de caixa do projeto como um todo. Na determinação dos custos, pode-se incluir fatores de ajuste em razão do aprofundamento da mina e das variações nas operações de decapeamento do minério. Em uma análise mais completa, simula-se a lavra de todo o corpo de minério com a avaliação da REM em função do tempo (REM_t). Considerando a produção de cada período, são determinados os custos, rendimentos e o fluxo de caixa corrigido. Os retornos financeiros de cada período são descontados para refletir o valor do dinheiro no tempo, considerando-se também as diretrizes e estratégias da empresa ou corporação investidora. Essa análise geral poderá demonstrar, até de modo inequívoco, o valor da mina, para se ter uma previsão do valor que pode ser investido no negócio. Com a flutuação dos preços de venda do bem mineral, aumento dos custos de lavra e a introdução de técnicas de produção mais sofisticadas, o planejamento geral da mina e a REM total poderão mudar alterando, assim, a vida útil da mina. Por essa razão, é necessária uma reavaliação periódica do projeto de longo prazo.

Tendo sido determinados os limites finais da lavra e a REM total, o planejamento da lavra em termos do sequenciamento operacional pode ser executado. Em princípio, podem ser consideradas três metodologias, ou formas econômicas extremas, para o sequenciamento da lavra aplicando a REM. *A lavra por bancada* usa uma metodologia em que é feita a retirada descendente do minério e o decapeamento total em cada bancada. Esse método requer que cada banco de minério seja minerado em sequência e que todo o estéril em particular desse banco seja removido até os limites da cava final. A *lavra por cavas sucessivas* adota um método no qual a remoção do estéril somente é praticada em função da necessidade de liberar o próximo minério a ser lavrado. Esse método permite um máximo de benefícios nos primeiros anos, reduzindo o investimento em decapeamento antecipado do estéril. A *lavra por REM constante* tem por intuito remover o estéril a uma razão aproximada da relação estéril/minério global. Na prática atual, o melhor método aplicado a um grande corpo de minério é aquele em que se consegue uma REM baixa inicial e na direção da exaustão da mina. Nos anos intermediários da vida útil da mina, procura-se manter uma REM mais constante, sem surpresas. A principal vantagem dessa metodologia seria o bom retorno financeiro e maior lucro logo nos anos iniciais do projeto. Os trabalhos e o número de equipamentos vão aumentando, gradativamente, em virtude da maior necessidade de retirada de estéril; o máximo da capacidade de produção é atingido em um período intermediário da vida útil da mina; e há, então, uma queda gradual dos trabalhos e solicitação de equipamentos na direção da exaustão das reservas. Outra vantagem dessa metodologia é que diversas frentes de trabalho podem ser conduzidas simultaneamente, permitindo maior flexibilidade de planejamento, principalmente nos anos intermediários de maior produção.

Além da metodologia de sequenciamento de lavra, há também que se considerar as características intrínsecas da jazida, principalmente no que concerne à evolução natural da relação estéril/minério em função do aprofundamento da lavra a céu aberto projetada e do tempo. Com efeito, nas minas existem, geralmente, diversas frentes de lavra de onde se extrai minérios com diferentes características que são agrupados em proporções convenientes para atender às especificações. A escolha dessas proporções (assim como do critério geral de lavra a ser cumprido no futuro imediato) se relaciona matematicamente com uma função do tipo:

$$REM = K_1 \cdot T_m \cdot K_2 \qquad\qquad (4.1)$$

em que REM é a relação estéril/minério; T_m o teor médio do minério; e K_1 e K_2 constantes empíricas, características de cada caso ou situação concreta, sendo K_1 sempre positiva, e K_2 podendo ser positiva ou negativa. Em cada mina, a forma dessa função reflete a realidade geológica e o critério de planejamento vigente. O Quadro 4.1 contém as situações mais comuns de evolução da relação estéril/minério em uma dada mina. As situações apresentadas no Quadro 4.1 estão graficamente representadas na Fig. 4.4.

Usando os métodos manuais, a técnica consiste em determinar os limites de lavra em cada nível de operação e, pelo superposicionamento adequado desses níveis, estabelecer a configuração final procurada, em que aparecem também

Quadro 4.1 DEFINIÇÃO DOS TIPOS DE LAVRA DE ACORDO COM A EVOLUÇÃO DA RELAÇÃO ESTÉRIL/MINÉRIO (*REM*)

Casos	K_2	Condição da jazida	Tipo de lavra
1	0	Relação estéril/minério constante e independente do teor	$REM = K_1$
2	1/2	Enriquecimento do teor com decrescente cobertura de estéril	Lavra seletiva
3	1	Enriquecimento do teor com crescimento proporcional de estéril	$REM \, \alpha \, T_m$
4	2	Enriquecimento do teor com crescente volume de estéril	Lavra normal
5	-1	Empobrecimento do teor com crescente cobertura de estéril	Lavra com diluição
6	-2	Empobrecimento do teor com crescente cobertura de estéril	Alta diluição

Obs: No caso 3, REM é proporcional (α) a T_m.

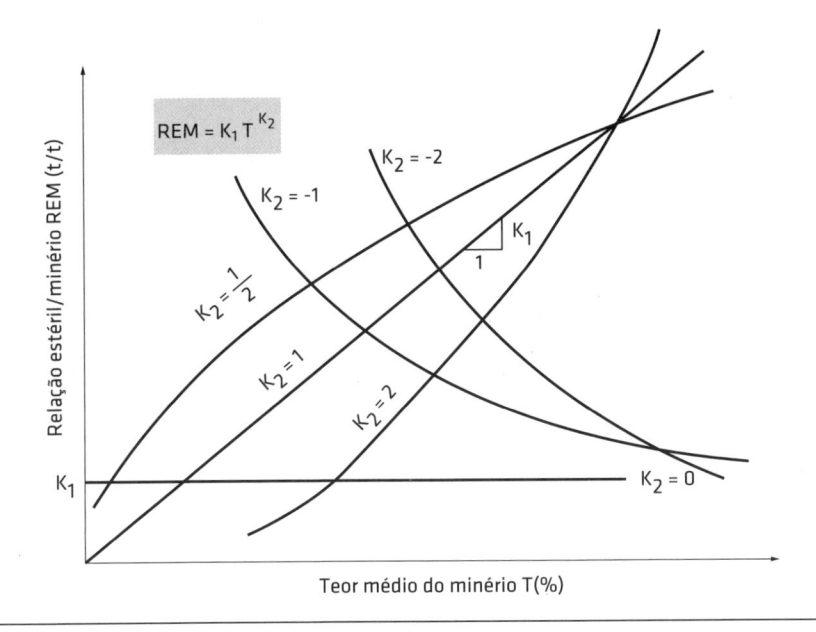

FIG. 4.4 *Curvas características da evolução da relação estéril/minério (REM) em função do aprofundamento da lavra*

Fonte: Gama (1986).

as principais vias de acesso, a praça do britador primário, as pilhas de estéril e outros elementos que, pela sua importância, mereçam ser destacados.
A configuração final, também denominada *plano de exaustão*, procura evidenciar
a configuração mais provável da mina ao fim de sua vida útil, quando estiver
exaurida a sua reserva lavrável, como ilustrado na Fig. 4.5. Uma documentação
fotográfica de cavas e operações de mina a céu aberto é apresentada no caderno
localizado após a página 160. A questão se resume, pois, em determinar os limites físicos dessa reserva lavrável e apresentá-los de tal modo que permitam, por
meio da visualização da forma que a mina irá adquirir, proceder aos cálculos dos
meios para que essa forma efetivamente ocorra.

FIG. 4.5 *Vista geral da cava em exaustão de uma mina de calcário a céu aberto na região de Confins (MG)*
Fonte: J. Miranda (acervo pessoal).

4.2 MÉTODO TRIDIMENSIONAL

O sistema computacional que opera os diferentes aspectos da modelagem
geológica e do planejamento mineiro é complexo. A complexidade aumenta
quando diferentes tipos de minérios são considerados. Dessa forma, as

tarefas de estimativa de reservas, projeto de mina e planejamento de lavra não são elementares.

A modelagem tridimensional dos depósitos minerais, jazidas e lavra de minas é feita por um processo computacional chamado popularmente de triangulação ou triangularização. Esse processo pode ser entendido como uma representação matemática altamente precisa de dados (ou pontos) dispostos em três dimensões. A triangularização é muito usada na modelagem de formas naturais, tais como: topografia, escavações mineiras, desenho de minas, estradas, feições geológicas em geral, entre outras. A modelagem de superfícies é feita normalmente por meio de modelos digitais de terreno (DTM). As superfícies podem ser modeladas como DTMs por uma malha de triângulos, criadas com base em pontos tridimensionais coletados na superfície (Henley et al., 1989 apud Tomi, 2001). Esse é um método geralmente aceito para representar superfícies e é muito usado pela indústria de *software* tipo CAD (Computer-Aided Design). Em modelagem geológica, os DTMs são utilizados principalmente na modelagem de superfícies topográficas e feições geológicas, como fraturas, falhas e juntas. Existem diversos métodos para a triangulação de um conjunto de pontos tridimensionais. Provavelmente, a triangulação de Delaunay, que permite criar malhas trianguladas praticamente otimizadas e únicas para um conjunto de pontos tridimensionais (Davis, 1986 apud Tomi, 2001), seja a mais usada. A superfície envolvente de um corpo mineral pode ser modelada como uma malha triangulada de pontos similar àquela utilizada para modelar superfícies por modelos tipo DTM. O termo em inglês para definir esse tipo de modelo é *wireframe*. Exemplificando: as poligonais fechadas, representando seções transversais do corpo mineral, podem ser ligadas por um algoritmo de triangulação automática de poligonais. Existem diversos tipos de algoritmos para esse fim e seu objetivo é produzir uma forma cilíndrica irregular cuja superfície é constituída por uma malha de triângulos. As extremidades do cilindro são fechadas também por uma malha triangulada. Uma vez criado o modelo *wireframe*, o volume definido pelo seu contorno pode ser calculado de modo preciso e eficiente. Deve-se enfatizar que os modelos tipo *wireframe* representam apenas a superfície de objetos (ou corpos minerais, no caso), e não a variação de valores (teores) ou qualquer outro atributo espacial, por meio da jazida. Para representar essas variações, são utilizados modelos de blocos (Tomi, 2001).

Até os anos 1960, as jazidas minerais eram representadas por seções contínuas, como comentado na seção 4.1. Em meados da década de 1960, os técnicos atuantes na minas de pórfiros de cobre do sudoeste norte-americano (Arizona, Novo México e Utah) decidiram discretizar seus depósitos em termos de blocos tecnológicos, com área normalmente de 50 x 50 m^2 e altura da bancada entre 10 m e 13 m. Os blocos eram, então, avaliados individualmente, segundo os atributos de interesse (Girodo, 2006). A partir daí, a representação de corpos de minério por meio de modelos de blocos em vez do tradicional modelo de representação por seções, base dos métodos manuais de desenho dos limites da lavra, possibilitou uma revolução em termos do planejamento de lavra de minas. O modelo de blocos tornou-se ferramenta imprescindível para o engenheiro de minas, notadamente com o desenvolvimento de modelos matemáticos específicos para o planejamento de lavra de minas e a evolução da informática nas últimas décadas. O uso de computadores possibilita a atualização rápida dos planos de lavra, como também permite a abordagem de um grande número de parâmetros por meio de análises econômico-financeiras de sensibilidade.

A discretização de todo o domínio da jazida em blocos tecnológicos facilita sua avaliação pelo modelo matemático. O volume de cada bloco do modelo representa a menor porção, unidade ou célula do corpo mineral a ser avaliada pelo modelo matemático. A cada uma dessas unidades, ou células, serão atribuídas todas as propriedades ou variáveis de interesse, para posterior interpretação. Segundo Gama (1986), o conceito de bloco tridimensional tem sido essencial para o tratamento computacional, visto que este constitui, simultaneamente, uma unidade de informação (que se pode armazenar, recuperar, atualizar, mapear etc.) e um volume a ser escavado (que possui teor, valor econômico e posição espacial claramente definidos na jazida), permitindo, desse modo, uma conceituação apropriada à seleção da alternativa mais lucrativa para a mineração.

Normalmente, quatro tipos básicos de arquivos de dados são requeridos para criar um modelo de blocos a ser usado pelos modelos matemáticos específicos para o planejamento de lavra de minas:

a) o *arquivo de furos de sondagem* contendo as informações das coordenadas das bocas dos furos, referenciadas a uma origem no sistema cartesiano tridimensional, a direção e inclinação dos furos e a descrição dos testemunhos de sondagem, incluindo resultados analíticos;

b) o *arquivo de composição* também com as coordenadas referenciadas dos compósitos e os valores regularizados dos resultados analíticos. Esse arquivo é sempre criado com base nos dados do arquivo de furos de sondagem;

c) o *arquivo modelo de blocos* vazio. Para definir todo o domínio ou amplitude da jazida, é necessário determinar um bloco retangular grande o suficiente para conter todo o domínio ou volume do depósito mineral a ser estudado;

d) arquivo de superfície topográfica (opcional).

Em resumo, antes de se usar qualquer aplicativo, o arquivo de furo de sondagem deve ser criado pelo usuário. O arquivo de superfície topográfica é também criado pelo usuário. Com base no arquivo de furo de sondagem, cria-se o arquivo de composição, da mesma forma que, com base no modelo de blocos vazio (em branco) e no arquivo de composição (com ou sem o arquivo de superfície topográfica), é obtido o modelo de blocos que deve ser, então, preenchido com os atributos de interesse. Os elementos necessários para preencher o modelo de blocos podem ser obtidos com base nas informações coletadas no banco de dados geológicos, como indicado na Fig. 4.2 e nos arquivos citados. Os dez passos sugeridos para a criação de um modelo de blocos são os seguintes (Curi et al., 2013; Curi; Ortiz, 2012):

1. Criar um arquivo de dados de furo de sondagem contendo: as coordenadas da boca dos furos de sondagem da prospecção ou pesquisa mineral, as direções dos furos, a inclinação dos furos e os resultados analíticos para cada furo de sondagem executado no depósito em avaliação ao longo da profundidade do furos;

2. Imprimir a localização dos furos de sondagem em um mapa de situação da mina;

3. Imprimir seções verticais convenientemente espaçadas para examinar a localização provável da lavra;

4. Decidir a origem do modelo de blocos, o tamanho e a localização dos blocos e o modelo de trama ou *grid*. Os blocos do domínio podem ser de vários tamanhos e formas, como representado na Fig. 4.6. A espessura (Bz) dos blocos é usualmente a altura do banco operacional de lavra ou um submúltiplo dele. A largura (Bx) e a extensão (By) do bloco são arbitrariamente escolhidas (normalmente uma igual à outra), mas, usualmente, o tamanho do bloco em planta não deve ser muito menor do que 1/4 do espaçamento da malha utilizada na exploração mineral. A localização do *grid* pode ser decidida examinando o mapa em planta e as diversas seções, como no caso da lavra pelo método manual, e locando o modelo de blocos ou o *grid* correspondente de tal forma que toda a área da prová-

vel cava seja englobada. O dimensionamento do bloco unitário deve levar em conta, também, as características da mineralização e a quantidade de informações disponíveis. O tamanho do bloco também se relaciona com a quantidade e qualidade das informações disponíveis para a estimação das variáveis de interesse.

5. Criar os arquivos de composição com base nos arquivos de furos de sondagem. Os arquivos de furos de sondagem contêm, usualmente, valores das análises das amostras de testemunhos de comprimentos variados. Para estimar os valores dos blocos, as análises das amostras devem ser regularizadas. É comum, em lavra a céu aberto, escolher-se um comprimento do compósito equivalente à altura do banco de lavra de tal forma que o ponto médio do compósito coincida com o centro do bloco.

6. Criar o arquivo da superfície topográfica. Tal arquivo é opcional. O modelo de blocos pode ser criado com ou sem o uso das elevações da superfície;

7. Designar valores para os blocos. Na designação do teor dos blocos, os métodos de avaliação convencionais ou geoestatísticos são empregados;

8. Criar mapas no plano horizontal e seções verticais por meio do modelo de blocos para serem usados no planejamento proposto;

9. Designar valores econômicos para os blocos. Com base no teor estimado dos blocos e das receitas e custos de lavra e beneficiamento do minério, um valor econômico para cada bloco é designado, utilizando-se, para isso, uma função benefício;

10. O modelo de blocos com os valores econômicos estimados será, então, usado para calcular os limites da lavra, adotando os modelos matemáticos específicos para o planejamento de lavra de minas.

A posição geométrica de cada bloco é fixada em relação a um sistema de coordenadas apropriado (Fig. 4.6). A cada bloco, são atribuídas informações relativas a geologia, geotecnia, valor dos produtos e custos. Há diversos tipos de modelos de blocos, mas o mais comum é o modelo de blocos tridimensional. Esse modelo é comumente chamado de modelo tecnológico de blocos. Sua principal característica é a similaridade entre os blocos, os quais possuem mesma dimensão e forma. Ao longo da lavra, é possível a subdivisão dos blocos em massas menores, ou seja, a discretização dos blocos; mas ressalta-se que esse procedimento não aumenta a precisão das informações. A atribuição dos valores, a cada bloco, pode ser feita por meio das várias técnicas de interpolação já mencionadas,

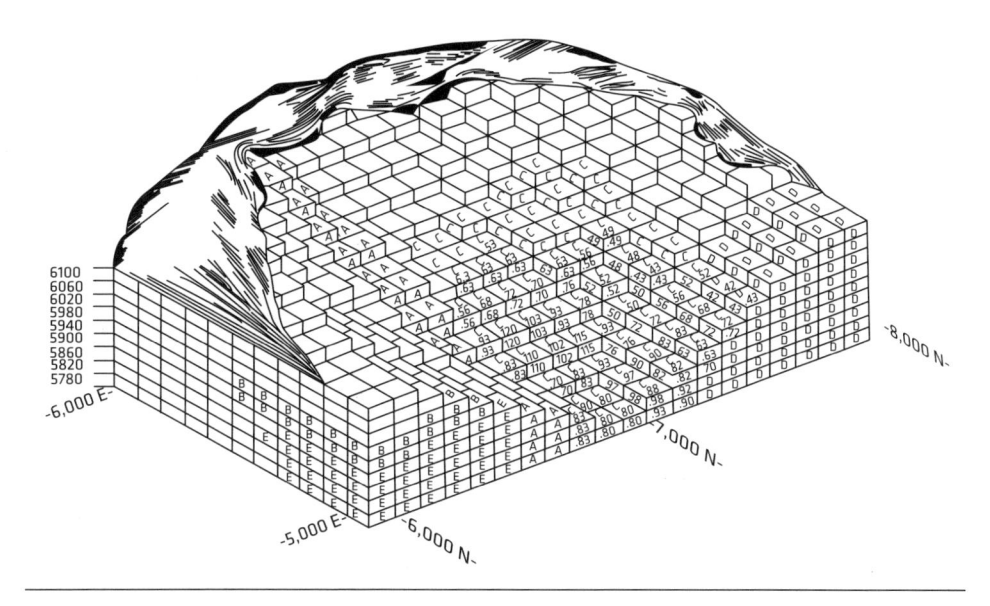

FIG. 4.6 *Exemplos de blocos de lavra e sua orientação no espaço. Modelo de blocos tridimensionais em que a mina pode ser dividida para facilitar o processo de planejamento computadorizado de lavra*

Fonte: Crawford e Davey (1979).

entre elas, o método dos polígonos ou áreas de influência, os métodos do inverso da distância ou a krigagem.

O modelo de blocos é, portanto, a base para a grande maioria dos projetos de cava desenvolvidos por computador.

A otimização tem por objetivo maximizar o valor da reserva mineral e este é o maior desafio do planejamento: encontrar uma coleção de blocos Bi que forneça o valor máximo possível, observando as restrições impostas pelo projeto.

Otimizar uma cava consiste, essencialmente, em encontrar o máximo da função expressa pela Eq. 4.2 no domínio D do depósito mineral sujeita a restrições ou constrangimentos geométricos e econômicos, como ilustrado na Fig. 4.1.

$$\int_D B(x, y, z)\, dx \cdot dy \cdot dz \tag{4.2}$$

Uma vez que o modelo do depósito é discreto, pois tem um número finito e inteiro de blocos, o problema passa a ser otimizar a função discreta, constrangida:

$$\sum_{D} Bi \qquad\qquad (4.3)$$

em que Bi é o benefício associado ao bloco i, com os mesmos constrangimentos que D.

Desse modo, o valor econômico de cada bloco é de fundamental importância no planejamento de lavra. Em termos econômicos, o benefício de cada bloco, dentro do domínio, pode ser calculado considerando:

a) receita (R) = valor da porção recuperável e vendável do bloco;
b) custos diretos (CD) = custos que podem ser atribuídos diretamente ao bloco (ex.: custos de perfuração, desmonte, carregamento e transporte);
c) custos indiretos (CI) = custos totais que não podem ser alocados individualmente a cada bloco. Tais custos são dependentes do tempo (salários, custos de pesquisa, manutenção).

Considerando-se esses parâmetros de custo, o valor econômico do bloco (VEB) pode ser definido como:

$$VEB = R - CD \qquad\qquad (4.4)$$

Nessa fórmula, o lucro e o prejuízo ainda não foram considerados para o cálculo do valor econômico do bloco. Para determinar o lucro ou o prejuízo, é necessário deduzir também os custos indiretos (CI) originando a relação:

$$Z = \sum (VEB) - CI \qquad\qquad (4.5)$$

Blocos de estéril de uma mina sempre representam VEB negativo, pois o resultado do bloco não apresenta nenhuma receita. Blocos de minério e blocos contendo minério e estéril podem apresentar VEB menor, igual ou maior do que zero, dependendo da quantidade e qualidade do material neles contido.

Assim, qualquer critério de escolha para a otimização da cava deve sempre considerar:

$$M\acute{a}ximo \; Z = \sum_{D} Bi \qquad\qquad (4.6)$$

Todas as informações e condicionantes para o projeto da cava devem ser adicionados ao modelo de blocos, entre elas:

a) distribuição de teores, por variáveis, para todo o depósito;
b) função benefício, abrangendo todos os custos próprios a cada bloco;
c) características geotécnicas das rochas;
d) recuperação metalúrgica;
e) preço de venda.

Para se alcançar esse máximo, há que se considerar todas as *restrições* existentes, como aquelas em virtude da análise de estabilidade dos taludes (por meio dos estudos geotécnicos), do método de lavra indicado, da presença de áreas de preservação permanente e ações de recuperação ambiental e de interesse da comunidade.

Para a determinação do valor econômico dos blocos, geralmente, define-se uma função benefício baseando-se em constantes e equações matemáticas, como as apresentadas no Quadro 4.2, que representa os dados a serem preenchidos para uma mina hipotética. As constantes (C2 a C8) contêm os custos em unidades monetárias (UM\$) por tonelada característicos do minério lavrado, beneficiado e processado, assim como o preço do produto final. As fórmulas F1 a F6 relacionam

Quadro 4.2 PARÂMETROS DA FUNÇÃO BENEFÍCIO E EQUAÇÕES RELACIONADAS

Constante		Valor (t/m3)
Peso específico do material	C1	
Constante (Custos)		**Custo (UM\$/t)**
Lavra e transporte	C2	
Lavra e transporte adicional (UM\$/nível)	C3	
Administrativos	C4	
Moagem e beneficiamento	C5	
Constante		**Valor**
Recuperação na lavra e beneficiamento	C6	
Constante		**Custo (UM\$/t)**
Custo de refino ou preparação do concentrado	C7	
Constante		**Preço (UM\$/t)**
Valor do produto final ou concentrado	C8	
Fórmulas		
Toneladas por bloco (t/bloco)	F1	$Bl \cdot Bc \cdot Bh \cdot C1$
Custo de lavra/bloco (UM\$/bloco)	F2	$((K-1) \cdot C3 + C2 + C4) \cdot F1$
Conteúdo mineral (t/bloco)	F3	$T/100 \cdot F1 \cdot C6$
Valor do mineral (UM\$/bloco)	F4	$(C8 + C7) \cdot F3$
Valor se processado (UM\$/bloco)	F5	$C5 \cdot F1 + F2 + F4$
Valor do bloco (UM\$/bloco)	F6	F2 ou F5 >

os diversos custos e receita, obtendo-se o valor final do bloco, representado pela equação F5. Nos cálculos e fórmulas a seguir, consideram-se também as dimensões do bloco (Bl, Bc e Bh), ou seja, largura (l) do bloco, comprimento (c) do bloco e altura (h) do bloco, o teor do elemento químico de interesse no mineral-minério T, a unidade monetária usada ($UM\$$) e o valor K, que corresponde ao nível ou banco de lavra em que o bloco em análise está situado. Aos blocos na superfície ou aflorantes, é dado o valor de $K=1$ e assim sucessivamente, até se atingir o fundo da cava. Excepcionalmente, o valor da constante C3 corresponde ao acréscimo no custo de lavra e transporte (C2), em função do aprofundamento da mina. A constante C6 não representa um parâmetro de custo, mas corresponde à recuperação do mineral-minério na lavra e no beneficiamento.

A equação F6 compara o valor do bloco beneficiado com o valor do custo de lavra do mesmo bloco não processado e enviado para a pilha de estéril. Se o bloco tiver mesmo que ser retirado, o valor escolhido deverá ser o maior (ou o menos negativo), ao se comparar os resultados da aplicação das equações F2 e F5.

4.3 MÉTODOS COMPUTACIONAIS PARA A DEFINIÇÃO DOS LIMITES DA LAVRA

Como comentado, até os anos 1960 os limites da lavra eram traçados manualmente. Entretanto, a partir de 1964, diversos métodos de definição dos limites da lavra foram aparecendo e sendo aperfeiçoados gradativamente em razão, principalmente, da evolução da Informática e da Geomatemática. Isso foi possível porque foram desenvolvidos algoritmos específicos para a mineração, aplicando sobretudo as técnicas de simulação e programação dinâmica. Várias metodologias são hoje disponíveis para serem utilizadas para a obtenção da cava final. O Quadro 4.3 lista os métodos clássicos para a obtenção da cava final e o período em que foram desenvolvidos.

Os métodos de otimização de cavas por processos automáticos podem ser matematicamente divididos em duas classes:

* 1ª classe: métodos heurísticos, que correspondem a algoritmos não exatos, porém capazes de chegar a soluções próximas da solução ótima, não obstante serem inábeis para atingi-la;
* 2ª classe: métodos matematicamente exatos, correspondendo àqueles que efetivamente atingem o ótimo funcional, não dando margens a discussões.

Quadro 4.3 MÉTODOS PARA A OBTENÇÃO DOS LIMITES DA LAVRA

Autor	Manual	Simulação	Programação linear	Programação dinâmica	Teoria dos Grafos	Parametrização
Axelson (1964)		X				
Lerchs e Grossman (1965)				X	X	
Pana (1965) (Cones móveis)		X				
Meyer (1966)			X			
Erikson (1968)	X					
Fairfield e Leigh (1969)		X				
Johnson e Sharp (1971)				X		
Francois-Bongarçon e Marechal (1976)						X
Lee e Kim (1979)		X				
Koenigsberg (1982)				X		
Wilke e Wright (1984)				X		
Shenggui e Starfield (1985)				X		
Wright (1987)				X		

Fonte: Wright (1990).

Entre os diversos métodos citados no Quadro 4.3, têm se destacado pelo uso mais frequente os seguintes:

* a técnica dos cones móveis, desenvolvida por Pana;
* o algoritmo de Lerchs e Grossman (L&G), desenvolvido por esses engenheiros canadenses e fundamentado na teoria geral da otimização de processos discretos, em particular na teoria dos grafos/programação dinâmica.
* a análise convexa ou parametrização do contorno final da cava, algoritmo criado por Matheron, em 1975, que teve sua implementação prática realizada por François Bongarçon e colaboradores na Escola de Minas de Paris.

Para a modelagem da cava por métodos computacionais, utiliza-se um programa, selecionado entre os mencionados no Quadro 4.3, e um modelo de blocos retangulares subdividido em diversos blocos menores, como ilustrado na Fig. 4.6. Muitos desses blocos não podem de ser retirados (lavrados), porque eles não ficam dentro do limite de cava possível. O programa de modelagem da cava selecionado impõe diversas restrições ao modelo de blocos, ou dados de entrada do programa, só permitindo a lavra (retirada) dos blocos que estejam dentro do limite de cava otimizado. Os blocos do modelo que estiverem fora de um certo limite da cava (cava final) não são considerados, nem mesmo abrangidos, nos cálculos da função benefício.

Geralmente, quatro tipos de restrições ou constrangimentos para o limite de cava são considerados:

* limite geométrico definido pela superfície topográfica;
* limites geométricos definidos pela inclinação dos taludes;
* limites definidos pela união de todos os cones positivos;
* limite definido por outras técnicas de otimização, como destacado no Quadro 4.3;

A seguir, será explicada cada restrição para os limites de cava e como esses limites são controlados.

a) *Superfície topográfica*

A superfície topográfica é determinada com base no arquivo da superfície topográfica, lido depois do modelo de bloco ser criado. A superfície topográfica pode ser também automaticamente recriada, quando o arquivo modelo de bloco é lido. O bloco não é, então, considerado nos cálculos e é excluído do modelo quando mais do que a metade do volume dele está acima da superfície topográfica conhecida, ou seja, quando o bloco está no ar. Quando a restrição superfície topográfica está acionada, os blocos acima da superfície são retirados. Os blocos que tenham sido retidos não são exibidos na janela de dados, nem incluídos nos cálculos.

b) *Limite geométrico da cava e inclinação da cava*

O limite geométrico da cava é definido pela superfície topográfica e inclinação geral da cava, ou ângulo geral de talude. Esse limite representa a maior cava que é fisicamente possível, considerando um dado modelo de blocos, mas ainda sem abranger os aspectos econômicos.

A inclinação da cava pode ser definida em termos de números máximos de blocos (n) que podem ser lavrados na direção descendente, depois de se remover um bloco na horizontal.

A inclinação pode ser determinada pela razão 1:n. Note que o ângulo de inclinação da cava (em graus) será determinado pela dimensão do bloco, uma vez que a razão 1:n somente considera o número de blocos na horizontal e na vertical. A inclinação da cava poderá ser, assim, definida para os diversos setores da mina considerada.

Quando a inclinação dos taludes é mudada, as restrições da cava, referentes à sua geometria são automaticamente atualizadas. Assim, uma mudança na inclinação dos taludes poderá alterar toda a cava.

c) *Limite dos cones positivos*

A técnica dos cones positivos é executada por programas que projetam a cava considerando os valores econômicos atribuídos aos blocos por uma função benefício (como representado no Quadro 4.2). Essa cava é resultante da união de todos os cones para os quais os valores econômicos sejam positivos. Esses cones são projetados de forma que sejam compatíveis com o ângulo geral de talude da cava. Além disso, os cones positivos não podem estender-se para além do limite geométrico admissível para a cava considerada.

A cava definida por essa técnica pode ser entendida como uma fronteira, um limite, para uma cava econômica ótima. Os blocos que se situarem fora desse limite não serão considerados em qualquer análise posterior de limite econômico de cava.

d) *Limite definido por outras técnicas de otimização, como o limite do cone flutuante tridimensional*

O método do cone flutuante é reconhecido como um método alternativo para a geração do limite final de cava econômica. Os algoritmos do método dos cones flutuantes geralmente requerem menos memória, se programados corretamente, sendo executados muito rapidamente. Tal algoritmo pode levar apenas alguns segundos para encontrar o limite da cava econômica. O problema com o algoritmo do cone flutuante é que ele pode não encontrar a cava de valor ótimo. Isso resulta do fato de que os limites de cava são determinados pela união de todos os cones positivos na cava. O modelo de blocos não é considerado em sua totalidade. A Fig. 4.7 mostra um diagrama de fluxo do método dos cones flutuantes.

4.3.1 A técnica dos cones flutuantes

Considerando a seção do modelo de blocos discretizada em blocos tecnológicos e com os respectivos valores econômicos, os princípios envolvendo a determinação do contorno da cava pela técnica do cone flutuante, esquematizados na Fig. 4.7, podem ser descritos em cinco passos:

1. O cone é flutuante da esquerda para a direita ao longo do nível superior dos blocos na seção. Se há um bloco positivo, ele é removido;

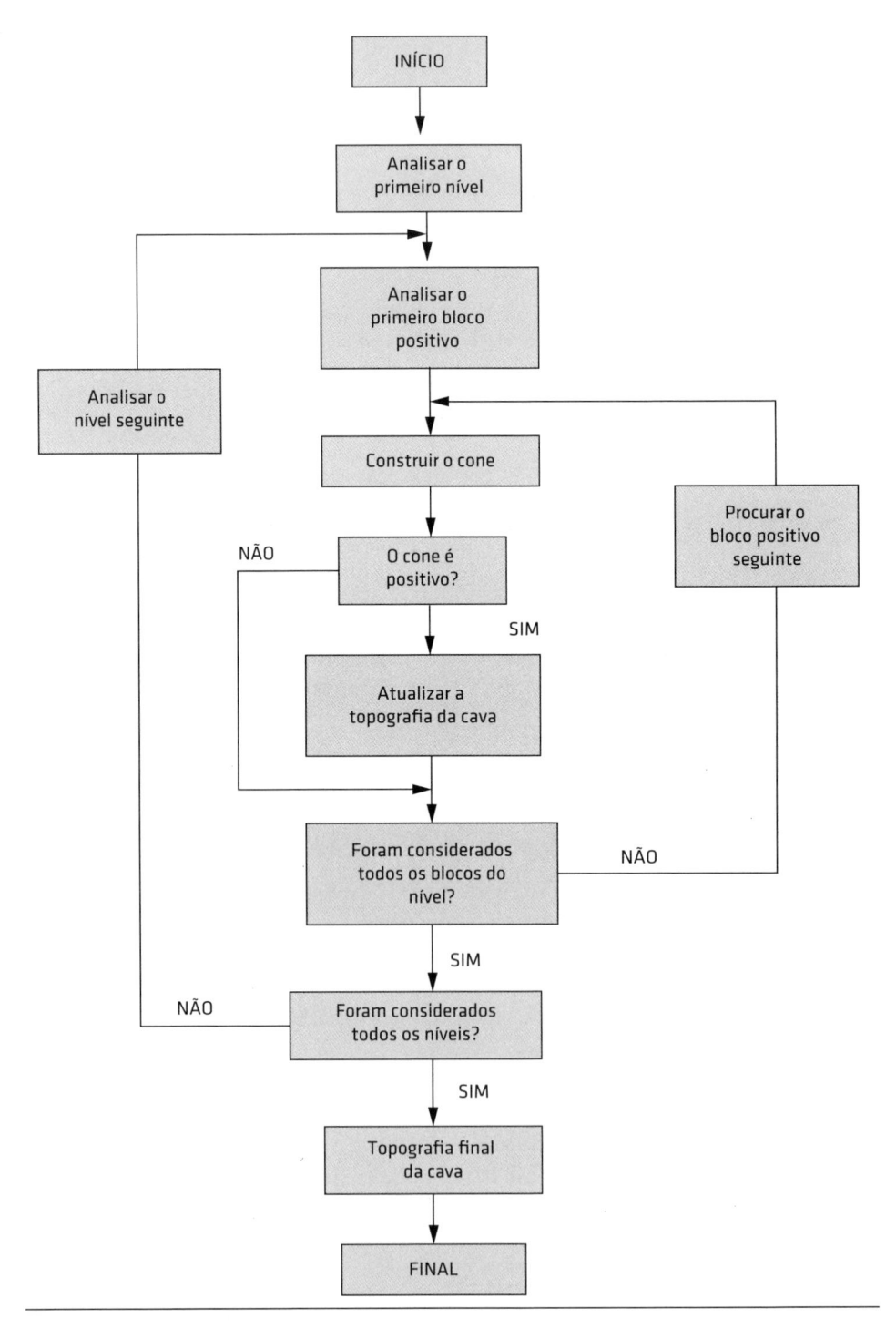

Fig. 4.7 *Diagrama do fluxo do método dos cones flutuantes*

2. Depois da travessia da fileira superior, o vértice do cone é movido para a fileira subjacente. Partindo do lado esquerdo, ele flutua da esquerda para a direita parando quando encontra o primeiro bloco positivo. Constrói-se o cone. Se a soma de todos os blocos incluídos dentro do cone é positiva (ou zero), esses blocos são removidos (lavrados). Se a soma é negativa, os blocos são deixados, e o cone flutuante passa para o próximo bloco positivo nessa linha. Esse processo de soma e remoção ou abandono dos blocos é repetitivo;

3. O processo de avanço, regra *top-down*, com o cone flutuante se movendo da esquerda para a direita e de cima para baixo da seção continua, até que mais nenhum bloco possa ser removido;

4. A lucratividade para a seção é encontrada pela somatória dos valores dos blocos removidos.

5. A razão estéril/minério na seção pode ser determinada pela razão entre número de blocos negativos e o número de blocos positivos.

Para se obter a cava tridimensional, com base nos limites das seções bidimensionais obtidas pela técnica dos cones flutuantes a duas dimensões, é necessária a suavização dos limites da cava. Considerando que os limites nas seções tenham sido alcançados, a prática de suavização é, então, empregada para adequar as seções ao modelo de cava tridimensional. A metodologia proposta, segundo o diagrama de fluxo apresentado na Fig. 4.7, deverá ser repetida em sucessivas seções, a distâncias convenientemente ajustadas, para que o efeito tridimensional possa ser alcançado. Assim, para que, a partir das seções bidimensionais, a cava tridimensional seja projetada, a suavização das seções consecutivas é requerida. Entretanto, segundo Wright (1990), esse processo de suavização não é necessário, se for usado o algoritmo dos cones flutuantes tridimensionais, que garante a suavização, sem a necessidade de ajustes. Apesar de garantir a suavização da cava, o método dos cones flutuantes tridimensionais pode não garantir a sua otimização, principalmente por dois motivos (Barnes, 1982 apud Revuelta; López Jimeno, 1997):

a) como os blocos positivos são analisados individualmente, cones negativos com base em blocos de valor positivo são gerados, normalmente, e não retirados. Entretanto, a união de cones adjacentes nessa situação pode originar um cone positivo;

b) o fato de um cone ser positivo, por si só, não implica sua retirada, porque outra opção de lavra, que, por exemplo, use um cone menor e, possivelmente, com menos estéril, pode ser mais rentável.

A Fig. 4.8A mostra uma seção com os valores econômicos líquidos dos blocos. Os blocos são equidimensionais e o ângulo de inclinação do talude geral da cava é de 45°.

Para exemplificar, a técnica dos cones flutuantes foi aplicada às seções mostradas na Fig. 4.8A. Há quatro blocos positivos no modelo e portanto, há quatro cones correspondentes que devem ser avaliados. Usando a regra *top-down*, o bloco da linha 1, coluna 6 iniciará a procura. Assim, como não há nenhum bloco sobrejacente, o valor do cone é o valor do bloco (1,6). O valor é positivo, então o bloco é lavrado (Fig. 4.8B).

O próximo cone incremental é aquele definido pelo bloco da linha 2, coluna 4. O valor desse cone é –1–1–1+4 = +1. Esse valor é positivo, então o cone é removido (lavrado) (Fig. 4.8C).

Para o cone definido pelo bloco de linha 3, coluna 3 o valor é –1–1–2–2+7 = +1. Novamente o valor é positivo, logo esse cone é removido (lavrado) (Fig. 4.8D).

Finalmente, o valor do bloco do cone incremental definido pelo bloco da linha 3, coluna 4 é –2+1 = –1. O valor desse cone é negativo, então ele não é removido (Fig. 4.8E).

O valor total da cava é –1–1–1–1–1+2–2–2+4+7 = +4. A Fig. 4.8F demonstra a cava final.

A relação estéril (E)/minério (M) geral para a seção será: E/M = 7/3.

-1	-1	-1	-1	-1	+2	-1
	-2	-2	+4	-2	-2	
		+7	+1	-3		

valor do bloco

Fig. 4.8a *Modelo de bloco para o exemplo*

-1	-1	-1	-1	-1	+2	-1
	-2	-2	+4	-2	-2	
		+7	+1	-3		

valor do bloco

Fig. 4.8b *Primeiro cone incremental*

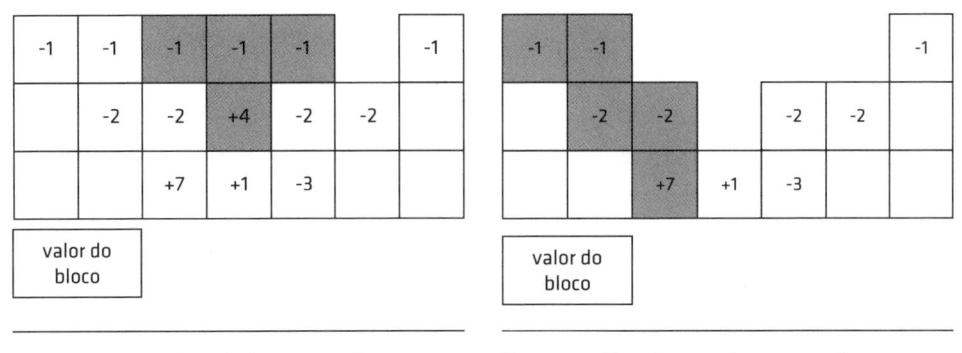

FIG. 4.8C *Segundo cone incremental*

FIG. 4.8D *Terceiro cone incrementral*

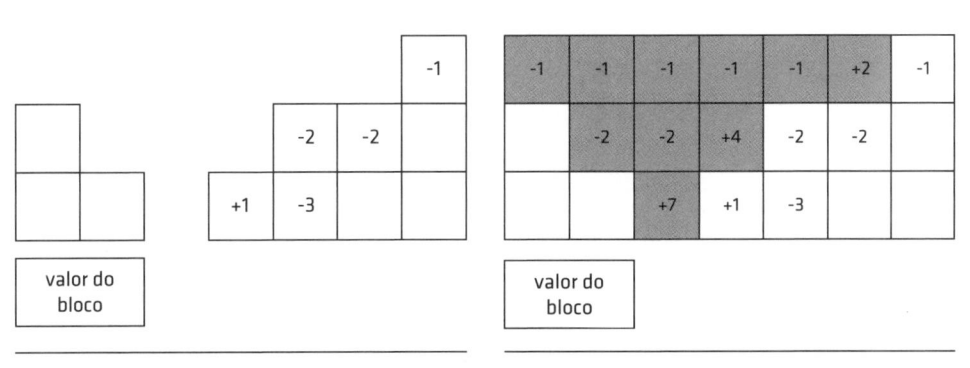

FIG. 4.8E *Quarto cone incremental*

FIG. 4.8F *Cava final resultante da união dos cones positivos com os valores econômicos dos blocos*

4.3.2 As técnicas de programação dinâmica

Entre os diversos métodos para a obtenção dos limites da lavra listados no Quadro 4.3, os que mais prosperaram nas últimas décadas foram a técnica dos cones móveis, já referida, e a técnica baseada no algoritmo de Lerchs e Grossmann. Tais técnicas têm sido adotadas preferencialmente como alternativas práticas para a otimização manual e computadorizada de projetos de lavra. A seguir, são apresentados os procedimentos básicos do método de otimização aplicando o algoritmo de Lerchs e Grossmann a uma jazida discretizada em blocos tecnológicos de lavra. Os passos fundamentais do algoritmo, que é baseado na aplicação da teoria dos grafos (Boaventura Netto, 2006), são mostrados relacionando as equações pertinentes aos blocos de lavra e por meio de exemplos com ilustrações e dados numéricos.

1. Uma vez discretizada a jazida em blocos tecnológicos propriamente avaliados, para cada bloco (i,j), define-se a quantidade:

$$m_{ij} = v_{ij} - c_{ij} \qquad (4.7)$$

Na verdade, trata-se de um verdadeiro benefício de cada bloco por si só.

2. Calcula-se o valor M_{ij} acumulado para cada coluna considerada, ou seja:

$$M_{ij} = \sum_{k=1}^{i} m_{kj} \qquad (4.8)$$

3. Procura-se o caminho ótimo que representa o contorno da cava para a seção considerada e, na procura desse caminho, usam-se as relações adiante:

$$P_{0j} = 0 \rightarrow \text{primeira linha zerada}$$
$$P_{ij} = M_{ij} + máx_k \{(P_{i+k,j-1})\}, \text{ com: } k = -1, 0, +1 \qquad (4.9)$$
$$P_{máx} = máx_k P_{ik}$$

A otimização está, assim, garantida, sendo preciso notar que:

* P_{ij} representa a contribuição máxima possível das colunas 1 a j, para qualquer *pit* viável que contenha o elemento (i,j);
* a partir do bloco de maior valor positivo da primeira linha P_{ij}, percorre-se o caminho selecionado, da direita para a esquerda, para se obter a cava ótima;
* com a junção de seções e ajustes manuais, é possível obter a cava final ótima a 3D;
* a relação é válida para ângulos de talude da cava de 45° (1:1).

A Fig. 4.9A mostra uma seção vertical de um modelo de blocos equidimensional com os valores econômicos dos blocos M_{ij}, com a qual se pretende ilustrar a aplicação do algoritmo de Lerchs e Grossmann. Na Fig. 4.9B, tem-se a matriz M_{ij} dos valores dos blocos acumulados, enquanto a Fig. 4.9C apresenta os valores P_{ij}. A cava final otimizada é apresentada na Fig. 4.9D e seu valor é de +1, como pode ser verificado.

O uso do ângulo de talude de 45° (1:1) é uma simplificação. O processo de otimização está condicionado, logicamente, à escolha dos ângulos de talude da cava. Mudanças nos ângulos de talude requerem modificações no número de combinações para seleção dos blocos.

-1	-2	-1	-2	-1	-1	-1	-1
	-2	-2	-2	-1	-2	-1	
		+12	-2	-4	+9		

FIG. 4.9A Seção de jazida discretizada em blocos tecnológicos de lavra com os valores econômicos

0	0	0	0	0	0	0	0	0	0
	-1	-2	-1	-2	-1	-1	-1	-1	
		-4	-3	-4	-2	-3	-2		
			+9	-6	-6	+6			

FIG. 4.9B Seção anterior com os valores acumulados M_{ij} e a primeira linha acrescida de zeros

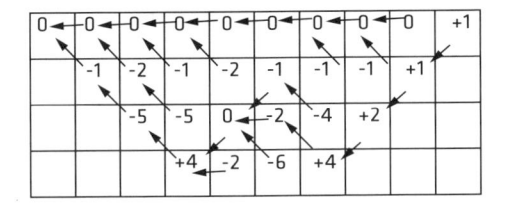

FIG. 4.9C Seção anterior com os valores calculados para P_{ij} segundo a Eq. 4.9

-1	-2	-1	-2	-1	-1	-1	-1
	-2	-2	-2	-1	-2	-1	
		+12	-2	-4	+9		

FIG. 4.9D Cava final otimizada com os valores econômicos originais dos blocos

Exemplificando, para o caso em que a relação vertical/horizontal seja de 2:1, com o caminho a ser percorrido da esquerda para a direita, tem-se a seguinte relação:

$$P_{ij} = M_{ij} + Máx \begin{cases} P_{i-2,j-1} \\ P_{i-1,j-1} \\ P_{i,j-1} \\ P_{i+1,j-1} \\ P_{i+2,j-1} \end{cases}$$

(4.10)

em que os valores de P, M e M_{ij} seguem as definições anteriores.

É evidente que o(s) ângulo(s) de talude será(ão) determinado(s) por condicionamentos geomecânicos e de projeto. O modelo de programação dinâmica mais completo e que leva em consideração múltiplos ângulos de talude pode ser representado pelas seguintes relações:

$$M_{ij} = \sum_{n=0}^{i} m_{nj}$$
$$P_{ij} = M_{ij} + Máx \left\{ P_{i+r,j-1} \right\}$$

(4.11)

com j = 1, 2, (...) e $r = -n_{ac}, -n_{ac} + 1, (...) n_{ab}$

em que:

M_{ij}, m_{ij} e P_{ij} seguem as definições anteriores;

r = limite do talude da coluna vizinha;

n_{ac}, n_{ab} = o número máximo de blocos acima (ac) e abaixo (ab) do bloco (i,j) que poderiam ser lavrados junto com este, considerando as restrições impostas pelo ângulo de talude adotado.

Para se obter a cava tridimensional com base nos limites das seções bidimensionais, é necessária a suavização dos limites da cava. Considerando que os limites ótimos nas seções tenham sido alcançados, a prática de suavização é, então, empregada para adequar as seções ao modelo de cava tridimensional. O algoritmo de programação dinâmica de Lerchs e Grossmann bidimensional (2D) tem, como a grande maioria das técnicas bidimensionais, seu maior problema na complexidade e no notável esforço que se deve realizar para suavizar o fundo da cava. Assim, para assegurar que as seções, nas diferentes direções, possam unir-se umas às outras, o método considera as duas dimensões de forma independente, não possibilitando nenhuma garantia de que uma seção apresente um desenho compatível geometricamente com a seguinte. Além disso, a suavização que se pode realizar para conseguir a desejada tridimensionalidade jamais gerará uma solução ótima (Johnson; Sharp, 1971 apud Revuelta; López Jimeno, 1997 e apud Wright, 1990). Existem diferentes opções para solucionar esse problema. Uma delas é recorrer ao algoritmo de Lerchs e Grossmann tridimensional (3D). A outra é optar por algoritmos que, sem possuir o caráter tridimensional, proporcionem uma solução que acrescente, ao menos parcialmente, uma tridimensionalidade ao problema. Um exemplo é o algoritmo denominado por Barnes (1982) como 2½ D desenvolvido por Johnson e Sharp (1971) (Revuelta; López Jimeno, 1997). Esse algoritmo procura obter o efeito tridimensional desejado ao combinar as duas dimensões das seções originais com a terceira dimensão definida pelas seções longitudinais. Koesnigsberg (1982 apud Wright, 1990) desenvolveu um algoritmo que é considerado realmente de programação dinâmica tridimensional para o cálculo do limite da cava final. Esse algoritmo usa um otimizador, que é tido como eficaz e rápido, e atua sobre um conjunto fixo de suposições ou restrições. Como qualquer algoritmo de programação dinâmica, o algoritmo de Koesnigsberg é também cíclico e possui um grau de conformidade própria muito elevado. É preciso, entretanto, atentar ao fato de que os ângulos de talude da cava, em seus diversos setores, devem ser consistentes entre si e segundo a geometria dos blocos. Diferentemente do caso bidimensional, proposto por

Lerchs e Grossmann, que considera como vizinhos próximos apenas os blocos da coluna na direção anterior ao bloco em análise, no caso tridimensional, os blocos vizinhos a considerar correspondem a quatro colunas (Fig. 4.10) segundo a fórmula de recorrência (Eq. 4.12), as quais podem exercer influência no caminho dinâmico a ser percorrido pelo algoritmo:

$$P_{ijk} = M_{ijk} + Máx \begin{cases} P_{Si,j-1,k} \\ -P_{SBS(Si),j-1,k-1} + P_{BSi,j-1,k-1} \\ -P_{S(BSi),j,k-1} + P_{SBSi,j,k-1} \\ -P_{S(SBSi),j+1,k-1} + P_{SSBSi,j+1,k-1} \end{cases} \qquad (4.12)$$

S_i na coluna $(j-1, k)$ = ao lado de i;
BSi na coluna $(j-1, k-1)$ = atrás do lado de i;
SBS_i na coluna $(j, k-1)$ = do lado de trás do lado de i;
$SSBS_i$ na coluna $(j+1, k-1)$ = do lado do lado de trás do lado de i.

em que:
P_{ijk} = valor ótimo da cava, considerando que o bloco B_{ijk} é o último bloco a ser analisado;
M_{ijk} = valor M_{ij} acumulado para cada coluna considerada;
P_{ijk} = Valores dos vizinhos do bloco B_{ijk}, com localização segundo a fórmula de recorrência da Eq. 4.12 (vide Fig. 4.10).

P_{ijk} representa a contribuição máxima possível das colunas vizinhas para qualquer pit viável que contenha o elemento (i,j,k). A partir do bloco de maior valor positivo P_{ijk} do primeiro nível, segue-se o caminho dinâmico descendente selecionado segundo o cone minerador para se obter a cava tridimensional. Essa relação é válida apenas para ângulos de talude da cava de 45° (1:1).

Segundo Wright (1990), o algoritmo de Koesnigsberg apresenta um problema de degeneração em razão do uso dos incrementos bidimensionais, M_{ijk}, que proporcionam a extensão (ou alargamento) progressivo do pit, até atingir-se o pit final. Isso pode levar a situações em que blocos selecionados nas quatro colunas vizinhas sejam incompatíveis em termos de ângulos de talude. Para contornar tal problema, Wilke e Wright (1984) propuseram um aperfeiçoamento do algoritmo de Koesnigsberg, condicionando os incrementos a cones mínimos de remoção em cada bloco. A técnica dos cones mínimos de remoção aplica a metodologia

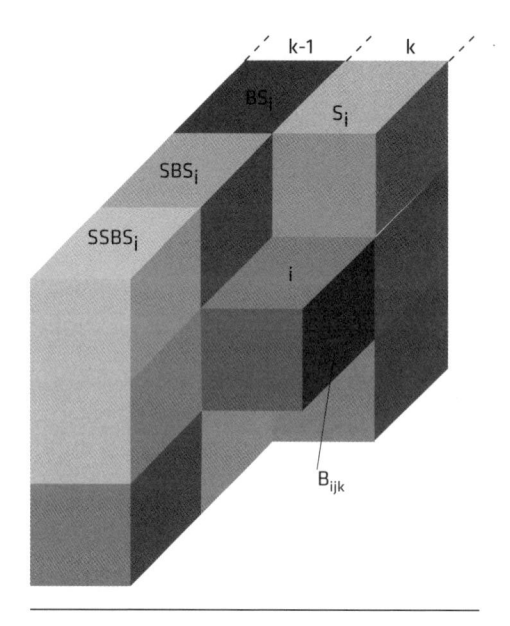

FIG. 4.10 *Blocos vizinhos do bloco B_{ijk} a considerar na fórmula de recorrência da Eq. 4.12*

Fonte: Wrigth (1990).

dos cones móveis flutuantes, já explicitada, na programação dinâmica. O algoritmo de Wilke e Wright (1984) seria, então, efetivamente um híbrido, um algoritmo de cone dinâmico. O problema de programação dinâmica tridimensional é equivalente ao problema de programação linear, cujo objetivo da função P_{ijk} é definido por $P_{ijk} = máx \sum B_{i'j'k'}$, em que Bi é o benefício associado ao bloco i no domínio D do depósito mineral, sujeito às restrições impostas ao modelo de blocos. Deve-se salientar que os *verdadeiros* limites de cava são aqueles que maximizam o valor líquido presente da cava sob condições econômicas específicas, o que não é garantido por nenhuma das técnicas anteriormente mencionadas. Para isso, seria necessária uma análise econômica de sensibilidade que refletisse o valor do dinheiro no tempo.

4.4 A INFORMÁTICA E O PLANEJAMENTO DE MINA

É notório que a informática ocupe espaço em todas as áreas do conhecimento, a ponto de se tornar indispensável para o bom desempenho e eficiência até mesmo de nossas tarefas mais simples. A indústria mineral não foge a essa regra. O planejamento informatizado da lavra de minas tem o objetivo de proporcionar aos técnicos e administradores condições de otimizar processos, diminuir riscos, aumentar competitividade e segurança. Existem diversos programas bem específicos disponíveis no mercado para o planejamento de lavras de minas. Tais aplicativos têm como objetivo comum agilizar e facilitar o trabalho dos técnicos. As principais diferenças entre eles são a configuração de *hardware*, a interface gráfica, a interface com o usuário (amigabilidade) diferenciada; alguns equipamentos acessórios e preço de venda. Esses *softwares* são formados por um conjunto de aplicativos específicos ou módulos convenientemente interligados.

Vista geral da cava em exaustão de uma mina de calcário a céu aberto na região de Confins (MG)

Detalhe de talude em processo de recuperação ambiental na mina do Pico, Itabirito (MG)

Paisagem das operações de corte e aterro visando à manutenção da estabilidade dos taludes na mina Casa de Pedra, Congonhas (MG)

Vista parcial das operações mineiras na mina de minério de ferro do Pico, Itabirito (MG), destacando o transporte por caminhões

Operações de corte e carregamento na mina de minério de ferro Casa de Pedra, Congonhas (MG)

Operações de corte e carregamento na mina de minério de ferro Casa de Pedra, Congonhas (MG)

Operações de transporte na mina Casa de Pedra, Congonhas (MG)

Operação de carregamento na mina do Pico, Itabirito (MG)

São apresentados, na sequência, os principais módulos que compõem geralmente esses programas (Curi et al., 2011):

* *Banco de dados*: é o coração de todo o sistema. Inclui toda a entrada e manipulação de dados de furos de sondagem e desmonte. Todo o sistema é desenvolvido com base nos dados disponíveis. São carregados dados como posição dos furos de sonda, teores, litologias etc.

* *Gerenciador de dados topográficos*: módulo topográfico. A entrada dos dados de um arquivo de topografia pode ser feita via teclado, por meio de mesa digitalizadora e/ou teodolitos eletrônicos. A atualização topográfica pode ser feita de forma versátil e dinâmica, com geração rápida de mapas, superfícies e relatórios, inclusive de resultados de cálculo de volume entre superfícies.

* *Gerenciador de amostragem*: possibilita o tratamento estatístico e geoestatístico dos dados de entrada armazenados no banco de dados. Possibilita também a interpretação geológica, com base nos dados dos furos de sonda e no limite da superfície topográfica. A distinção dos tipos litológicos pode ser feita por cores (com diversos padrões de hachuras), por meio do preenchimento de tabelas e criação de legendas. Nesse módulo, pode ser feita também a modelagem inicial da geologia estrutural. Possibilita ainda a geração de relatórios detalhados com volumes e tonelagens de todas as variáveis de interesse do modelo.

* *Modelagem geológica tridimensional (3D)*: dados de sondagem, campanha geoquímica e geofísica são aceitos. Esses dados são interpretados para que o corpo geológico possa ser delineado tridimensionalmente. Todas as descontinuidades geológicas, como falhas, podem ser mostradas. A modelagem é feita por um processo de triangulação, dando ao usuário flexibilidade para interferência. Além disso, é possível a confecção de seções geológicas e o cálculo de volumes do corpo modelado.

* *Modelagem de blocos*: é a alma de todo o sistema. A representação de corpos de minério por meio de modelo de blocos, em vez da representação por seções, e o armazenamento das informações em computadores de alta capacidade de memória e velocidade de processamento revolucionou o planejamento de lavra. Os blocos tecnológicos de lavra são selecionados segundo especificações técnicas e econômicas, tais como: posição, geometria, qualidade, teores, imposições geotécnicas, características mineralógicas etc. Além disso, podem ser fornecidos módulos para o cálculo de reservas, inclusive por métodos geoestatísticos. Uma das funções mais interessantes é a visualização tridimensional de todo

o modelo de blocos, como blocos ou nuvem de pontos, o que permite aos técnicos estimarem visualmente a distribuição espacial de áreas de maior concentração de minério e diferentes tipos litológicos, entre outras. O módulo de controle de teores permite selecionar blocos segundo certa especificidade.

* *Projeto de cavas*: por meio desse módulo, é possível o traçado de bancos e bermas, rampas e acessos à mina, seções geológicas e de produção, cálculo de volume de estéril etc.

* *Gerenciador de escavação*: otimização matemática de cava e planejamento de lavra. Permite simular os planejamentos de lavra a longo e médio prazo, considerando cenários e/ou estratégias diversos(as).

* *Interface gráfica*: com base nos dados carregados, o sistema promove uma apresentação gráfica 3D do ambiente considerado. A visualização topográfica permite a confecção de superfícies reais que facilitam o traçado de acessos, locação de unidades de tratamento de minérios, administrativas e de apoio, cálculo de áreas e volumes, seções topográficas etc. Os sistemas possuem o denominado *renderizador*, que permite a construção dos modelos digitais de terreno (DTM). A interação dos diversos arquivos permite a montagem de imagens com todos os parâmetros necessários para a visualização em 3D. Além disso, esses programas possuem um *menu* de controle acionado na própria janela deles. Por meio desse *menu*, pode-se acessar várias funções, como o *background* da tela, *zoom*, rotação automática da figura e funções que tornam visíveis, transparentes ou invisíveis sondagens, *wireframes*, *strings* e modelos de blocos, além de outras funções. Outra função importante é o *replay*, que possibilita gravar objetos tridimensionais e depois visualizá-los em outros computadores e sistemas operacionais. Gráficos de última geração, com programação orientada a objeto e *winlink*, que permite a conexão automática da informação entre os programas e módulos específicos (tais como módulos desenvolvidos para trabalhar com redes estereográficas), são mais alguns outros recursos desses programas (Maptek, 2000).

* *Gerenciador de impressão*: permite a visualização de qualquer arquivo gerado no sistema para inclusão de dados adicionais, tais como legendas, títulos, cabeçalhos e desenhos destacando áreas. Saídas para *plotters* e impressoras são obtidos por meio das opções do sistema. A maioria desses programas fornece também poderosas ferramentas econômicas.

A descrição anterior se refere a uma análise atual que com certeza sofrerá alterações sistematicamente, tendo em vista que esses *softwares* recebem, pelo menos, uma atualização anual por meio dos denominados processos de *upgrade*. Rotineiramente, são lançados no mercado novos sistemas para otimização e sequenciamento automático das lavras de minas. Por exemplo, têm-se sistemas para planejamento de longo prazo, desde a otimização de mina até a geração de avanços e sequenciamento automatizados. Os programas mais completos possuem funções para importar e exportar modelos de blocos, curvas de nível, relatórios e gráficos. Tais programas são adequados para a avaliação de novos projetos, bem como para a análise de expansões e operações em andamento. Esses programas podem também gerar rapidamente diferentes cenários de desenvolvimento da operação, fornecendo estimativas de lucro realísticas. Em virtude da complexidade dos estudos necessários para o planejamento de lavra, como apresentado na Fig. 4.1, e da popularização do uso dos computadores, a utilização de programas de mineração se tornou corriqueira nas minas e escolas de mineração. Como comentado, atualmente, existem vários programas usados para o planejamento de lavra; todos esses aplicativos específicos visam facilitar a tarefa dos técnicos. Para a correta seleção dos aplicativos da indústria mineral, alguns pontos devem ser considerados, começando pela clara definição do que se quer e onde se quer chegar e passando pelo envolvimento de todas as partes integrantes do sistema de informática. Deve-se estabelecer metas com os objetivos a longo, médio e curto prazo. A seleção dos programas se inicia pelo levantamento de informações por meio de catálogos, revistas, publicações, seminários, congressos e contatos com antigos usuários dos programas. Uma boa alternativa é fazer um teste rápido, com os dados da empresa, para testar os programas em análise e compará-los com os programas conhecidos e/ou já consagrados. Quanto às questões específicas do planejamento mineral, certos aspectos são cruciais e devem ser observados na seleção dos programas. A *manipulação de dados* deve ser fácil e possibilitar a correção, adição, importação e exportação de dados, principalmente para programas auxiliares. Como descrito no Cap. 2, deve-se observar quais são os tipos de *modelo de interpolação e de composição das amostras* que estão disponíveis. Os *módulos estatístico e geoestatístico* devem ser avaliados, considerando as necessidades de uso e a relação custo-benefício. Um aspecto relevante a considerar será *a adequação do programa ao tipo de depósito*, isto é, avaliar se o programa é flexível o bastante para a modelagem de depósitos tão distintos quanto os depósitos tabulares, maciços, filões ou aluviões. Também muito importante é a avaliação das *técnicas de otimização e sequenciamento da lavra* que são oferecidas pelo programa.

Em linhas gerais, os programas selecionados devem ser aqueles que melhor se adéquam às características gerais da jazida; respeitando-se, entretanto, a relação custo-benefício, em termos dos custos de aquisição dos programas. Na etapa de geração de geometrias de lavra de longo prazo, já se admite que os modelos básicos estão consolidados e que se dispõe de recursos computacionais (*hardware* e *software*) adequados; caso não se disponha desses recursos, pode-se partir para a alternativa de compra de serviços, que deve ser realizada com total supervisão do interessado. Os *softwares* comerciais para modelagem e otimização devem ser utilizados como ferramenta de agilização e precisão, mas os conceitos envolvidos precisam ser de domínio do usuário, de forma a permitir avaliação crítica e análise da coerência dos resultados. Nesse ponto, a experiência anterior em métodos convencionais (manuais ou semiautomáticos) permitirá utilizar os recursos computacionais na sua plenitude, gerando com rapidez um número adequado de alternativas, reservando tempo ao planejador para analisar amiúde os resultados obtidos.

EXERCÍCIOS RESOLVIDOS

1. Considerando as informações da Tab. 4.1, determine o valor de um bloco cúbico com lado de 10 m no quinto nível ou banco de lavra e o teor T do minério de 50%.

   Solução
   Volume do bloco = $10 \times 10 \times 10 = 1000 \ m^3$
   $F1 = 10 \times 10 \times 10 \times 3 = 3000 \ t$
   $F2 = ((5 - 1) \times (-0,1) - (-1) - (-1)) \times 3000 = -UM\$ \ 7.200$
   $F3 = 50/100 \times 3000 \times 0,9 = 1350 \ t$
   $F4 = (10 - 1) \times 1350 = 9 \times 1350 = UM\$ \ 12.150$
   $F5 = (-1) \times 3000 + (-7200) + 12150 = UM\$ \ 1.950$

2. A Fig. 4.11 apresenta um modelo de blocos equidimensionais, com seus valores econômicos e a delimitação do corpo de minério contido no interior das linhas paralelas subverticais. Os valores econômicos dos blocos são expressos em uma unidade monetária hipotética UM. A análise econômica atribuiu, aos blocos de estéril, o valor de (UM\$ -4) e, aos blocos de minério, o valor de UM\$ 12, como apresentado na Fig. 4.11. Determine o valor econômico da cava nessa seção, usando o método de otimização proposto por Lerchs e Grossmann (1965).

Tab. 4.1 Parâmetros a considerar na função benefício e equações
relacionadas

Constante		Valor (t/m³)
Peso específico do material	C1	3
Constante (custos)		**Custo (UM$/t)**
Lavra e transporte	C2	-1
Lavra e transporte adicional (UM$/nível)	C3	-0,1
Administrativos	C4	-1
Moagem e beneficiamento	C5	-1
Constante		**Valor**
Recuperação na lavra e beneficiamento	C6	0,9
Constante		**Custo (UM$/t)**
Custo de refino ou preparação do concentrado	C7	1
Constante		**Preço (UM$/t)**
Valor do produto final ou concentrado	C8	10
Fórmulas		
Toneladas por bloco (t/bloco)	F1	$Bl \cdot Bc \cdot Bh \cdot C1$
Custo de lavra/bloco (UM$/bloco)	F2	$((K-1) \cdot C3 + C2 + C4) \cdot F1$
Conteúdo mineral (t/bloco)	F3	$T/100 \cdot F1 \cdot C6$
Valor do mineral (UM$/bloco)	F4	$(C8-C7) \cdot F3$
Valor se processado (UM$/bloco)	F5	$C5 \cdot F1 + F2 + F4$
Valor do bloco (UM$/bloco)	F6	F2 ou F5 >

-4	-4	12	12	12	-4	-4	-4	-4	-4	-4	-4
-4	-4	-4	12	12	12	-4	-4	-4	-4	-4	-4
-4	-4	-4	12	12	12	-4	-4	-4	-4	-4	-4
-4	-4	-4	-4	12	12	12	-4	-4	-4	-4	-4
-4	-4	-4	-4	12	12	12	-4	-4	-4	-4	-4
-4	-4	-4	-4	-4	12	12	12	-4	-4	-4	-4
-4	-4	-4	-4	-4	12	12	12	-4	-4	-4	-4
-4	-4	-4	-4	-4	-4	12	12	12	-4	-4	-4
-4	-4	-4	-4	-4	-4	12	12	12	-4	-4	-4
-4	-4	-4	-4	-4	-4	12	12	12	-4	-4	-4

Fig. 4.11 *Modelo de blocos com os valores econômicos e a delimitação do corpo de minério*

Solução

Pode-se acompanhar um exemplo de otimização de uma seção (2D) pela
Fig. 4.12. Essa figura foi apresentada originalmente por Lerchs e Grossmann
(1965), mas aqui foi convenientemente modificada para melhor compreensão. Pela análise da delineação do corpo mineralizado e valores dos blocos,

pode-se deduzir que o corpo mineral apresenta a forma de um veio mineralizado subvertical. Os veios correspondem a zonas mineralizadas nitidamente alongadas em uma dada direção, mas com espessura variável. Na prática mineira, considera-se que um veio é delgado quando sua espessura é inferior a três metros, e espesso, quando acima desse valor. Comumente, o ângulo de mergulho dos veios é acentuado, o corpo mineralizado é disforme e o contato com as rochas encaixantes é ora brusco, ora gradual.

Como se pode observar na figura, nos contatos com as rochas encaixantes (ou estéril), os valores dos blocos estarão situados entre o valor máximo de UM\$ 12 e o valor mínimo de UM\$ (–4). Segundo a interpretação bidimensional adotada nesse exemplo, aos blocos com a maior parte de sua área dentro da linha limítrofe, foi dado o valor de UM\$ 8, ou seja, o valor correspondente à diferença entre o valor adotado para o bloco de minério e para o bloco de estéril.

Aos blocos com a maior parte de sua área fora da linha limítrofe, foi dado o valor 0. A Fig. 4.12 apresenta os novos valores, a serem usados na otimização, convenientemente corrigidos nos contatos do minério com as encaixantes (estéril).

A otimização é iniciada fazendo-se a soma dos valores das colunas. Assim, para o bloco da linha 4, coluna 7 (M_{47}), tem-se:

$$M_{47} = \sum_{k=1}^{4} m_{k7} = m_{17} + m_{27} + m_{37} + m_{47} = 12 + 12 + 12 + 12 = 48 \quad (4.13)$$

	0	1	2	3	4	5	6	7	8	9	10	11	12	13	14	15	16	17
1	-4	-4	-4	-4	-4	8	12	12	0	-4	-4	-4	-4	-4	-4	-4	-4	-4
2		-4	-4	-4	-4	0	12	12	8	-4	-4	-4	-4	-4	-4	-4	-4	
3			-4	-4	-4	-4	8	12	12	0	-4	-4	-4	-4	-4	-4		
4				-4	-4	-4	0	12	12	8	-4	-4	-4	-4	-4			
5					-4	-4	-4	8	12	12	0	-4	-4	-4				
6					-4	-4	0	12	12	8	-4	-4	-4					
7						-4	-4	8	12	12	0	-4						
8							-4	0	12	12	8	-4						
9								-4	8	12	12	0						

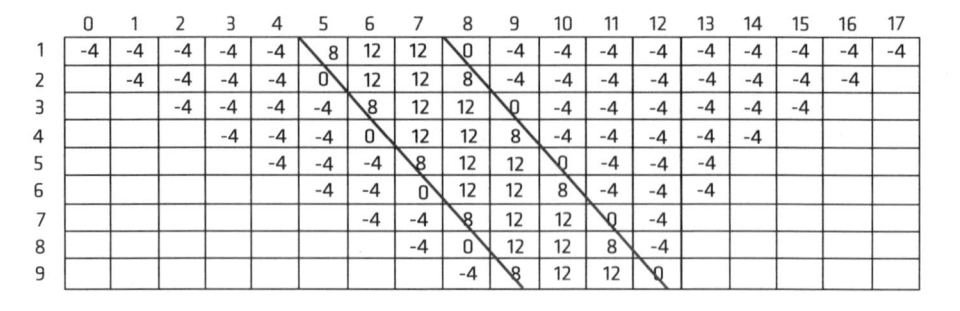

FIG. 4.12 *Modelo de blocos com os valores para a otimização*

Fonte: modificado de Lerchs e Grossmann (1965).

Uma nova seção, então, é formada, com os valores de M_{ij}, podendo ser vista na Fig. 4.13.

	0	1	2	3	4	5	6	7	8	9	10	11	12	13	14	15	16	17	18
0	0	0	0	0	0	0	0	0	0	0	0	0	0	0	0	0	0	0	0
1	-4	-4	-4	-4	-4	8	12	12	0	-4	-4	11	12	-4	-4	-4	-8	-4	-4
2	-8	-8	-8	-8	-8	8	24	24	8	-8	-8	-8	-8	-8	-8	-8	-8	-8	
3	-12		-12	-12	-12	4	32	36	20	8	-12	-12	-12	-12	-12	-12	-12		
4			-16	-16	0	32	48	32	0	-16	-16	-16	-16	-16	-16				
5				-20	-4	28	56	44	12	16	-20	-20	-20	-20					
6					-8	24	56	56	24	-8	-24	-24	-24						
7						20	52	64	36	4	-24	-28							
8						16	48	64	48	16	-16	-32							
9							60	56	28	-4	-32								

$$M_{ij} = \sum_{k=1}^{i} m_{kj} \qquad P_{0j} = 0$$

FIG. 4.13 *Cava com os valores acumulados para otimização*
Fonte: modificado de Lerchs e Grossmann (1965).

O próximo passo é escolher o bloco à esquerda de máximo valor, que será somado com o bloco original, obtendo-se o P_{ij}.

	0	1	2	3	4	5	6	7	8	9	10	11	12	13	14	15	16	17	18
0	0	0	0	0	0	0	0	0	0	0	0	0	0	0	0	0	0	0	0
1		-4	-4	-4	-4	8	20	44	0	-4	-4	-4	-4	-4	-4	-4	-4	-4	-4
2			-12	-12	-12	4	32	60	8	-8	-8	-8	-8	-8	-8	-8	-8	-8	
3				-24	-24	-8	36	72	20	8	-12	-12	-12	-12	-12	-12	-12		
4					-40	-24	24	84	32	0	-16	-16	-16	-16	-16	-16			
5						-44	4	80	44	12	16	-20	-20	-20	-20				
6							-20	60	56	24	-8	-24	-24	-24					
7								32	64	36	4	-24	-28						
8									64	48	16	-16	-32						
9										60	56	28	-4	-32					

$$P_{ij} = M_{ij} + \max \begin{cases} P_{i-1,j-1} \\ P_{i,j-1} \\ P_{i+1,j-1} \end{cases}$$

FIG. 4.14 *Escolha do máximo valor P_{ij}*
Fonte: modificado de Lerchs e Grossmann (1965).

O valor da cava será obtido pela soma dos valores dos blocos contidos no interior da cava otimizada (Fig 4.17) ou, de forma mais rápida, corresponderá à cava com maior valor econômico, considerando-se a Fig 4.16, linha 1. Observe que, a partir da linha 1, obedecendo ao ângulo de talude adotado, podem ser construídas diversas cavas com valores econômicos, por exemplo, de UM\$ 92, UM\$ 104, UM\$ 100 entre outros; entretanto, o valor escolhido deverá ser o maior, ou seja, UM\$ 108, como indicado.

	0	1	2	3	4	5	6	7	8	9	10	11	12	13	14	15	16	17	18
0	0	0	0	0	0	0	0	0	0	0	0	0	0	0	0	0	0	0	0
1	-4	-4	-4	-4	-4	8	-20	44	60	76	92	96	104	108	104	104	100	96	92
2	-8	-12	-12	-12	-12	4	32	60	80	96	100	108	112	108	108	100	96	92	
3	-12		-24	-24	-24	-8	36	-72	104	108	116	120	116	116	104	96	88		
4				-40	-40	-24	24	84	116	128	132	128	128	116	104	88			
5					-60	-44	4	80	128	148	144	144	132	120	100				
6						-68	-20	60	136	160	164	152	140	120					
7							-48	32	124	172	176	164	144						
8								0	96	172	188	172							
9									60	152	200								

FIG. 4.15 *Procura do maior* P_{1k}
Fonte: modificado de Lerchs e Grossmann (1965).

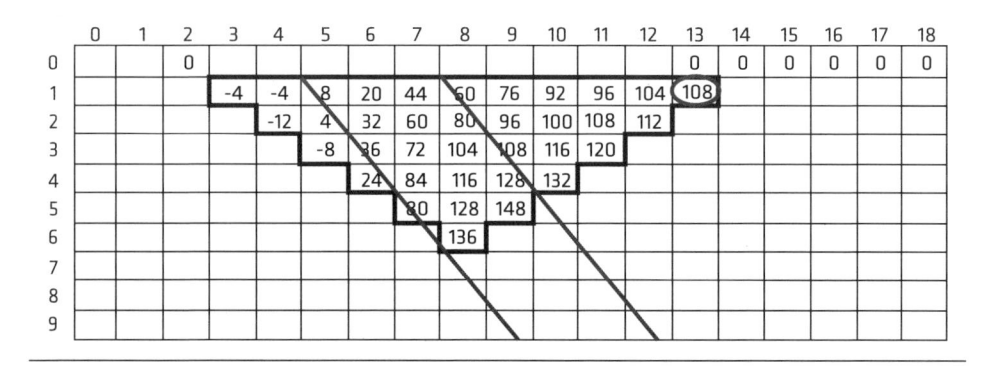

FIG. 4.16 *Cone gerado com a aplicação do algoritmo*
Fonte: modificado de Lerchs e Grossmann (1965).

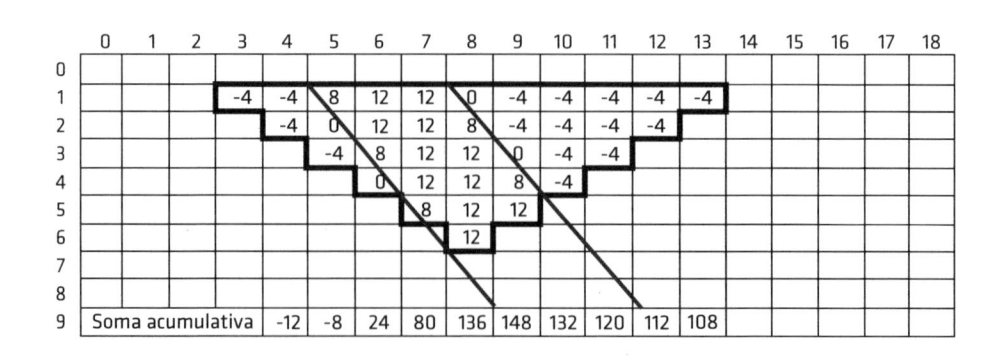

FIG. 4.17 *Cava final gerada com a aplicação do algoritmo*
Fonte: modificado de Lerchs e Grossmann (1965).

EXERCÍCIOS PROPOSTOS

1. Aplique a técnica dos cones flutuantes para calcular o valor da cava na seção ilustrada na Fig. 4.12. Compare o valor encontrado com o valor da cava calculado pelo método de programação dinâmica de Lerchs e Grossmann e tire suas conclusões.

2. Considerando os blocos da seção adiante (Fig. 4.18), com os respectivos valores econômicos em unidades monetárias (UM$) e as restrições impostas, calcule o valor da cava usando o método dos cones flutuantes para um ângulo de talude de 45°. Considerando o peso específico do minério de 3 t/m^3 e do estéril de 2 t/m^3 e as dimensões do bloco de 10 x 10 x 10 m, calcule a tonelagem de minério e estéril extraídas e a relação estéril/minério geral para a seção considerada.

-1	-1	-1	-1	-1	-1	-1	-1	-1	+3	-1	-1	-1
-1	-1	-1	-1	-1	-2	+7	+4	-2	-2	-2	-1	-1
-1	-1	-1	-1	-1	-1	+2	+11	-7	-1	-1	-1	-1
-1	-1	-1	-1	-1	-1	-1	+10	-1	+1	-1	-1	-1
-1	-1	-1	-1	-1	-2	-2	+12	-2	-2	-1	-1	-1
-1	-1	-1	-1	-1	-1	+7	+1	-3	-1	-1	-1	-1

FIG. 4.18 *Blocos com valores econômicos*

3. Considerando novamente os dados do Exercício 1 da seção anterior e da Tab. 4.1, determine o valor de um bloco cúbico com lado de 10 m no sexto nível ou banco de lavra e o teor T do minério de 42%.

4. Considerando os dados do Exercício 1 da seção anterior e da Tab. 4.1, determine o valor de um bloco cúbico com lado de 10 m no quinto nível ou banco de lavra e o teor T do minério de 42%.

5. Compare e analise os resultados dos Exercícios 3 e 4 desta seção.

cinco

SEQUENCIAMENTO DA LAVRA

AS TÉCNICAS DE SELEÇÃO de uma geometria de lavra de longo prazo (GLLP) se propõem a selecionar uma geometria de lavra que maximize o valor econômico de um dado projeto de lavra de mina, com base em uma determinada reserva geológica e levando em consideração as condições de contorno geológico-geotécnicas, tecnológicas, econômicas, mercadológicas, ambientais e operacionais, além de outras que poderão existir em cada caso específico.

Considerando apenas os aspectos econômicos, os limites finais de uma lavra de minas seriam determinados apenas com o objetivo de maximizar uma função de benefício econômico, adotada como critério de avaliação. De modo geral, a GLLP é definida por meio da lavra de partes selecionadas da jazida, estabelecendo-se, assim, limites à escavação. Para exemplificar, considere uma topografia plana e um veio mineralizado aflorante, supostamente homogêneo, com mergulho vertical e encaixado em rocha estéril. Assume-se que o veio de minério tenha uma grande extensão na direção norte-sul, constituindo um corpo mineralizado de grandes dimensões. Na Fig. 5.1, há uma seção leste-oeste feita em um modelo de blocos, criado para representar o referido corpo mineralizado, em que se destacam os blocos de minério originados do corpo de minério composto pelo veio vertical mineralizado. Em razão da grande extensão do corpo mineralizado na direção norte-sul, e para simplificar o problema, considera-se a análise bidimensional suficiente. Isso porque os ajustes necessários na direção norte-sul são tão pequenos que se pode projetar a cava com base nas análises bidimensionais (ou seções), sem incorrer em erros consideráveis. Assim, ilustra-se, na Fig. 5.1, a lavra geometricamente descendente para um ângulo geral de talude de 45°.

Ainda na Fig. 5.1, estão apresentadas geometrias de escavação (ou limites da lavra) exequíveis, em termos operacionais, e estáveis, em termos geotécnicos. Como se observa na Fig. 5.1, à medida que se passa da opção 1, cava 1, em que há um afloramento, e se lavra somente minério para as cavas mais profundas, respectivamente cavas 2, 3, 4, 5, 6 e 7, há um incremento Δm às reservas de minério lavráveis e, portanto, à vida útil da mina, supondo-se constante a capacidade de produção. Isso favorece a escolha de GLLPs mais profundas, que implicam em maior volume vendável, incrementando, portanto, a receita global ao longo da vida útil da mina.

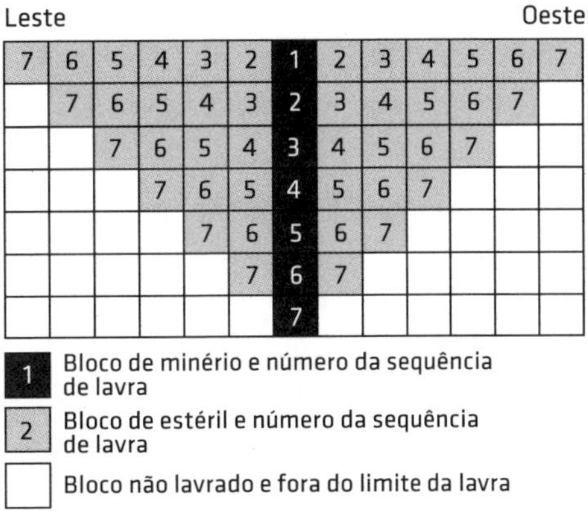

Fig. 5.1 *Seção transversal a um corpo mineralizado aflorante, homogêneo e com mergulho vertical*

Por outro lado, a escolha de cavas mais profundas também implica em elevação do custo por causa do incremento Δe no volume de estéril (visando liberar as reservas de minério e garantir a estabilidade da escavação) a ser removido e do aumento da distância média de transporte (DMT). Esse aumento de custo contrapõe-se ao benefício do aumento das reservas de minério lavráveis.

A avaliação sistemática de uma reserva mineral, executada por meio das mais modernas metodologias, as quais foram apresentadas nos capítulos anteriores, conduzirá inevitavelmente à divisão da reserva mineral em blocos, aos quais, tem sido dado o nome bem apropriado de blocos tecnológicos de lavra. Cada bloco individual será locado, identificado e avaliado segundo as características tecnológicas de interesse para o projeto de lavra de mina, tais como:

* teor(es) da(s) substância(s) útil(eis) contida(s);
* espessura da(s) camada(s) mineralizada(s);

* volume e tonelagem do(s) minério(s);
* espessura, volume e tonelagem de material estéril sobrejacente e que deverá ser manuseado para a extração do(s) minério(s).

É raro o caso de um corpo mineralizado completamente homogêneo, como aquele representado na Fig. 5.1. Assim, dentro da área delimitada para a lavra, poderão ser identificados blocos de minério considerados ricos, medianos e pobres. A classificação dos diversos blocos segundo os teores se fará com base no teor de rejeição ou *teor de corte*.

A Fig. 5.2 ilustra a situação mais genérica, semelhante àquela descrita na Fig. 5.1, mas contendo um corpo mineralizado não homogêneo, ou seja, um corpo mineralizado apresentando variabilidade na concentração e recuperação dos minerais de interesse econômico. No caso da Fig. 5.2, mais complexo, a seleção da GLLP será influenciada tanto pelo aumento dos custos em razão do aprofundamento da cava, como no caso da Fig. 5.1, quanto pelo balanço entre o aumento de receitas, em razão da quantidade adicional de metal recuperável Δq, e o acréscimo dos volumes de reservas com teores não econômicos, que devem ser extraídas para possibilitar o acesso físico às partes com teores econômicos.

Leste   Oeste

7	6	5	4	3	2	1	2	3	4	5	6	7
	7	6	5	4	3	2	3	4	5	6	7	
		7	6	5	4	3	4	5	6	7		
			7	6	5	4	5	6	7			
				7	6	5	6	7				
					7	6	7					
						7						

2 — Bloco de estéril e número da sequência de lavra

☐ — Bloco não lavrado e fora do limite da lavra

7 — Bloco de minério com alto teor (rico) e número da sequência de lavra

4 — Bloco de minério com teor marginal e número da sequência de lavra

1 — Bloco de minério com baixo teor (pobre) e número da sequência de lavra

Fig. 5.2 *Seção transversal a um corpo mineralizado aflorante, não homogêneo e com mergulho vertical*

Assim, as diversas porções ou blocos do corpo devem ser analisadas considerando as receitas geradas pela venda do produto final obtido. Caso as receitas sejam insuficientes para pagar os custos de extração e beneficiamento, ou pelo menos arcar com os custos das etapas posteriores à lavra, não se justifica economicamente sua extração como minério.

Em muitos casos, o valor econômico das porções, ou blocos de lavra, não está necessariamente relacionado com a concentração de determinado mineral, mas sim com a sua qualidade em termos do atendimento ou não a determinadas especificações.

Pode-se, assim, concluir que, tanto no caso da Fig. 5.1 quanto no da Fig. 5.2, haverá uma GLLP, dentre aquelas exequíveis tecnicamente, que maximiza o valor da função benefício econômico do projeto para certas condições de contorno assumidas. Além de promover a maximização da função benefício econômico, a definição de uma GLLP apresenta outras vantagens, sendo até mesmo a referência que guia os planejamentos de médio prazo, os quais são decisivos para a garantia da liberação de reservas de minério em quantidades e qualidades necessárias segundo as metas de produção.

5.1 Definição de GLLP

Como listado no Quadro 4.3, diversos especialistas têm se dedicado ao desenvolvimento de metodologias para definição de GLLPs. Desse modo, foram propostos diversos algoritmos que possibilitam a obtenção automática de uma GLLP considerada, *a priori*, ótima. Os métodos mais estudados e universalmente empregados pela indústria mineral são as técnicas dos cones flutuantes, as técnicas usando a programação dinâmica e a parametrização técnica de reservas.

A base fundamental das metodologias de otimização de GLLP convencionais é a seleção de uma geometria de lavra que maximize o valor de uma função benefício econômico previamente estabelecida como critério de avaliação de determinada reserva geológica, levando em conta as condições de contorno geológico-geotécnicas, tecnológicas, econômicas, mercadológicas, ambientais e operacionais, além de outras que possam existir em cada caso específico.

Entretanto, a aplicação exclusiva de uma ou mais das diversas metodologias listadas no Quadro 4.1 não é suficiente para garantir a viabilidade da lavra de minas por não considerar o valor do investimento e nem o valor econômico das reservas em função do tempo. Assim, tais metodologias podem apenas fornecer uma geometria otimizada que contenha o valor global contido maximizado, considerando um certo conjunto de premissas.

Em virtude da complexidade dos estudos necessários para o planejamento de lavra, como apresentado na Fig. 4.1, e da popularização do uso dos computadores como comentado na seção 4.4, o uso de programas de mineração se tornou corriqueiro nas minas e escolas de mineração. Quase todos os modelos otimizantes, como listado no Quadro 4.3, exigem que a jazida esteja discretizada em porções denominadas blocos tecnológicos de lavra, com suas características previamente estimadas. Cada bloco, dependendo de sua posição espacial, dimensão, teor e tipologia, terá um certo valor definido pela diferença entre a receita e o custo de sua transformação em produto comercializado, podendo ser expressa pela seguinte equação:

$$B = a \cdot Q - b \cdot V - c \cdot T \qquad (5.1)$$

em que B é o valor econômico do bloco; a é o preço unitário do metal; b é o custo unitário de extração; c é o custo unitário de beneficiamento; Q é a quantidade de metal vendável; V é o volume do bloco (minério + estéril); e T é a tonelagem de minério.

A metodologia da *parametrização técnica das reservas* foi idealizada por Matheron (1975), que separou a parametrização técnica da avaliação econômica. Primeiramente, as diversas geometrias são pré-selecionadas e, posteriormente, são avaliadas do ponto de vista econômico-financeiro. O algoritmo que permite a aplicação dessa metodologia foi concebido por Bongarçon e Marechal (1976) e é conhecido como algoritmo de Bongarçon.

As metodologias clássicas de otimização listadas no Quadro 4.3 tomam como informação principal o valor econômico de cada bloco e, a cada mudança dos fatores econômicos, que não são pouco frequentes, novos processamentos precisam ser feitos.

Diferentemente das técnicas de otimização clássicas, a parametrização técnica se baseia no conteúdo metálico recuperável de cada bloco de lavra e dos volumes de minério e estéril.

O princípio do modelo é a procura de geometrias com diferentes volumes totais, maximizando, em cada caso, seu conteúdo metálico; ou seja, num caso real é possível definir inúmeras cavas com mesmo volume V (minério + estéril), porém apenas uma delas maximiza a quantidade de metal contido recuperável. Esse método segue a Eq. 5.2:

$$K = Q - \lambda\, V - \theta\, T \qquad\qquad (5.2)$$

Para calcular o valor de cada bloco de lavra, define-se Q como a quantidade de metal recuperável; V é o volume total (minério + estéril); T é o volume de minério; e os dois parâmetros técnicos λ e θ, que modificam a expressão, podem assumir valores quaisquer.

Segundo Dagdelen e Bongarçon (1982) apud Prati (1995), os parâmetros λ e θ não devem ser entendidos como as relações entre custos e preços, mas como parâmetros de corte, fazendo a função K representar famílias de planos (T) tangentes à superfície formada pelas cavas de máximo metal recuperável. Para exemplificar, a Fig. 5.3 mostra o universo de cavas de um depósito hipotético, em que cada cava é representada por seu volume total V e respectivo metal recuperável Q. A borda superior representa as cavas de máximo metal recuperável, pois encontram-se na envoltória convexa C, definida por meio da variação dos parâmetros λ e θ.

Por outro lado, o valor de K, conforme expresso na Eq. 5.2, tem todas as características de uma função benefício, porque está claro que é crescente com Q e é decrescente com V e T. Coléou (1989) apud Prati (1995) chega a fazer analogia entre a expressão de K e a função benefício clássica, apresentada anteriormente (Eq. 5.1):

$$B = a \cdot Q - b \cdot V - c \cdot T$$

em que a é o preço unitário do metal; b o custo unitário de extração; c o custo unitário de beneficiamento. Assim, o parâmetro λ corresponderia aos possíveis valores a serem assumidos por b/a, e θ corresponderia a c/a.

Independentemente da interpretação dada aos parâmetros λ e θ, para cada par deles, pode-se obter uma GLLP otimizada, seja pela aplicação do algoritmo de Bongarçon ou pelas

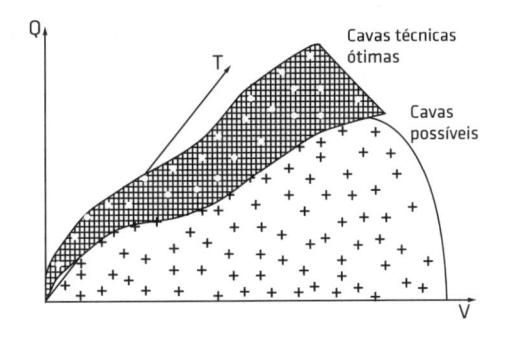

FIG. 5.3 *Domínio de cavas de um depósito hipotético, em que cada cava é representada por seu volume total* V *e respectivo metal recuperável* Q

técnicas convencionais do Quadro 4.3. Em qualquer dos casos obtêm-se, como resultado final, um conjunto de cavas otimizadas sequenciais também denominadas *nested pits*, ou cavas aninhadas (em forma de um ninho), como aquelas apresentadas na Fig. 5.2.

5.2 Seleção de uma GLLP

O aproveitamento de um bem mineral deve atender às expectativas dos diversos públicos interessados no negócio, por exemplo, dos acionistas, que almejam o retorno sobre o capital investido. Assim, uma metodologia que se destina à seleção de uma GLLP deve considerar no mínimo os seguintes pressupostos:

* rentabilidade;
* qualidade do produto;
* estabilidade da escavação;
* operacionalização da mina;
* minimização dos impactos ambientais;
* higiene e segurança no trabalho;
* flexibilidade perante eventuais mudanças de premissas.

De acordo com Prati (1995), as etapas para a seleção de uma GLLP são as seguintes:

* validação dos diversos modelos adotados;
* geração de geometrias otimizadas;
* definição dos critérios de avaliação;
* definição da sequência de lavra;
* avaliação das geometrias otimizadas por indicadores de desempenho;
* operacionalização da cava selecionada;
* aperfeiçoamento contínuo dos modelos adotados e reavaliação periódica.

Conforme foi destacado no início do Cap. 1, instituiu-se, a partir dos anos 1990, a auditoria de recursos/reservas. O *especialista* é o profissional que domina a técnica de avaliação de recursos/reservas para o tipo de jazida considerado. A traçagem (*tracking*), ou rastreabilidade, corresponde ao acompanhamento das tonelagens e teores de um depósito mineral. Essa etapa tem como objetivo validar os modelos geológicos, geotécnicos, tecnológicos e econômicos/mercadológicos. Normalmente, quando realizada em conjunto com especialistas/consultores de experiência comprovada em estudos de casos anteriores, não tem caráter de auditoria, mas sim de certificação e aprimoramento.

Em razão da complexidade do problema, naturalmente surgem diferenças entre os modelos e a realidade, e, assim, para passar-se à fase seguinte de geração das geometrias otimizadas de longo prazo, faz-se necessário minimizar as incertezas.

Para aprimorar o processo de parametrização de reservas, deve-se efetuar análises de sensibilidade. Os artigos de Nagle (1988) e Zhang et al. (1992) apud Prati (1995) descrevem com detalhe esse tipo de análise.

Dentre os aspectos que devem ser avaliados em análises de sensibilidade na indústria mineral, alguns merecem destaque e são relacionados a seguir:

* cenários macroeconômicos da evolução dos preços e dos volumes a serem comercializados, comparação com valores históricos;
* restrições ambientais na área de influência do projeto, estimativa de custos ambientais, principalmente aqueles de fechamento da mina;
* método utilizado para estimação dos teores;
* relação entre recuperação do(s) processo(s) de beneficiamento e teor(es), tipologias de minério(s);
* coerência entre o modelo geomecânico, modelo estrutural, caracterização do maciço e os tipos de fenômenos de ruptura considerados;
* compatibilidade entre premissas assumidas quanto ao trinômio escala--investimento-custos.

5.3 GLLPs OTIMIZADAS

Geometrias de lavra otimizadas podem ser obtidas por diversos métodos, como comentado no Cap. 4. Entre esses métodos, inclui-se a *parametrização técnica de reservas*, cujos conceitos apresentam certas vantagens em relação às demais técnicas. O rigor matemático do algoritmo de Bongarçon, fundamentado na análise convexa, possibilita a obtenção de soluções de qualidade e muito úteis do ponto de vista prático e operacional. O principal diferencial do método é a separação entre a análise técnica e a análise econômica. Como resultado de sua aplicação, são obtidas várias geometrias de cavas notáveis, localizadas na envoltória convexa, mesmo que os parâmetros econômicos ainda não estejam totalmente definidos. Essa particularidade facilita as reavaliações decorrentes das variações no panorama econômico, pois as cavas otimizadas pela parametrização técnica não se modificam com as variações desses parâmetros.

Vallet (1976) demonstrou que o conjunto de todas as cavas possíveis pertencem a um conjunto convexo de pontos no gráfico cartesiano VxQ, em que V é a tonelagem de material (minerais + estéril) definido pelo corte em questão, e Q é o metal contido. A Fig. 5.3 e a Fig. 5.4 são representações dessa assertiva.

As cavas ótimas compatíveis com as maiores quantidades de metal contido para uma dada tonelagem de rocha (minério estéril) ou os maiores lucros encontram--se na borda superior da área delimitada na Fig. 5.3 e/ou na Fig. 5.4 (domínio das cavas possíveis).

A título de exemplo, considere, na Fig. 5.4, que a cava associada ao maior lucro (cava ótima na conjuntura vigente) é a cava 4, que, por sua vez, contém outras cavas, nomeadamente as cavas 1, 2 e 3, que são também ótimas em outras conjunturas tecnológicas e econômicas. As cavas 5 e 6 também podem vir a ser ótimas em conjunturas tecnoeconômicas mais favoráveis. Em cavas otimais endentadas, como nos exemplos apresentados na Fig. 5.1 e na Fig. 5.2, caso o preço do metal suba suficientemente, por exemplo, a cava ótima poderá passar da sequência 4 para a sequência 5 e até para a sequência 6 ou 7.

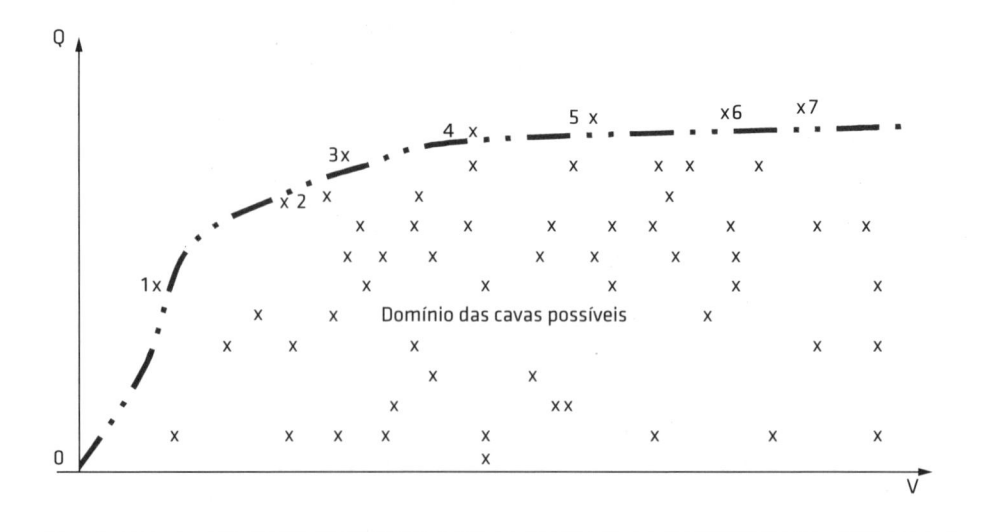

Fig. 5.4 *Envelope convexo de René Vallet. As cavas ótimas encontram-se na borda superior da área delimitada pelo domínio das cavas possíveis*

5.4 Critérios de avaliação de GLLP

Os critérios mais usados para avaliação econômica na indústria mineral são o valor máximo do benefício econômico contido (VCMáx) e valor presente máximo do benefício econômico (VPMáx).

O critério de VCMáx é definido pela somatória do valor da função benefício econômico de cada bloco incluído na geometria em análise. Essa função deve ser definida para cada situação específica segundo a conhecida Eq. 5.1:

$$B = a \cdot Q - b \cdot V - c \cdot T$$

em que B é o valor do benefício; Q é a quantidade de metal contido vendável; V é a tonelagem do bloco; T é a tonelagem de minério contida no bloco; a é o preço unitário do metal; b é o custo unitário de extração; e c é o custo unitário de beneficiamento.

A Fig. 5.5 mostra a variação de VCMáx para cada cava em análise da Fig. 5.4. Considera-se que as cavas 4, 5 e 6, do convexo superior, têm benefícios próximos, mas crescentes, nessa ordem.

A GLLP de VCMáx é a que maximiza a recuperação das reservas econômicas, ou seja, reservas que, se extraídas, geram lucro. Dessa forma, as cavas de VCMáx correspondem à GLLP que agrada principalmente aos detentores dos direitos minerários e à sociedade em geral, que se beneficiará com os impostos e empregos gerados a longo prazo. Adicionalmente, reservas e vida útil também podem ser usadas como critérios auxiliares na tomada de decisão. No exemplo da Fig. 5.5, por esse critério, a cava 6 seria a escolhida como GLLP por conter o valor máximo em termos de benefício econômico. Além disso, a cava 6, por conter maior volume do que as cavas 4 e 5, traria mais benefícios para a sociedade, em razão do aumento da vida útil da mina, e consequente geração de mais impostos e empregos.

Se a capacidade de produção for suficiente para a lavra da geometria em análise em poucos meses (lavra rápida) ou, a taxa de desconto for igual ou próxima a zero, a sequência de lavra terá pouco efeito no fluxo de caixa e, assim, o critério do valor máximo do benefício econômico (VCMáx) poderá ser considerado. Entretanto, se a lavra se prolongar por diversos períodos, ou anos, e a taxa de desconto

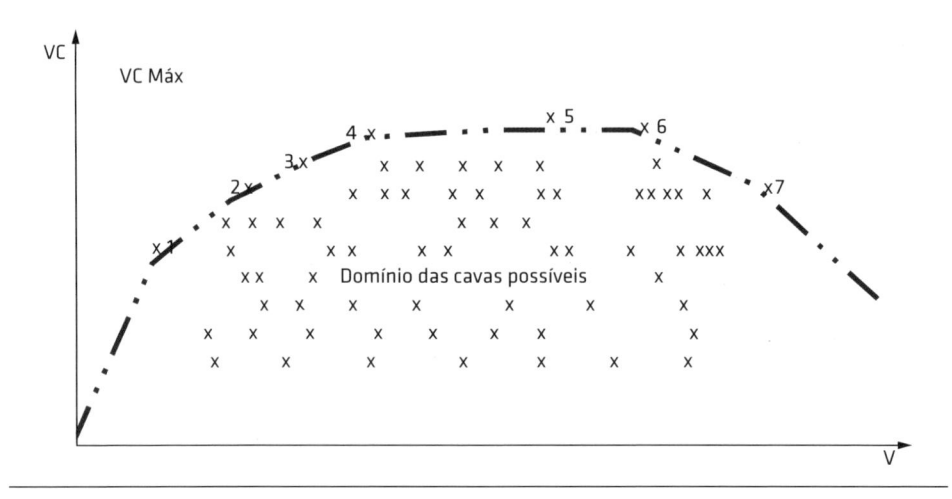

FIG. 5.5 *Valor da cava em função do volume total*

for diferente de zero, o critério de VCMáx não proporcionará o retorno esperado sobre o capital investido. Pode-se dizer que o critério VCMáx corresponde ao critério VPMáx com taxa de juros igual a zero ou nula.

O critério VPMáx considera o valor do dinheiro submetido a uma taxa de juros no tempo e objetiva maximizar o valor presente dos fluxos de caixa obtidos. A procura cada vez maior do aumento de rentabilidade a curtíssimo prazo, fez desse critério o mais utilizado pela indústria mineral, sendo até mesmo enaltecido por profissionais como Whittle, J. (2010).

O critério VPMáx normalmente se contrapõe ao critério VCMáx, pois privilegia geometrias de lavra de menor volume e de teor médio mais elevado. Como se sabe, os fatores de atualização de capital são decrescentes com o tempo, gerando valores presentes decrescentes dos fluxos futuros. Por exemplo, fluxos após dez anos à taxa de 10% ao ano passam a valer apenas um terço de seu valor absoluto. Nesse caso, tem-se, como consequência, a perda das reservas remanescentes entre VPMáx e VCMáx antes mesmo de a lavra se iniciar. Assim, o critério de VPMáx deve ser, preferencialmente, utilizado para definir as reservas que serão responsáveis pelo retorno do capital investido e pela consolidação do empreendimento, e não necessariamente a cava final. Prati (1995) sugere que se dê uma atenção especial à viabilização das futuras reservas compreendidas entre VPMáx e VCMáx, pois elas também têm benefício econômico positivo.

A Tab. 5.1 apresenta a composição de um fluxo de caixa típico, simplificado, para o cálculo do valor presente (VP) para um caso hipotético.

Tab. 5.1 Fluxo de caixa típico de um projeto de mineração

Parâmetros técnicos	ano 1	2	3	4	5	6	7
1. Vendas (kg)				30.000	36.000	41.400	46.000
2. Produção de minério (1.000t)				5.000	6.000	7.000	8.000
3. Teor médio %				0,75	0,75	0,74	0,72
4. Remoção de estéril (1.000t)		2.000	2.000	2.000	3.000	3.000	4.000
Fluxo de caixa							
1. Investimentos (U$ 106)	65	87	75				5
2. Receita líquida (U$1 06)				200	240	276	306
3. Custos operacionais				92	108	122	119
4. Resultados operacionais (2-3)				108	132	154	187
5. Depreciação				35	35	35	35
6. Lucro tributável (4-5)				73	97	119	152
7. Impostos				40	54	65	84
8. Lucro líquido (6-7)				33	43	54	68
9. Recup. c. giro e v. resid.							
10. Fluxo de caixa (8+9+5-1)	-65	-87	-75	68	78	89	98
11. Capital remanescente				300	270	220	155
12. Fluxo/capital (10/11)				0,23	0,29	0,4	0,63
13. Valor presente (15%)	-13						

Fonte: Prati (1995).

Um indicador que se destaca e que é muito útil para auxiliar na tomada de decisão é a rentabilidade média anual. A rentabilidade média anual relaciona o fluxo líquido gerado anualmente e o montante de capital atualizado que ainda não retornou (fluxo/capital) – *vide* linha 12 da Tab. 5.1. A rentabilidade média anual estima a rentabilidade do capital aplicado remanescente a cada ano. Permite, assim, analisar os resultados anuais discretizados da atividade ao longo do tempo, sem o efeito da taxa de juros.

5.5 Sequência de lavra

A programação da produção objetiva maximizar a eficiência do ciclo de operações e reduzir custos. Primeiramente, deve-se evidenciar a diferença entre planejamento da produção e programação da produção. Segundo Barták (1999), o *planejamento* industrial refere-se à tarefa de planejar e resolver situações complexas que envolvem longos períodos de tempo e nas quais as atividades estão relacionadas a diversos departamentos e, eventualmente, a toda a corporação industrial. Já a *programação da produção* industrial refere-se à tarefa de equacionar e detalhar a produção em curtos períodos de tempo e com atividades limitadas, geralmente, a um único departamento, incluindo os equipamentos, homens e máquinas a ele associados.

A finalidade principal do sequenciamento de lavra é estabelecer uma estratégia de escavação com frentes em lavra suficientes para atender à produção requerida e para a estacionarização dos parâmetros. Entretanto, será também necessária a remoção de estéril de forma a liberar minério e propiciar espaço para a manutenção do ciclo de operação.

Nesse ponto, a parametrização técnica de reservas pode ser útil para a definição de um critério para a sequência de lavra. A subdivisão das reservas em porções, cavas notáveis, ou subconjunto de blocos pode servir de guia para o sequenciamento de lavra.

Retomando a Fig. 5.1, podem-se escolher diversos caminhos, considerando diversas combinações de blocos, para se chegar ao mesmo objetivo final de lavra da totalidade do referido corpo mineral. Parafraseando, alude-se ao dito popular de que diversos (ou todos) os caminhos levam a Roma. Existem, no entanto, duas sequências extremas para uma dada lavra, como exemplificado: uma que é definida passando por cada cava otimizada, a começar pela primeira, e outra definida pela lavra por níveis, sendo que cada nível é esgotado antes do início da lavra do nível subsequente. Essas duas estratégias diferem na velocidade de remoção de estéril e evolução do teor médio, provocando diferenças sensíveis no fluxo de caixa do negócio. A Fig. 5.6 mostra três caminhos ou trajetórias possíveis de sequenciamento de lavra (e seu benefício), que pretendem sair da origem para chegar a *um ponto* do convexo superior como representado na Fig. 5.4 (envelope convexo de René Vallet).

A primeira sequência (T1) corresponde à trajetória 1-2-3-4-5-6-7 (convexo superior do envelope convexo de René Vallet (Fig. 5.4)). A sequência T1 é realizada com a divisão da cava global otimizada em várias cavas menores, também otimizadas. É considerada o caminho ótimo, em termos financeiros, pois tal trajetória privilegia a lavra do minério mais rico, maximizando o fluxo de caixa (entrada de dinheiro). Por isso, essa sequência é a preferida pelos financistas. Do ponto

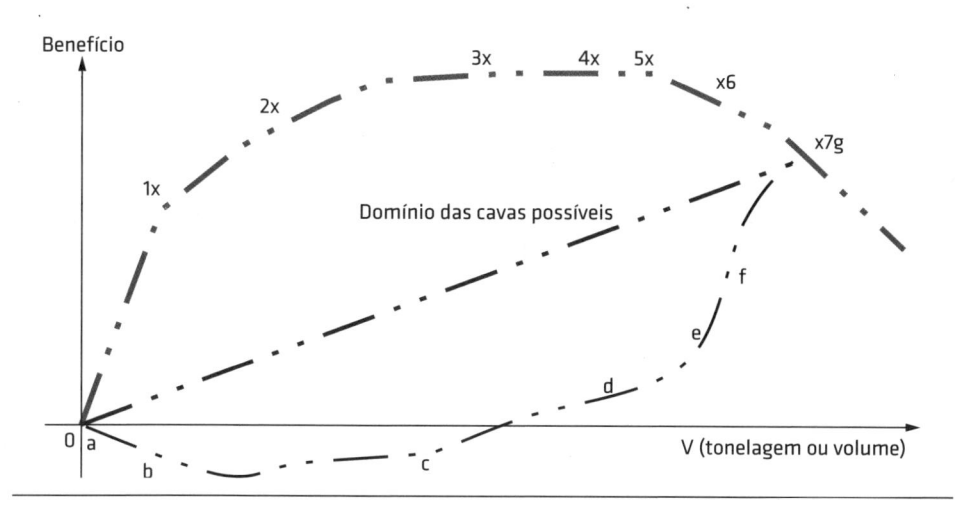

Fig. 5.6 *Alternativas de sequência de lavra*

de vista estritamente econômico, essa estratégia apresenta melhores resultados pelo adiamento dos custos de remoção de estéril e antecipação de receitas
em consequência da lavra com teores de corte decrescentes. Porém, esse critério pode vir a ser conflitante com a necessidade operacional em relação, por
exemplo, ao número de frentes de lavra que possibilitem: a estacionarização,
conforme especificado pelo beneficiamento, e espaço operacional, para que a
produtividade não seja diminuída. A complexidade do problema pode atingir
maiores proporções se houver tipologias diferentes perante as exigências de
processo de beneficiamento. Na primeira sequência (T1) da Fig. 5.6, considera-se
que as cavas 3, 4 e 5 do convexo superior têm benefícios próximos, mas crescentes, nessa mesma ordem. Assim, a cava 5 seria selecionada como a de benefício
máximo; além disso, por conter maior volume do que as cavas 3 e 4, ela também
traria mais benefícios para os proprietários dos direitos minerários e a sociedade, em razão do aumento da vida útil da mina e consequente geração de mais
impostos e empregos. Então, para a sequência T1, em termos gerais, a cava de
benefício máximo seria a cava 5, mas a de volume máximo seria a cava 7.

A segunda sequência (T2) corresponde a uma lavra hipotética, conforme representada na trajetória a-b-c-d-e-f-g na Fig. 5.6. Trata-se de uma trajetória que
privilegia o desenvolvimento da mina, sendo projetada para evitar eventuais
riscos inerentes à operação (como chuvas intensas e quedas de taludes, que
podem prejudicar a produção). Minas pouco desenvolvidas podem ter a produção interrompida por falta de espaço para manobras e expansões e apresentar

o caminho mais seguro, inclusive em termos de engenharia de segurança no trabalho, porém, o mais caro também. Não cabem maiores discussões sobre a trajetória T2, pois, na prática mineira, tem demonstrado ser a pior trajetória de todas em termos financeiros. Essa trajetória leva a custos altos que, por sua vez, impõem elevações no teor de corte, representando perdas de reservas. Entretanto, verifica-se que, na prática mineira, às vezes, opta-se pela trajetória T2. Isso se deve mais ao desconhecimento das técnicas de planejamento mineiro do que à busca da segurança operacional e diminuição dos riscos de acidentes. Como já assinalado, existem diversos caminhos e, portanto, inúmeras possibilidades de produção entre as trajetórias T1 e T2. Merece destaque a lavra estacionária, cuja trajetória é representada na Fig. 5.6 pela semirreta que une a origem a um ponto do convexo superior. O coeficiente angular dessa semirreta é o arco tangente Q/V, sendo Q a quantidade de metal contido e V o volume total (minério mais estéril); isso em um gráfico Q × V, como o da Fig. 5.4. Os técnicos em tratamento de minérios preferem a lavra estacionária, pois esta possibilita uma alimentação da planta com minérios de características homogêneas. Um dos principais objetivos da lavra estacionária é atingir a constância do teor médio de alimentação da planta de tratamento de minérios.

Considerando os diversos requisitos da produção, pode-se optar por qualquer sequência intermediária desde que ela atenda às necessidades operacionais e outras estratégias de prazo mais amplo. Em termos estritamente financeiros, a trajetória T1 (cava 5) seria selecionada. Entretanto, ao se considerar os aspectos relativos ao melhor aproveitamento dos recursos naturais e geração de mais benefícios para a sociedade, a cava 7 pode ser considerada. Para a definição do caminho a escolher, devem ser feitas simulações, servindo-se das cavas otimizadas como guia para o sequenciamento da lavra segundo o planejamento estratégico proposto. Os depósitos de ouro, por exemplo, normalmente seguem o caminho do convexo superior. Entretanto, para estacionarizar parâmetros de qualidade de *commodities* minerais, o caminho estacionário pode ser mais interessante.

A finalidade última das técnicas da estacionarização de parâmetros é fornecer minérios a um certo teor médio constante. O objetivo dessas técnicas é, assim, produzir minérios dentro das características (médias) esperadas. À jusante da produção na lavra, é comum proceder-se à homogeneização de minérios em pilhas, com a finalidade de diminuir a variabilidade do produto. De acordo com

Girodo (2006), os conceitos de estacionarização e homogeneização são, com frequência, indevidamente confundidos. Estacionarização tem a ver com união (mistura, ou *blendagem*) de fluxos de diferentes minérios para obtenção de médias, enquanto a homogeneização (que não se reporta à manipulação de um só fluxo) objetiva a atenuação de variâncias (diminuição de variabilidades, em torno das médias, antes estacionarizadas). O objetivo da homogeneização não é outro, senão atenuar variâncias. A aplicação das técnicas de estacionarização, seguidas das técnicas de homogeneização, fornece à planta metalúrgica fluxos, não só estáveis (em média), mas também relativamente homogêneos, possibilitando a regulação do processo de tratamento de minérios e a consequente melhoria da recupera-ção metalúrgica e da qualidade do produto mineral útil. Ainda segundo Girodo (2006), esses procedimentos encontram-se bem arraigados na tecnologia mine-ral brasileira. As plantas de concentração de fosfato, por exemplo, têm um pátio de homogeneização a montante. Além disso, os projetos de lavra, para produção do ROM (Run of Mine) de alimentação de tais plantas, contemplam misturas de minérios, balizadas segundo as características médias da jazida.

Novas ferramentas de programação da produção têm substituído, com vanta-gens, os métodos tradicionais. Algumas mais sofisticadas utilizam, inclusive, interfaces gráficas para otimizar visualmente, em tempo real, os vários estágios da produção. A definição da sequência de lavra de uma mina é um problema complexo, no qual intervêm fatores técnicos e econômicos. Depois de estarem definidos os limites da lavra, é preciso definir a sequência de lavra, tanto do estéril quanto do minério. Esse problema pode ter inúmeras soluções e, geral-mente, para resolvê-lo, são utilizados programas informáticos baseados em análises combinatórias e programação dinâmica.

A programação da produção requer o desenho da explotação em diferentes fases, por exemplo, ano a ano, até o esgotamento das reservas. Na elaboração do plano anual, pode-se fixar a quantidade de minério a extrair ao fim de cada ano, e calcular a quantidade de estéril segundo a relação estéril/minério estabelecida (Fig. 5.7). O desenvolvimento previsto em cada fase permitirá dimensionar os equipamentos em função da produtividade requerida (Fig. 5.8).

A sequência de lavra e os planos de lavra são complementares e interdependen-tes. O plano anual de lavra é um dos requisitos essenciais na lavra de uma mina. Alguns gráficos que refletem o plano por períodos de tempo são os seguintes:

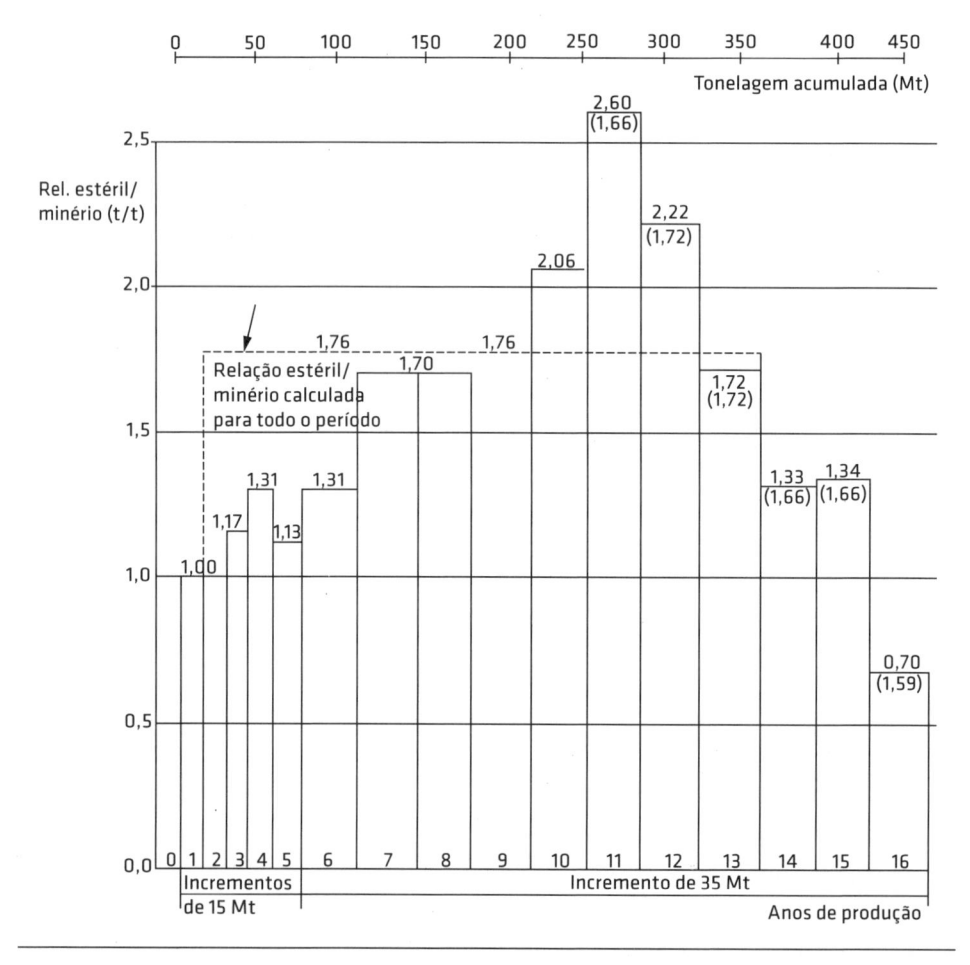

FIG. 5.7 *Produção e relação estéril/minério correspondente às fases da lavra*
Fonte: adaptado de Couzens (1979) apud Hustrulid e Kuchta (2006).

a) produção e relação estéril/minério ao longo do tempo correspondente às fases ou sequências de lavra, como exemplificado na Fig. 5.7;

b) produtividade, produção e relação estéril/minério ao longo do tempo correspondente às grandes fases da lavra, como exemplificado na Fig. 5.8.

Como discutido, existem vários metodologias para o sequenciamento na lavra de minas a céu aberto destacando-se as seguintes, que podem ser também classificadas com base na relação estéril/minério (REM):

a) *Lavra por níveis/REM decrescente*

Também denominado método de retirada descendente do capeamento (ou método do decapeamento total), esse método demanda que cada banco de minério seja lavrado em sequência e que todo o estéril em particular desse banco seja removido até os limites da cava ótima. O talude final, em cada nível, é atingido sucessivamente período após período.

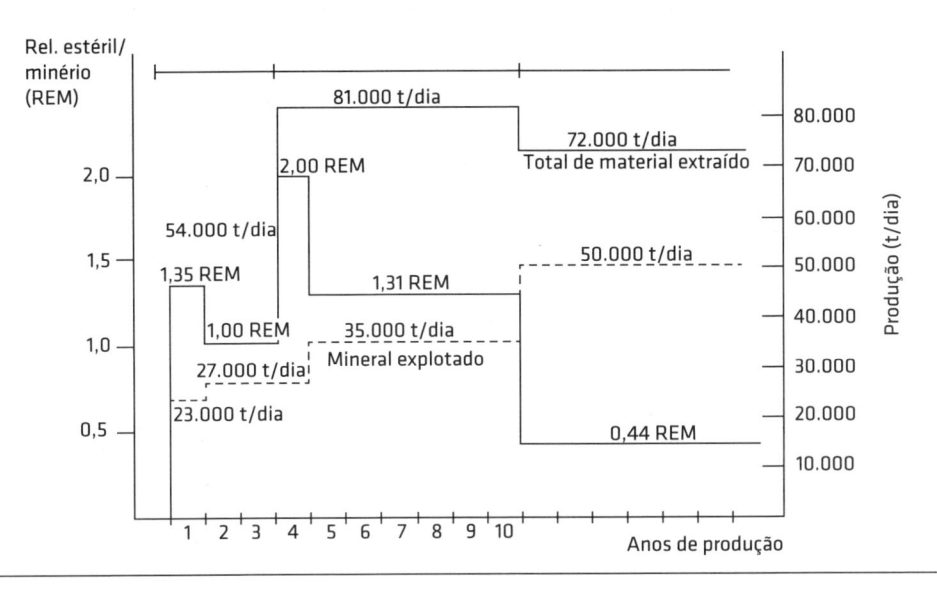

FIG. 5.8 *Produtividade na lavra e relação estéril/minério correspondente às fases de lavra*
Fonte: adaptado de Couzens (1979) apud Hustrulid e Kuchta (2006).

As vantagens desse método são:

* espaço suficiente para os trabalhos de desenvolvimento da lavra e da produção em geral, como maior espaço em cada nível de lavra, ou banco, para a movimentação das máquinas;
* o acesso ao minério é feito pelo banco sequente, e todos os equipamentos de lavra operam no mesmo nível, o que facilita a operação. É um método bastante utilizado na lavra com uso de correias transportadoras em bancadas;
* ao permitir uma lavra mais seletiva, pelas facilidades na operação, a lavra por níveis possibilita a diminuição da diluição do minério;
* o posicionamento dos equipamentos é mais previsível e estável;
* menor necessidade de equipamento e pessoal no fim da vida útil da mina.

As desvantagens são:

* os custos são antecipados nos anos iniciais, praticando-se uma alta relação estéril/minério, quando benefícios são necessários para o pagamento do investimento ou retorno de capital;

* gastos no início da explotação, muitas vezes removendo somente estéril;
* podem existir problemas no dimensionamento das pilhas de estéril, em razão dos grandes volumes de material desmontado logo no início das operações de lavra;
* como consequência, os dispêndios elevados no início da explotação tendem a aumentar o período de retorno do investimento;
* como a maior variabilidade nas reservas minerais ocorre, geralmente, segundo a direção vertical, a lavra por bancos isolados não expõe minérios de diferentes tipologias para serem misturados.

A título de ilustração, retoma-se o exemplo da Fig. 5.1, no qual se considera uma seção transversal em uma topografia plana e um veio mineralizado supostamente homogêneo, com mergulho vertical e encaixado em rocha estéril. Assume-se que o corpo de minério tenha uma grande extensão na direção norte-sul, de forma que os ajustes nos limites transversais da cava final são tão pequenos que se pode projetar a cava com base em análises bidimensionais ou seções, sem incorrer em erros consideráveis. Na Fig. 5.9, há uma seção leste-oeste feita em um modelo de blocos, criado para representar o referido corpo mineralizado, em que se destacam os blocos de minério originados com base no corpo de minério composto pelo veio vertical mineralizado. Diferentemente da Fig. 5.1, representa-se agora, na Fig. 5.9, a lavra por níveis, geometricamente descendente, com ângulo geral de talude de 45°.

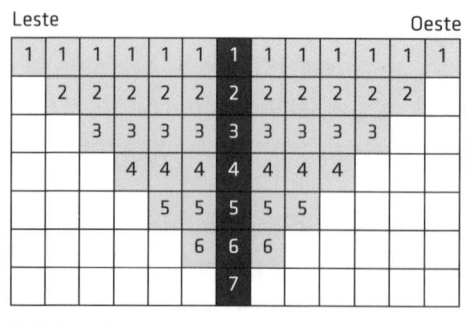

Leste   Oeste

1 Bloco de minério e número da sequência de lavra

2 Bloco de estéril e número da sequência de lavra

Bloco não lavrado e fora do limite da lavra

Fig. 5.9 *Seção transversal a um corpo mineralizado aflorante, homogêneo e com mergulho vertical*

No exemplo da Fig. 5.9, cada banco de lavra é minerado, em sequência, e o minério e todo o estéril, em particular desse banco, é removido até os limites da cava final otimizada. Na sequência 1, a relação de blocos de estéril para blocos de minério é de 12/1; na sequência 2, banco ou nível 2, a relação estéril/minério é de 10/1; na sequência 3, é de 8/1 e assim por diante, até o banco 7, no qual a REM será de 0/1.

b) *Lavra por cavas/REM crescente*

Nesse método, a remoção do estéril somente é praticada em função da necessidade de liberar o próximo minério a ser lavrado. O trabalho nos taludes de estéril, em cada nível, poderá ser mantido respeitando os taludes gerais da cava final, ou poderão ser mais suaves. Usualmente, pode-se inserir os chamados *pushbacks* (extensões laterais dos limites da lavra), para se evitar constrangimentos na cava, por exemplo, dificuldades no desenvolvimento em virtude da existência de diversos bancos de lavra que precisam ser retomados.

A desvantagem desse método é realçada quando não se inserem os chamados *pushbacks* e, então, a operação fica prejudicada pela existência de várias frentes de lavra em praças de produção estreitas. Trata-se de uma alternativa em que, em cada etapa, é removido apenas o estéril indispensável para efetuar a lavra do minério. Os taludes provisórios têm inclinação igual ou superior à inclinação do talude final.

As vantagens desse método são:

* máximo benefício nos primeiros anos da explotação, reduzindo o investimento em decapeamento antecipado do estéril;
* muitas das jazidas apresentam variações consideráveis de qualidade segundo a direção vertical e isso privilegia a lavra simultânea em níveis diversos;
* é um método mais flexível e versátil, que permite atuar, mais facilmente, nas etapas de planejamento da explotação. Por exemplo, aumentando a produção quando a cotação da *commodity* mineral atingir valores altos.

Já as desvantagens são:

* a geometria do método é mais desfavorável e leva ao desenvolvimento e gestão simultânea de várias frentes, em vários níveis de lavra;
* maior movimentação e deslocamento de máquinas;
* a quantidade de estéril é variável e crescente, o que dificulta o dimensionamento da frota de equipamentos;
* desenvolvimento da mina tende a ser postergado, mais e mais, com seu aprofundamento;
* minas mal desenvolvidas podem ter sérias dificuldades para cumprir quesitos de quantidade e qualidade de produção;
* a lavra por cavas sucessivas resulta em elevadíssimas relações estéril/minério no fim da vida útil da mina;

* quando o empreendedor se depara com uma mina chegando ao fim, com uma elevada relação estéril/minério e necessitando de altos investimentos, ele opta, muitas vezes, pelo encerramento das operações;
* outro aspecto a considerar nos *softwares* que simulam a sequência de lavra, cava a cava, com avanços por *pushbacks*, é que, geralmente, eles simulam as fases de avanço, usando os ângulos de taludes finais, quando o correto seria usar os ângulos usuais da operação de lavra.

A título de ilustração do problema, retoma-se a Fig. 5.1, na qual se tem uma seção transversal em uma topografia plana e um corpo mineralizado supostamente homogêneo, com mergulho vertical e encaixado em rocha estéril. Assume-se que o corpo de minério tem uma grande extensão na direção norte-sul, de forma que os efeitos nos limite da cava final são tão pequenos que se pode projetar a cava com base em seções, sem incorrer em erros consideráveis. Na Fig. 5.10, há uma seção leste-oeste feita em um modelo de blocos, criado para representar o referido corpo mineralizado, em que se destacam os blocos de minério originados com base no corpo de minério composto pelo veio vertical mineralizado.

Ilustra-se, na Fig. 5.10, tal qual na Fig. 5.1, a explotação em cava, em que cada uma das diversas cavas formadas são lavradas em sequência, e todo o estéril, em particular, de cada cava é removido para manter a estabilidade da lavra. Na sequência 1, a relação de blocos de estéril para blocos de minério é de 0/1. Na sequência 2, cava 2, a relação estéril/minério é de 2/1. Na sequência 3, é de 4/1 e assim por diante, até o banco 7, em que a REM será de 12/1.

Leste   Oeste

7	Bloco de minério e número da sequência de lavra
2	Bloco de estéril e número da sequência de lavra
	Bloco não lavrado e fora do limite da lavra

FIG. 5.10 *Seção transversal a um corpo mineralizado aflorante, homogêneo e com mergulho vertical*

c) *Lavra com REM constante*

Esse método procura remover o estéril a uma razão aproximada da REM global. Nesse método, convive-se com o compromisso de remover o estéril sem folgas, mantendo-se uma média controlada, o que possibilita o dimensionamento dos equipamentos, sem surpresas. Os equipamentos tendem a ser do mesmo porte e a quantidade de trabalhos necessários, até o final da vida da mina, é relativamente constante. Algumas vezes, pode-se ter dificuldade para liberar o minério com a qualidade requerida.

As vantagens desse método são:

* a maquinaria, pessoal e instalações de processamento são fixos ao longo do tempo de vida da mina. Áreas distintas, para lavrar e decapear, podem ser trabalhadas, simultaneamente, permitindo maior flexibilidade ao planejamento;
* minérios de tipologias diferentes, de bancos distintos, podem ser misturados para se atingir a qualidade requerida;
* a possibilidade de combinação de minérios de tipologias distintas pode aumentar as reservas.

Já a desvantagem é que existem mais dificuldades na implementação e no sequenciamento da produção.

A título de ilustração do problema, retoma-se a Fig. 5.1, e considera-se uma seção transversal em uma topografia plana e um corpo mineralizado supostamente homogêneo, com mergulho vertical e encaixado em rocha estéril. Assume-se que o corpo de minério tem uma grande extensão na direção norte-sul, de forma que os efeitos nos limites da cava final são tão pequenos que se pode projetar a cava com base em seções, sem incorrer em erros consideráveis. Na Fig. 5.11, há uma seção leste-oeste feita em um modelo de blocos, criado para representar o referido corpo mineralizado, em que se destacam os blocos de minério originados com base no corpo de minério composto pelo veio vertical mineralizado. Representa-se, nessa figura, a explotação geometricamente descendente para um ângulo geral de talude de 45° ou 1:1.

Ilustra-se, na Fig. 5.11, a explotação com REM constante, em que cada uma das diversas fases são lavradas em sequência e todo o estéril, em particular, de cada fase, é removido para manter a relação estéril/minério constante e igual a 6/1 e a estabilidade da lavra com o ângulo geral de talude de 45° ou 1:1. Na sequência 1, a relação de blocos de estéril para blocos de minério é de 6/1 e a lavra se processa por nível, ou seja, apenas o banco 1 é lavrado parcialmente. Na sequência 2, a lavra é por cava e, novamente, a relação estéril/minério de 6/1 é mantida. Nas sequências seguintes, até a sequência 7, a lavra se processa em bancos diversos, porém,

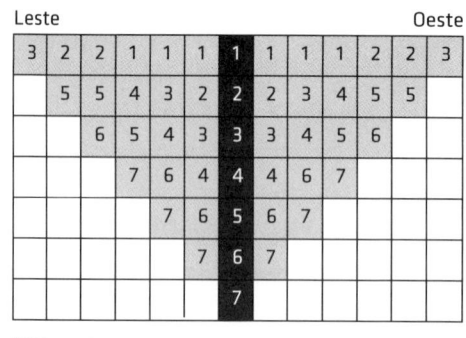

Leste — Oeste

1 Bloco de minério e número da sequência de lavra

2 Bloco de estéril e número da sequência de lavra

☐ Bloco não lavrado e fora do limite da lavra

FIG. 5.11 *Seção transversal a um corpo mineralizado aflorante, homogêneo e com mergulho vertical*

mantendo a relação *REM* constante e igual a 6/1, como se pode verificar.

Na prática atual, o melhor método aplicado a um grande corpo de minério é aquele que consegue uma *REM* baixa no início e no fim da vida útil da mina. Trata-se de um método de sequenciamento que tenta constituir uma *REM* baixa no período inicial da lavra, mas subindo gradualmente, até estabilizar-se por um período intermediário. Tal *REM* tende a baixar novamente à medida que se aproxima da exaustão da mina.

As vantagens desse método são as seguintes:

* rápido retorno do investimento, logo nos anos iniciais da vida útil da mina;
* o número de frentes de lavra não necessita ser muito grande;
* a quantidade de equipamentos pode ser revista, por períodos, e ser redimensionada;
* os equipamentos já em fase de depreciação são solicitados com um decrescimento gradual de serviços, coincidindo com a exaustão da reserva.

5.6 AVALIAÇÃO DAS GEOMETRIAS OTIMIZADAS

Considerando os critérios de avaliação discutidos anteriormente, mais especificamente, *VCMáx*, *VPMáx*, reservas, vida útil, fluxo/capital, *REM* e sequência de lavra, entre outros, é possível estabelecer uma metodologia para a quantificação econômica das geometrias de lavra de longo prazo em análise (Fig. 5.12), considerando ainda que:

* com base nos diversos cenários de mercado, estabelecem-se as alternativas de escala de produção e os respectivos investimentos e custos;
* para cada alternativa, otimizam-se as geometrias e define-se a sequência de lavra;
* calcula-se o valor do benefício econômico da cava *VC*, bem como define-se o fluxo de caixa de cada alternativa, e determina-se o valor presente líquido (*VPL*) em razão da taxa de atratividade, da evolução do indica-

dor de rentabilidade média anual (fluxo/capital) e/ou outros indicadores adequados;

* calcula-se o VPL das reservas remanescentes entre cada cava analisada e a cava de VPMáx.

Com base nessa análise, haverá condições de decidir qual das geometrias deverá ser selecionada. Além de submeter as cavas notáveis ao conjunto de critérios sugeridos, é recomendável que os principais parâmetros, tanto econômicos quanto técnicos, sejam sujeitos a análises de sensibilidade, associando-se a eles, por exemplo, curvas de distribuição de probabilidade.

A propósito dos novos desafios da otimização e planejamento das operações de mineração, vale destacar os trabalhos que vêm sendo efetuados por Whittle, J. (2010) e Whittle, G. (2010) relacionados à necessidade da otimização empresarial como um todo e seus efeitos na otimização na lavra de minas. Segundo os autores, *antes* de se iniciar o planejamento de longo prazo de uma operação de mina, deve-se definir *nitidamente* qual o objetivo principal. Se o objetivo *principal* for maximizar o valor das ações da empresa ou corporação, então o propósito não será produzir o máximo possível para maximizar as reservas ou maximizar a vida útil da mina. A meta não será também minimizar custos de mineração por tonelada ou maximizar a recuperação. Para maximizar a lucratividade do acionista, o objetivo *principal* será nitidamente maximizar o VPL.

Assim, ao se elaborar um projeto de mineração, deve-se analisar várias alternativas compreendidas nos limites considerados, por meio dos respectivos fluxos de caixa até a definição da solução ideal. Essa é, evidentemente, uma fase extremamente difícil, altamente dependente da experiência de quem a realiza, de um projeto de mineração, o qual deve ter capacidade suficiente para o uso correto de dados básicos, muitos deles imponderáveis. Entretanto, trata-se de uma fase decisiva em um projeto de mineração, pois nela se fixa uma escala de produção, base para o cálculo de todas as outras fases do projeto que dela dependem (Costa, 1979). Considerando que as reservas minerais são não renováveis, se da análise do empreendimento resultar uma operação que não conduza à maximização dos valores atuais líquidos dos benefícios futuros, pode-se estar comprometendo, para sempre e irreversivelmente, o valor da jazida para a empresa e, consequentemente, para a sociedade.

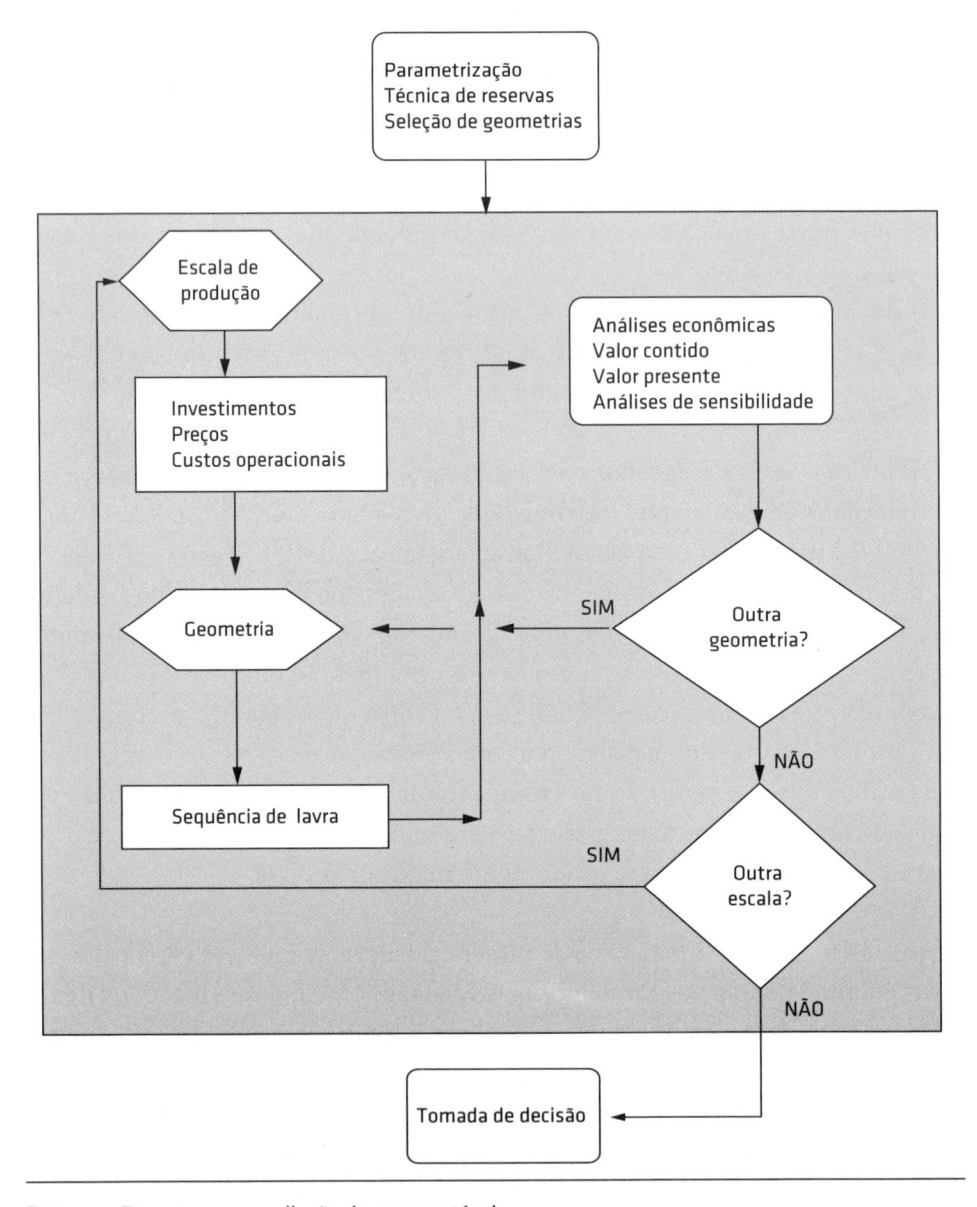

FIG. 5.12 *Etapas para a avaliação de cavas notáveis*

Vê-se, assim, a extrema importância da aplicação de critérios de medida de rentabilidade e de seleção de alternativas de investimentos dos projetos de mineração, evidenciando a necessidade destes projetos se basearem, forte-mente, nos princípios da Engenharia Econômica em simultaneidade com aqueles da Engenharia Mineral. Entretanto, há outras formas para se avaliar o valor de uma mina, obviamente. Ao se planejar uma mina, projetam-se seus limites e sequencia-se a lavra, definindo-se as taxas de produção e recuperação. Existem muitas decisões a serem tomadas ao se planejar uma mina. Para cada decisão, haverá, por definição, o melhor plano, que resultará no maior VPL. A maioria das decisões estão relacionadas ao tamanho (dimensionamento) ou taxas de produção com valores que são muito baixos ou muito altos, e com o melhor valor se situando em algum ponto intermediário. Entretanto, todas as decisões interagem umas com as outras. Mude-se uma e todas as outras são afetadas. Não faz sentido otimizar uma decisão sem considerar seu efeito nas demais.

Finalmente, a cava selecionada deverá ser operacionalizada. O traçado das rampas de acesso à britagem deve ser feito de forma a minimizar a distância média de transporte (DMT), ou seja, as vias de circulação e rampas de acesso devem passar o mais próximo possível do centro de massa de cada nível de lavra. Essas alterações não influenciam significativamente os volumes envolvidos, pois a inserção de rampas e bermas é feita mantendo-se os ângulos médios de talude. A adoção do processo de reavaliação e melhoria contínua das condições operacionais é altamente recomendável. Qualquer modificação nas variáveis intervenientes que origine diminuição no lucro deverá levar a uma reavaliação, de modo que se atinja novamente o equilíbrio por outras soluções operacionais que retomem o lucro-base. Gama (1986) sugere implementar uma metodologia de avaliação permanente do lucro em uma mina em operação. Com base no conhecimento dos valores das variáveis intervenientes no cálculo da função benefício, esse método deve determinar o que se pode denominar lucro--base, que deve corresponder ao valor aceitável para a corporação, empresa e/ou investidor(es). Como em cada situação pode haver mais de uma solução que conduza ao lucro-base, devem ser fornecidas alternativas para escolha, em razão de critérios administrativos específicos, ou de decisões de responsabilidade gerencial ou organizacional. Para exemplificar, classificam-se os principais problemas que afetam o lucro na mineração em três grupos:

* modificações no mercado mineral;
* alterações no ambiente socioeconômico;
* mudanças nas condições geológicas da jazida.

Cada um desses tópicos pode ser subdividido, por exemplo, em duas situações, conforme esquematizado na Fig. 5.13. Nessa figura, são sugeridas soluções para os problemas mais frequentes relacionados à queda do lucro na mineração.

Fig. 5.13 *A lógica do controle da função lucro em mineração*
Fonte: Gama (1986).

5.7 Uma análise global do planejamento da lavra de minas

O planejamento da lavra de minas corresponde ao projeto de avanço da lavra de mina envolvendo a previsão dos recursos e a determinação dos custos intrínsecos a esse avanço. Os recursos são constituídos pelos equipamentos, pelos insumos em geral e pelo pessoal, enquanto os custos são aqueles decorrentes da operação desses equipamentos e do pagamento do pessoal. Antes mesmo de se iniciarem as atividades (*start up*) da produção propriamente dita, é necessário, com as informações já disponíveis sobre a jazida e segundo um programa de produção preestabelecido, projetar as alterações da mina no espaço e no tempo futuro. O planejamento da lavra de minas é muito dinâmico: à medida que a mina vai sendo lavrada, novas informações sobre a reserva mineral vão sendo obtidas, levando a uma constante readaptação do plano original às novas condições da mina, evidenciadas pela evolução natural da lavra.

O planejamento da lavra de minas pode ser considerado, assim, como um roteiro para a elaboração da evolução operacional na mina, desde a sua implantação até o seu término, quando exaurida, e passando pelas diversas etapas de desenvolvimento. Assim, será possível, com a antecedência devida, equipar-se com os recursos necessários e prever os meios necessários à consecução desse planejamento. Entende-se, nesse caso, por exemplo, o dimensionamento dos equipamentos para a lavra e a contratação e treinamento do pessoal necessário.

O planejamento da lavra de minas, cumprindo a finalidade de roteiro das operações mineiras, baseia-se em planos diferenciados pelas suas finalidades e naturezas e em termos gerais; esses planos se classificam em planos a longo, médio e curto prazos. O plano de exaustão da mina se estabelece, essencialmente, como um plano a longo prazo, sendo também o plano mais estratégico. A sua elaboração visa aos objetivos de cubar a reserva tecnicamente lavrável; determinar o estéril a ser removido e, consequentemente, a relação estéril/minério; definir os limites da cava final, impedindo, assim, a construção de obras permanentes dentro desses limites; e prever as vias de acesso que se fizerem necessárias. Além do cálculo de reservas, o planejamento de longo prazo deve abordar também os projetos de *pit* final e pilhas de estéril, o sequenciamento de lavra e a seleção dos métodos de lavra, com o correspondente dimensionamento da frota de equipamentos. O plano de exaustão da mina, por definir os limites da cava final, é fundamental para a elaboração dos planos de lavra a médio e curto prazos, que são elaborados como partes integradas e básicas daquele (Costa, 1979). Nos últimos anos, tem-se optado por definir os limites finais da lavra pela via maximizante do benefício, mas, depois, abandonar essa via e, dentro dos limites finais estabelecidos, programar a lavra pela via estacionária (Sad; Valente, 2007). Assim, é usual a elaboração de planos de lavra a longo prazo, de benefício máximo (que são revistos, com ou sem uso da análise convexa, em função de variações mercadológicas, custos operacionais etc.) abrangendo períodos definidos (plano de exaustão, plano decenal, plano quinquenal etc.).

Uma vez obtidos os limites finais da lavra e parâmetros pertinentes (tais como o teor de corte usado na separação do minério e do estéril), deve-se proceder a novas parametrizações, incidindo apenas sobre os materiais a desmontar em períodos menores. Respeitando os limites e as restrições impostas dos planos mais abrangentes, elaboram-se, então, os planos de curto prazo, também considerando intervalos de tempo definidos (planos anuais, semestrais etc.). Os planos de curto prazo incluem, geralmente, as diversas simulações de produção na lavra, o plano anual de lavra e de drenagem e projetos diversos de vias de acesso e de desenvolvimento da mina em geral. Segundo Gama (1986), o planejamento operacional visa ao estado atual da mineração, no seu dia a dia, dentro das especificações do mais recente plano a curto prazo. Ele constitui um guia essencial aos operadores da mina, para que sejam atingidos os objetivos imediatos da lavra. Sua duração alcança no máximo um ano, com subdivisões de meses, semanas ou dias. O plano de preparação da mina é um dos planos a curto prazo. A sua preparação visa programar os trabalhos a realizar antes de se iniciar a produção, de modo a fornecer condições para que esta se inicie e prossiga como programado. No plano de preparação da mina, projetam-se as primeiras estradas de ligação (das primeiras frentes de lavra abertas ao britador primário e à área de disposição de estéril), as praças iniciais de operação das escavadeiras, ou carregadeiras, e os trabalhos gerais de desmatamento e limpeza mínima necessária para se iniciar a produção. O plano de início de produção é também considerado um plano a curto prazo e é preparado com a finalidade de autenticar a viabilidade do programa de produção proposto, a curto prazo, prognosticar as necessidades para a consecução deste e programar, com a antecedência devida, os recursos imprescindíveis ao cumprimento do que foi programado, nos anos seguintes.

Conforme referido anteriormente, o planejamento de mina possui um caráter essencialmente dinâmico, devendo sofrer constantes modificações que reflitam as novas condições da mina, evidenciadas pela evolução da lavra. Assim, elaborar um plano de lavra correspondente ao segundo ano de produção pode se tornar um detalhamento inútil, uma vez que muito dificilmente a mina terá a configuração, ao fim do primeiro ano de produção, como projetada no plano correspondente e, consequentemente, qualquer plano que tenha este primeiro ano como ponto de partida perderá a sua validade (Costa, 1979). Entretanto, planos que envolvam períodos de tempo maiores apresentam maiores probabilidades de refletirem a realidade, por englobarem massas maiores e, portanto, menores erros nas ponderações de médias efetuadas sobre as variáveis intrínsecas. Dessa forma, é habitual elaborarem-se os planos correspondentes ao quinto e ao décimo anos de produção, englobando-os na classe de planos a médio prazo, como medidas necessárias à visualização da evolução da lavra, com menor margem de erro para os períodos analisados. Os diversos planos destacados, ao evidenciar as mutações que a mina sofrerá ao longo de sua vida útil, servirão também de base e referência para um criterioso dimensionamento dos equipamentos, avaliação dos investimentos e dos custos operacionais.

5.8 Considerações finais

A indústria extrativa mineral visa ao aproveitamento econômico de recursos naturais exauríveis e não renováveis. Assim, a maximização da riqueza futura deve se realizar preferencialmente durante a vida útil da mina. Um *projeto de mina* é representado pelo conjunto de estudos necessários à implantação de uma mina e seu sucesso estará sempre condicionado à correção e inter-relação entre os estudos pertinentes.

Desde a origem de sua existência, o homem luta pelo melhor; e, nesse caso, não é diferente. A qualidade e aceitação dos planos referentes ao planejamento de mina hoje em dia são tais, que os gerentes e administradores perguntam, quase habitualmente, antes de qualquer proposta ser submetida à aprovação, se os limites da lavra da mina estão otimizados. Antes de responder, uma outra questão deve ser resolvida: Ótimo e *melhor* são sinônimos no contexto do planejamento de lavra de minas? Etimologicamente, a palavra *ótimo* vem do latim *optimus* e significa: o melhor. Otimização (ótimo) é uma palavra que vem sendo gradualmente adotada, em uso restrito, para descrever um conjunto de técnicas que introduzem modelos matemático-analíticos nas atividades de planejamento. Por outro lado, o significado da palavra *melhor* persiste e é, em última instância, filosófico. Além da dificuldade etimológica, há que se obter consenso sobre o *melhor* planejamento de mina. Para isso, é necessário um acordo entre profissionais de diversas áreas (desde técnicos da lavra e tratamento de minérios até economistas e diretores), todos eles com grande experiência em sua área de atuação. Considerando esse grupo amplo, com opiniões e anseios divergentes, a definição do significado de melhor se torna ainda mais complexa; portanto, tentar fazer analogias diretas entre planos ótimos e melhores planos (segundo a etimologia da palavra) não funcionará. O foco da divergência está, na verdade, na palavra otimização, de uso restrito. De acordo com tal interpretação, a otimização se restringe a uma atividade analítica, não estratégica.

Em termos de projeto da lavra, a maior atenção se concentra, em geral, em delinear o limite (contorno ou geometria) final da lavra, por ser o problema mais imediato. O problema mais geral e definitivo é, entretanto, a programação da produção em relação ao tempo, desde a superfície topográfica virgem até o limite final de mina exaurida. O orçamento, avaliações econômicas e as técnicas de otimização frequentemente se referem a critérios econômicos, que requerem projeções de fluxo monetário de caixa. Assim, atua-se sobre diversas variáveis de prognóstico difícil, como a cotação de certas *commodities* minerais. Um critério comumente adotado no planejamento de lavra de minas é o valor líquido presente do fluxo de caixa. Entretanto, mesmo a aproximação pelo valor líquido presente pode representar um conceito muito intuitivo (como tantos outros modelos econométricos). Com relação aos modelos de corpo de minério para o planejamento final, são adotados, normalmente, blocos regulares para a representação de um dado corpo de minério. Mas como atribuir valores aos blocos, quando a maioria deles não tem sequer um valor amostrado? Comumente, um padrão de variações (do teor, p. ex.) é alcançado subdividindo o depósito, primeiro em regiões geologicamente homogêneas e, depois, buscando um procedimento de interpolação determinística (p. ex., krigagem). Infelizmente, porém, isso não reflete a realidade da variabilidade inerente dentro de um depósito, principalmente em um bloco em particular. A definição dos dados pertinentes ao modelo de blocos requer muita meditação e um cuidado especial, pois a tarefa de atribuir os custos para os blocos em projetos de lavra não é um exercício simples, porque, geralmente, não são calculados os custos em relação ao tempo. Então, mais uma pergunta que deve ser feita é: como lidar com essas incertezas?

Segundo Carmo (2001), aproximações pelo método do valor atual (visando à otimização) exigem cálculos que são feitos pela média de teores e de preços e que culminam, frequentemente, em um plano de lavra pouco flexível (fixo e limitado). Porém, é sempre possível calcular as consequências de suposições diferentes, como variações de teor e variações econômicas (análises de sensibilidade), e até mesmo refazer o plano completamente, considerando hipóteses alternativas. Entretanto, muitas vezes, não são empreendidos tais exercícios devido à quantidade de trabalho envolvida. Além disso, geralmente, as hipóteses consideradas não possibilitam muita flexibilidade em termos dos ajustes necessários ao bom andamento do plano de lavra. Talvez, o problema mais estratégico, em termos do planejamento de uma mina, seja: como se adaptar às flutuações de preços? É muito fácil concluir que a produção deveria ser aumentada em tempos de preços altos e vice-versa. Assim, para qualquer mudança tática na produção, haveria uma correspondente alteração no plano de lavra (que deveria ser convenientemente flexível). Entretanto, o que deve ser entendido é que qualquer incremento (adaptação) na produção em razão do preço é uma forma de especulação. Dessa forma, qualquer política em *condições de incertezas* é especulativa, à medida que o resultado não é *precisamente* previsível. Além disso, as implicações comerciais e financeiras de políticas distintas provavelmente serão diferentes, embora possam ser melhoradas para períodos de tempo mais longos e com a experiência adquirida. Algumas perguntas, entre outras, nessa fase, são inevitáveis e devem ser consideradas:

* a operação contempla um corte na produção quando o preço do produto diminuir?
* pode-se sobreviver por quanto tempo sem produção? A empresa ficaria vulnerável? Como essa ação afetaria o mercado consumidor do produto?
* um fechamento temporário é uma estratégia plausível?

Raramente são vistas tais perguntas como parte integrante de um estudo de planejamento de longo prazo. O certo é que as diversas técnicas de otimização não podem se basear nos melhores planos de lavra até que, a tais planos, se incorporem as diversas incertezas e, ao mesmo tempo, elas sejam respondidas explicitamente, de algum modo (Curi; Carmo, 2006).

Existe uma dificuldade que é comum a quase todos os algoritmos de otimização de cava final de mineração. O limite que envolve a cava, com alto valor líquido presente, não pode ser determinado até que os valores dos blocos sejam conhecidos. Geralmente, os valores dos blocos não podem ser conhecidos até que a sequência de lavra seja especificada, e essa sequência de lavra não pode ser especificada até que os limites da cava estejam disponíveis. Na teoria, a programação dinâmica é capaz de resolver o problema e produzir uma solução ótima. Na prática, contudo, o número de combinações possíveis dos blocos aumenta enormemente, fazendo com que a aplicação rigorosa do algoritmo em três dimensões seja dificultada. Essa é uma falha recorrente da programação dinâmica em muitas das aplicações na indústria mineral (Curi; Carmo, 2006). Uma outra solução seria parametrizar a geometria final da cava de mineração, segundo a teoria desenvolvida por Matheron. Nesse caso, divide-se o problema em duas partes: a parte técnica e a econômica. O objetivo é a maximização da quantidade de metal (mineral, recurso etc.). Essa hipótese está baseada na observação de que a maioria das funções de rendimento, de forma complexa, aumenta com a quantidade de recursos, e a cava de um corpo de minério, em particular, pode, então, ser definida por um número mínimo de parâmetros técnicos: quantidade de metal (recurso), tonelagem total e tonelagem selecionada. Embora o método produza soluções paramétricas que são inteiramente consistentes, ele não é rigorosamente ótimo.

Na verdade, a otimização só será refinada nos planejamentos de médio e curto prazo, em que a quantidade e a qualidade de informações são bem melhores. Nas considerações paramétricas apresentadas, adotam-se a totalidade da jazida e determinados critério de seleção. O teor médio da jazida seria, então, o resultante da análise efetuada. Entretanto, o problema é mais complexo, pois também é muito importante a evolução desse teor ao longo da vida útil da mina. Por isso, tais considerações, para efeitos práticos, são significativas apenas para painéis ou zonas relativamente limitadas do depósito mineral em lavra; assim, há que se questionar: como variará o teor de corte em razão da sequência estabelecida para a lavra? Na realidade, o que é mais importante não é o teor de corte, mas sim a estacionarização do teor médio do produto vendável. Se não se vende o concentrado tal qual, o comprador controlará os lotes do minério segundo as unidades básicas comercializáveis, tais como navio, trem ou caminhão. As quantidades e/ou volumes desses lotes terão influência decisiva no controle de qualidade e, portanto, influência na parametrização também. Para tal estacionarização, geralmente se recorre a parques (*stocks*) antes e depois do concentrador, mas nada garante que o teor de corte não tenha que ser modificado várias vezes para garantir o teor médio requerido, ou à entrada ou à saída da planta de tratamento de minérios. Essa situação, naturalmente, pode ser controlada com melhor planejamento e mais adequada programação da produção. Essas conclusões levaram a desenvolver práticas do desmonte que implicam em uma mistura ou *blendagem* de diferentes minérios, e é nessa ótica que efetivamente a rejeição por teor se pratica ao nível da produção de um desmonte, constrangida pelo objetivo de utilizar de forma estacionária, ou quase estacionária, os meios de trabalho alocados ao grupo de painéis ou zonas em que macroscopicamente se dividiu a jazida (Sad; Valente, 2007).

Além disso, para a modelagem dos blocos, necessita-se de um certo ajuste entre realidade e comodidade, o que introduz incertezas. Então, a pergunta final que deve ser feita é: quais os novos desafios e custos para se ter um plano de lavra de minas que seja fiável na prática? O fato é que, apesar de todas as dificuldades mencionadas, a metodologia de confecção de projetos de mineração tem evoluído muito e apresenta novos desafios a serem enfrentados, como os sugeridos por Heider (2013):

* crescente importância dos temas ligados à sustentabilidade ambiental e aspectos sociais, como o processo de fechamento de mina e seu uso futuro;
* utilização de certificações na avaliação de jazidas;
* consideração sobre o efeito da oferta da infraestrutura na avaliação da viabilidade dos projetos;
* identificação do papel dos *stakeholders* e seus impactos na avaliação da viabilidade dos projetos;
* efeitos da possível integração com fornecedores.

Características próprias da indústria de mineração, como depleção de reservas e custos crescentes ao longo do tempo, elevam a complexidade da avaliação de projetos na área, associados ao fato de ser uma indústria cíclica, muito sensível às variações de preço das *commodities* minerais.

Segundo Whittle, J. (2010) e Whittle, G. (2010), o grande desafio na direção da busca da otimização ideal na lavra de minas está relacionado à otimização empresarial como um todo, considerando-se que há a necessidade de mudança do modo como as minas são gerenciadas. Atualmente, certas decisões, como as taxas de produção na lavra e na usina de tratamento de minérios, são fixadas nos estágios iniciais dos projetos e mantidas inalteradas, sem maiores justificativas. As reservas são anunciadas para o mercado acionário, a fim de segurar o preço das ações, mesmo antes que a otimização tenha sido completada. Para simplificação, o projeto de mineração é dividido em diferentes compartimentos estanques, cada um com seus objetivos específicos. Por comodidade, o gerente de cada compartimento se concentra a trabalhar em sua própria área, com pouca interação com as demais. Paga-se caro por tal simplificação e comodidade. Exemplificando, poderá haver um protesto geral da diretoria, alegando que uma eventual redução das reservas implicará numa redução do preço da ação. Talvez não, se o mercado acionário for informado de que há um plano para propiciar uma antecipação do retorno do capital inicial investido e que as receitas líquidas para os primeiros anos serão aumentadas. A Fig. 5.14 apresenta os fluxos de caixa de um estudo de caso, efetuado por Whittle, J. (2010), referentes à aplicação, respectivamente, do método de planejamento manual, informatizado moderno e idealmente otimizado a uma mina hipotética de cobre e ouro (Whittle, G., 2010).

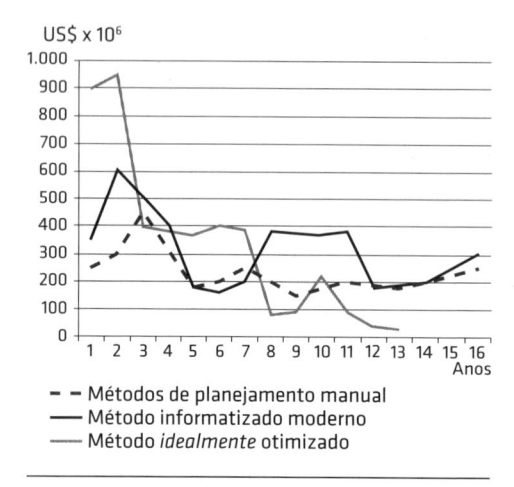

US$ x 10⁶

- - Métodos de planejamento manual
— Método informatizado moderno
— Método *idealmente* otimizado

Fig. 5.14 *Fluxos de caixa resultantes de um estudo de caso referentes à aplicação, respectivamente, do métodos de planejamento manual, informatizado moderno e idealmente otimizado a uma mina hipotética*
Fonte: *adaptado de Whittle, J. (2010).*

A grande maioria dos investidores escolheria a opção do fluxo de caixa idealmente otimizado, a qual oferece maiores lucros e maior distribuição de dividendos, mesmo após o pagamento dos impostos e *royalties*. O ganho pode ser tão substancial que o valor da mina pode até aumentar. Segundo Whittle, J. (2010), existem alguns aspectos óbvios que devem ser checados para se saber se o projeto de lavra é o melhor. Se o projeto de lavra prevê uma produção constante ano após ano, ele não é o melhor. Se o projeto de lavra mantém constante o teor de corte ao longo da vida útil da mina, ele certamente não é o melhor. De modo geral, pode-se dizer que a estacionarização não justificada ou mal justificada de parâmetros por longos períodos de tempo é um fortíssimo indício de não otimização. Segundo Whittle, J. (2010), o próximo desafio em termos do planejamento da lavra de minas não é o desenvolvimento de novos algoritmos ou programas para a mineração, mas filosófico; está ligado a uma mudança comportamental e gerencial que proporcione a desejável interação ótima entre os vários compartimentos nos quais o projeto de mineração é normalmente subdividido, visando a sua execução, como comentado. Ainda de acordo com Whittle, G. (2010), o gerenciamento na mineração baseando-se em indicadores de performance, como minimização de custos operacionais, maximização da recuperação, maximização das reservas e vida útil da mina, pode ser inapropriado. Qualquer plano de negócios que tenha o mesmo conjunto de soluções para situações diversas (por exemplo, decidir a taxa de produção na lavra, relação estéril/minério, teor de corte, teor de alimentação da planta de tratamento de minérios, produção de concentrado, especificação do produto) não pode ser o melhor. O corpo de minério não é o mesmo ao longo dos anos, e mesmo que fosse, as flutuações do valor do dinheiro no tempo fatalmente levariam a alterações no plano original. A otimização empresarial visa proporcionar a desejável flexibilização dos parâmetros e a interação harmônica entre todas as partes, ou compartimentos, do planejamento de lavra de minas. Trata-se de uma combinação filosófica e metodológica com o uso de sofisticados programas para se alcançar os resultados desejados. A atuação eficaz sobre sistemas complexos e variáveis, como é o caso do planejamento de lavra de minas, ao aproximar-se da otimização ideal, poderá criar novas oportunidades, gerar desafios e riqueza.

Exercícios resolvidos

1. A título de ilustração do problema, considere a seção transversal da Fig. 5.15, na qual se tem o corpo mineralizado supostamente homogêneo, com mergulho subvertical e encaixado em rocha estéril. Na figura, há uma seção leste-oeste feita em um modelo de blocos, criado para representar o referido corpo mineralizado, em que se destacam os blocos de minério originados com base no corpo de minério composto pelo veio vertical mineralizado. Ilustra-se, nessa figura, a explotação geometricamente descendente para um ângulo geral de talude de 45° ou 1:1.

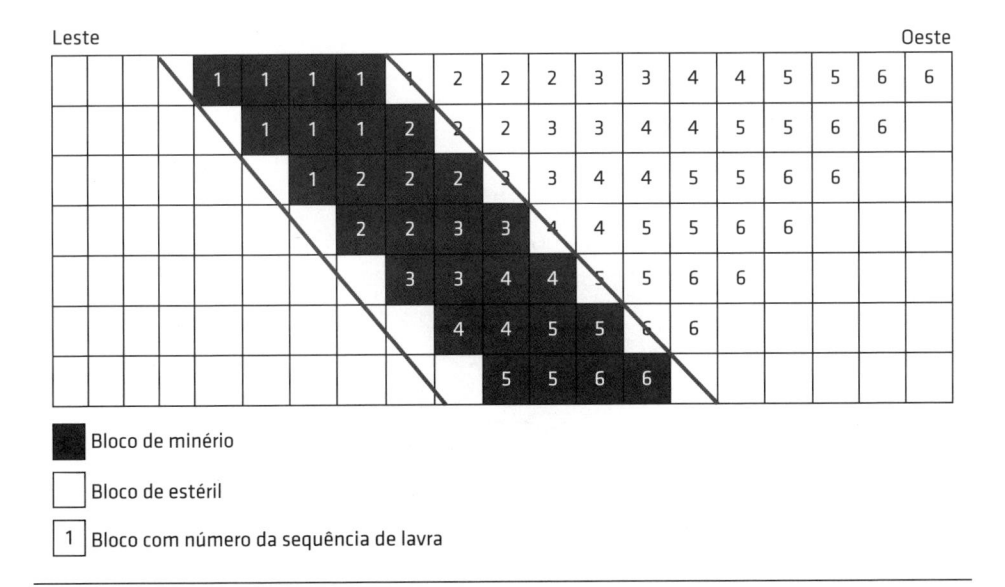

Fig. 5.15 *Seção leste-oeste feita em um modelo de blocos, criado para representar um corpo mineralizado, no qual se destacam os blocos de minério originados com base no corpo de minério composto pelo veio vertical mineralizado e a sequência de lavra representada pelos valores de 1 a 6*

Determine a relação estéril/minério (REM) remanescente das cavas sequenciais dessa explotação.

Solução

A Tab. 5.2 apresenta a REM das cavas sequenciais.

Tab. 5.2 RELAÇÃO ESTÉRIL/MINÉRIO DAS CAVAS SEQUENCIAIS

Sequência/Cava	REM	Volume (M+E)
1	1/8	9
2	5/6	11
3	4/6	10
4	8/4	12
5	10/4	14
6	12/2	14

2. A Fig. 5.16 apresenta um modelo de blocos equidimensionais com seus valores econômicos e a delimitação do corpo de minério contido no interior das linhas paralelas subverticais. Os valores econômicos dos blocos são expressos em uma unidade monetária hipotética (UM$). A análise econômica atribuiu, aos blocos de estéril, o valor de UM$ –4 e, aos blocos de minério, o valor de UM$ 12 como apresentado na Fig. 5.16. Determine o valor econômico da cava nesta seção usando:

a] o sequenciamento de lavra por cavas sequenciais;

b] o sequenciamento de lavra por níveis.

Leste ... Oeste

-4	-4	12	12	12	-4	-4	-4	-4	-4	-4	-4
-4	-4	-4	12	12	12	-4	-4	-4	-4	-4	-4
-4	-4	-4	12	12	12	-4	-4	-4	-4	-4	-4
-4	-4	-4	-4	12	12	12	-4	-4	-4	-4	-4
-4	-4	-4	-4	12	12	12	-4	-4	-4	-4	-4
-4	-4	-4	-4	-4	12	12	12	-4	-4	-4	-4
-4	-4	-4	-4	-4	12	12	12	-4	-4	-4	-4
-4	-4	-4	-4	-4	-4	12	12	12	-4	-4	-4
-4	-4	-4	-4	-4	-4	12	12	12	12	-4	-4

FIG. 5.16 *Modelo de blocos com os valores econômicos e a delimitação do corpo de minério*

Solução

a] Pode-se acompanhar um exemplo de sequenciamento de uma seção (2D) pelas figuras a seguir. Pela análise da delineação do corpo mineralizado e dos valores dos blocos, pode-se deduzir que o corpo mineral apresenta a forma de um veio mineralizado subvertical. Os veios correspondem a zonas mineralizadas, nitidamente alongadas em uma dada direção, mas com espessura variável. Na prática mineira, considera-se que um veio é delgado, quando sua espessura é inferior a três metros, e espesso, quando acima. Comumente, o ângulo de mergulho dos veios é acentuado, o corpo mineralizado é disforme e o contato com as rochas encaixantes ora é brusco, ora é gradual.

Como se pode observar na Fig. 5.17, nos contatos com as rochas encaixantes (ou estéril), os valores dos blocos estarão situados entre o valor máximo de UM$ 12 e o valor mínimo de UM$ –4. Segundo a interpretação bidimensional adotada nesse exemplo, aos blocos com a maior parte de sua área dentro da linha limítrofe, foi dado o valor de UM$ 8, ou seja, o valor correspondente à diferença entre o valor adotado para o bloco de minério e o bloco de estéril.

Aos blocos com a maior parte de sua área fora da linha limítrofe, foi dado o valor zero. A Fig. 5.17, a seguir, apresenta os novos valores a serem usados, convenientemente corrigidos nos contatos do minério com as encaixantes (estéril). A Fig. 5.18, por sua vez, apresenta a solução do exercício a).

Leste   Oeste

	0	1	2	3	4	5	6	7	8	9	10	11	12	13	14	15	16	17
1	-4	-4	-4	-4	-4	8	12	12	0	-4	-4	-4	-4	-4	-4	-4	-4	-4
2		-4	-4	-4	-4	0	12	12	8	-4	-4	-4	-4	-4	-4	-4	-4	
3			-4	-4	-4	8	12	12	0	-4	-4	-4	-4	-4	-4			
4				-4	-4	-4	0	12	12	8	-4	-4	-4	-4	-4			
5					-4	-4	-4	8	12	12	0	-4	-4	-4				
6						-4	-4	0	12	12	8	-4	-4	-4				
7							-4	-4	8	12	12	0	-4					
8							-4	0	12	12	8	-4						
9								-4	8	12	12	0						

Fig. 5.17 *Valores ajustados aos contatos minério/estéril*

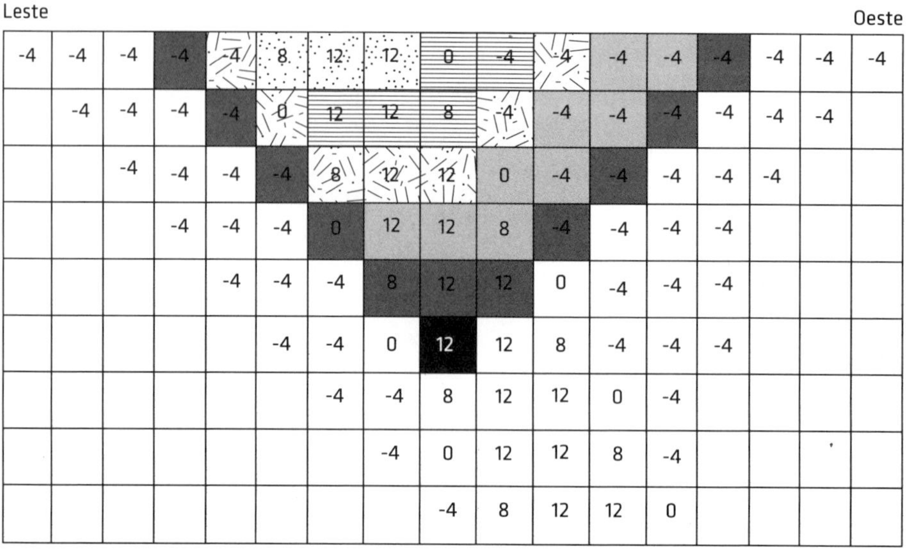

Leste / Oeste

-4	-4	-4	-4	-4	8	12	12	0	-4	-4	-4	-4	-4	-4	-4	-4
	-4	-4	-4	-4	0	12	12	8	-4	-4	-4	-4	-4	-4		
		-4	-4	-4	-4	8	12	12	0	-4	-4	-4	-4	-4		
			-4	-4	-4	0	12	12	8	-4	-4	-4	-4			
				-4	-4	-4	8	12	12	0	-4	-4	-4			
					-4	-4	0	12	12	8	-4	-4	-4			
						-4	-4	8	12	12	0	-4				
							-4	0	12	12	8	-4				
								-4	8	12	12	0				

FIG. 5.18 *Sequenciamento da lavra por cavas sequenciais de 1 a 6 e seus valores econômicos*

Cava 1 = 32

Cava 2 = 28

Cava 3 = 20

Cava 4 = 12

Cava 5 = 4

Cava 6 = 12

Soma = 108

Verifica-se que, no sexto nível, só pode ser retirado um bloco, ou seja, o bloco central de valor 12. A soma representa o valor final da cava.

b] Sequenciamento da lavra por nível (Fig. 5.19)

Nível 1 = 4

Nível 2 = 12

Nível 3 = 20

Nível 4 = 28

Nível 5 = 32

Nível 6 = 12

Soma = 108

Leste   Oeste

-4	-4	-4	-4	-4	8	12	12	0	-4	-4	-4	-4	-4	-4	-4	-4
	-4	-4	-4	-4	0	12	12	8	-4	-4	-4	-4	-4	-4	-4	
		-4	-4	-4	-4	8	12	12	0	-4	-4	-4	-4	-4		
			-4	-4	-4	0	12	12	8	-4	-4	-4	-4			
				-4	-4	-4	8	12	12	0	-4	-4	-4			
					-4	-4	0	12	12	8	-4	-4	-4			
						-4	-4	8	12	12	0	-4				
							-4	0	12	12	8	-4				
								-4	8	12	12	0				

FIG. 5.19 *Sequenciamento da lavra por níveis sequenciais de 1 a 6 e seus valores econômicos*

Verifica-se que, no sexto nível, só pode ser retirado um bloco, ou seja, o bloco central de valor 12. A soma representa o valor final da cava 4, 12, 20, 28, 32, 12 = 108.

Constata-se assim, a antecipação das receitas pela lavra dos blocos mais ricos primeiro, no sequenciamento da lavra por cavas sucessivas.

3. A título de ilustração do problema, considere uma seção transversal em uma topografia plana e um corpo mineralizado supostamente homogêneo, com mergulho vertical e encaixado em rocha estéril. Assume-se que o corpo de minério tem uma grande extensão na direção norte-sul, de forma que os efeitos nos limites da cava final são tão pequenos que se pode projetar a cava com base em seções, sem incorrer em erros consideráveis. Na Fig. 5.20, a seguir, tem-se uma seção leste-oeste feita em um modelo de blocos, criado para representar o referido corpo mineralizado, em que se destacam os blocos de minério originados com base no corpo de minério composto pelo veio vertical mineralizado.

Considere ainda que todos os blocos do modelo foram convenientemente *reagrupados* em blocos maiores, obtendo-se como resultado um modelo como o apresentado na Fig. 5.20. Ilustra-se, nessa mesma figura, a explotação em

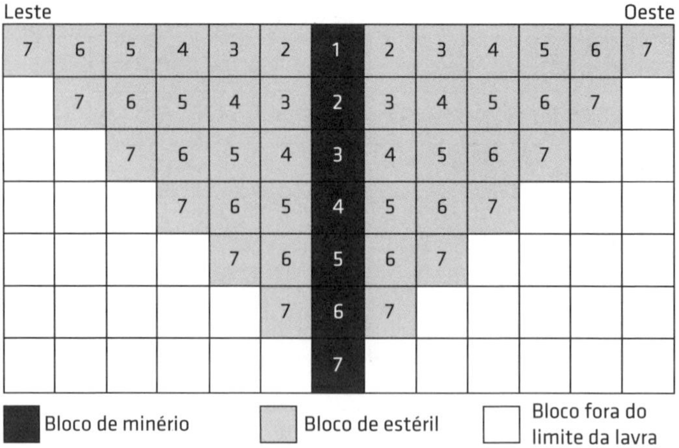

Leste — Oeste

7	6	5	4	3	2	1	2	3	4	5	6	7
	7	6	5	4	3	2	3	4	5	6	7	
		7	6	5	4	3	4	5	6	7		
			7	6	5	4	5	6	7			
				7	6	5	6	7				
					7	6	7					
						7						

■ Bloco de minério   ■ Bloco de estéril   □ Bloco fora do limite da lavra

FIG. 5.20 *Explotação em cava, na qual as cavas formadas são lavradas em sequência e todo o estéril de cada cava é removido para manter a estabilidade da lavra*

cava na qual cada uma das diversas cavas formadas é lavrada em sequência e todo o estéril em particular de cada cava é removido para manter a estabilidade da lavra. Na sequência 1, a relação de blocos de estéril para blocos de minério é de 0/1. Na sequência 2, cava 2, a relação estéril/minério é de 2/1. Na sequência 3, é de 4/1 e assim por diante, até o banco 7, no qual a REM será de 12/1. Considere que, na figura, cada banco de lavra, contendo os blocos de minério reagrupados, contém 250 mil t de minério e cada um dos blocos reagrupados de estéril representa 50 mil t de estéril. Ressalta-se que, apesar de a análise ser bidimensional, ela tem todas as características de uma análise tridimensional por incluir também a extensão norte-sul do corpo, como comentado. Se o lucro líquido da venda do minério por tonelada é de UM$ 4 e o custo de remoção do estéril é de UM$ 3, então:

a] calcule a cava ótima para o modelo apresentado, considerando a lavra rápida, o sequenciamento por cavas e por níveis.

b] calcule a cava ótima para uma taxa de produção limitada a 250 mil t de minério por ano, uma taxa de desconto de 10% ao ano e considerando o sequenciamento por cavas e por níveis.

c] compare e discuta os resultados apresentados.

Solução

Tem-se, na Tab. 5.3, o valor das cavas 1 a 7 respectivamente, para a lavra rápida e para a lavra com produção limitada a 250 t/ano, considerando um fluxo de caixa ao qual foi aplicada uma taxa de desconto de 10% ao ano.

Tab. 5.3 VALOR DAS CAVAS PARA A LAVRA RÁPIDA E PARA A LAVRA COM PRODUÇÃO LIMITADA A 250t/ano, COM TAXA DE DESCONTO DE 10% AO ANO APLICADA AO FLUXO DE CAIXA

Cava ou ano	Minério (t x 10³) acumulado	Estéril (t x 10³) acumulado	Total minério +estéril	*REM* volumétrica	*REM* mássica	Total minério +estéril	Valor da cava (UM$ x 10³)	Valor acum. do nível - cava 4 (UM$ x 10³)/ (10% a.a.)	Valor da cava (UM$ x 10³)/ (10% a.a.)	Valor acum. do nível – cava 4 (UM$ x 10³)/ (10% a.a)
1	250	0	250	0	0	250	1.000	100	1.000	100
2	500	100	600	2/1	0,2	600	1.700	500	1.640	463
3	750	300	1.050	4/1	0,4	1.050	2.100	1.200	2.020	1.043
4	1.000	600	1.600	6/1	0,6	1.600	2.200	2.200	2.110	1.794
5	1.250	1.000	2.250	8/1	0,8	2.250	2.000		1.925	
6	1.500	1.500	3.000	10/1	1,0	3.000	1.500		1.236	
7	1.750	2.100	3.850	12/1	1,2	3.850	700		397	

Se a capacidade de produção da lavra e o beneficiamento forem suficientes para a lavra em poucos meses (lavra rápida), ou a taxa de desconto for igual a zero, a sequência de lavra terá pouco efeito no fluxo de caixa e a cava 4 será a cava escolhida (maior valor) independentemente de a lavra ser executada por cavas sucessivas ou por bancos.

Entretanto, se a capacidade de lavra e/ou processamento for limitada e a vida útil da mina se prolongar ao longo dos anos, então a sequência de lavra influirá no fluxo de caixa e também no tamanho da cava ótima. No caso, a cava 4 reduzirá seu valor presente de UM$ 2.200 para UM$ 2.110, se a lavra for por cavas, e para UM$ 1.794, se a sequência de lavra for por níveis. Ainda no caso em questão, a cava 3 terá um valor maior (UM$ 1.862) que a cava 4 (UM$ 1.794), se a sequência de lavra for executada por níveis, utilizando a taxa de desconto de 10% ao ano. Quando se lavra em uma sequência não otimizada (por exemplo, lavra por níveis), a cava final tende a diminuir de tamanho. Qualquer sequenciamento de lavra de minas produzirá, na prática, resultados com valores entre estes dois extremos, ou seja, a lavra totalmente em cava ou totalmente por níveis.

4. A título de ilustração do problema, considere uma seção transversal em uma topografia plana e um corpo mineralizado supostamente homogêneo, com mergulho vertical e encaixado em rocha estéril. Assume-se que o corpo de minério tem uma grande extensão na direção norte-sul, de forma que os efeitos nos limites da cava final são tão pequenos que se pode projetar a cava com base nas seções, sem incorrer em erros consideráveis. Na Fig. 5.21, tem-se uma seção leste-oeste feita em um modelo de blocos, criado para representar o referido corpo mineralizado, em que se destacam os blocos de minério originados com base no corpo de minério composto pelo veio vertical mineralizado.

Considere ainda que todos os blocos do modelo foram convenientemente *reagrupados* em blocos maiores, obtendo-se como resultado um modelo como o apresentado na Fig. 5.21. Nessa figura, cada banco de lavra, contendo os blocos de minério reagrupados, possui 250 t de minério e cada um dos blocos reagrupados de estéril representa 50 t de estéril. Ressalta-se que, apesar de a análise ser bidimensional, ela tem todas as características de uma análise tridimensional por incluir também a extensão norte-sul do

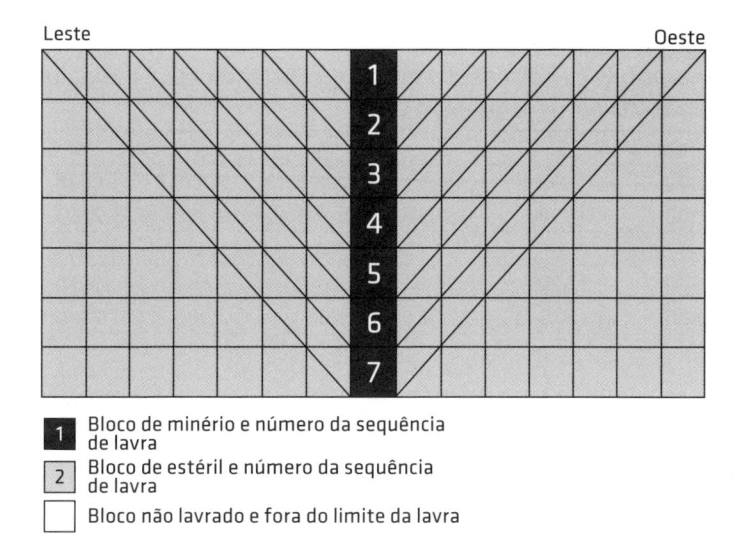

FIG. 5.21 *Bancos de lavra contendo os blocos de minério reagrupados*

corpo, como comentado. Se o lucro líquido da venda do minério por tonelada é de UM\$ 4 e o custo de remoção do estéril é de UM\$ 2 (adaptado de Whittle, 1989), então:

a] calcule o valor das cavas para a lavra rápida e produção não limitada.

b] calcule a cava ótima para uma taxa de beneficiamento (b) limitada a 250 mil t de minério por ano, uma taxa de desconto de 10% ao ano e considerando o sequenciamento por cavas sequenciais e por níveis.

c] calcule a cava ótima para uma taxa de produção na lavra (c) limitada a 500 mil t de minério por ano, uma taxa de desconto de 10% ao ano e considerando o sequenciamento por cavas sequenciais e por níveis.

d] compare e discuta os resultados apresentados.

Solução

a] Observe a Tab. 5.4.

Tab. 5.4 VALORES DAS CAVAS PARA A LAVRA RÁPIDA E PRODUÇÃO NÃO LIMITADA

Cava	1	2	3	4	5	6	7
Minério (t)	250	500	750	1.000	1.250	1.500	1.750
Estéril (t)	50	200	450	800	1.250	1.800	2.450
Total (t)	300	700	1.200	1.800	2.500	3.300	4.200
Valor cava UM\$	900	1.600	2.100	2.400	*2.500*	2.400	2.100

b] e **c]** Observe a Tab. 5.5.

Tab. 5.5 VALORES DAS CAVAS COM A PRODUÇÃO LIMITADA PELA CAPACIDADE DE BENEFICIAMENTO (B) OU LAVRA (C)

Cava	1	2	3	4	5	6	7
Nível/b	900	1.530	1.920	*2.090*	2.060	1.850	1.490
Cava/b	900	1.530	1.940	2.150	*2.220*	2.160	2.000
Cava	**1**	**2**	**3**	**4**	**5**	**6**	**7**
Nível/c	900	1.520	1.870	*2.010*	1.960	1.550	1.050
Cava/c	900	1.520	1.900	2.070	*2.100*	1.990	1.790

d] Se a capacidade de produção da lavra e beneficiamento forem suficientes para a lavra em poucos meses (lavra rápida), ou a taxa de desconto for igual a zero, a sequência de lavra terá pouco efeito no fluxo de caixa e a cava 5 será a cava escolhida (maior valor), independentemente se a lavra for executada por cavas sucessivas ou por bancos.

Entretanto, se a capacidade de lavra e/ou de processamento for limitada e a vida útil da mina se prolongar, então a sequência de lavra influirá no fluxo de caixa e também no tamanho da cava ótima. No caso, a cava 5 reduzirá seu valor presente de UM$ 2.500 para UM$ 2.220 (cava b), se a lavra for por cavas sucessivas, e para UM$ 2.060 (nível b), se a sequência de lavra for por níveis. No caso da lavra por níveis, a redução será ainda maior e a cava 4 terá um valor maior (UM$ 2.090) que a cava 5 (UM$ 2.060), se a sequência de lavra for executada por níveis, utilizando a taxa de desconto de 10% ao ano. Para a análise da questão c, pode-se fazer um raciocínio idêntico, comparando os valores apresentados na mesma tabela. Quando se lavra em uma sequência não otimizada (por exemplo, lavra por níveis), a cava final tende a diminuir de tamanho. Qualquer sequenciamento de lavra de minas produzirá, na prática, resultados com valores entre esses dois extremos, ou seja, a lavra totalmente em cava ou totalmente por níveis.

EXERCÍCIOS PROPOSTOS

1. Na Fig. 5.22, a seguir, estão apresentadas diversas geometrias de escavação ou limites da lavra ou cavas exequíveis, do ponto de vista operacional, e estáveis, do ponto de vista geotécnico. Como se observa na figura, à medida que se passa da opção 1, cava 1, em que se lavra somente estéril, para as cavas mais profundas, respectivamente, cavas 2, 3, 4, 5, 6 e 7, há um incremento Δm às reservas de minério lavráveis e, portanto, da vida do empreendimento,

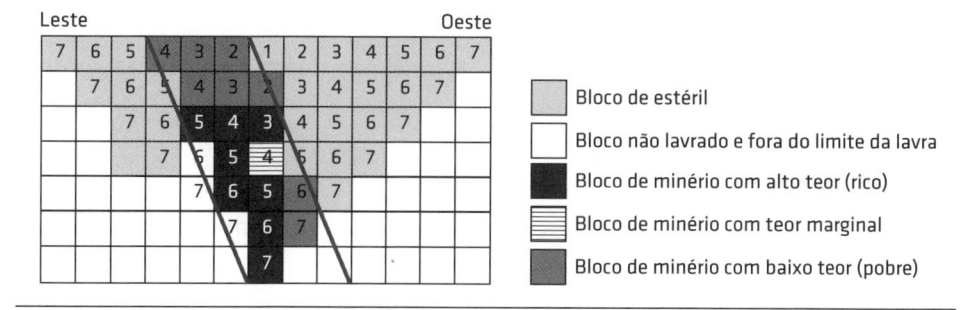

FIG. 5.22 *Geometrias de escavação exequíveis*

supondo-se uma determinada capacidade de produção. Esse fato favorece a escolha de GLLPs mais profundas, que implicam em maior volume vendável, incrementando, portanto, a receita global ao longo da vida útil.

Por outro lado, a escolha de cavas mais profundas também implica em elevação do custo, em razão do incremento Δe no volume de estéril (visando liberar as reservas de minério e garantir a estabilidade da escavação) a ser removido e ao aumento da distância média de transporte (DMT). Esse aumento de custo contrapõe-se ao benefício do aumento das reservas de minério lavráveis.

Considere o corpo mineralizado não homogêneo adiante e determine a *REM* de cada cava sequencial, observando o seguinte:

a] considere apenas a recuperação do minério rico.

b] considere a recuperação do minério rico e do minério marginal.

2. Refaça o Exercício 3 da seção de Exercícios resolvidos, mas considerando agora um lucro líquido por bloco de minério de UM$ 6 e mantendo as demais condições inalteradas.

3. Refaça o Exercício 4 da seção de Exercícios resolvidos, mas considerando agora um lucro líquido por bloco de minério de UM$ 3 e mantendo as demais condições inalteradas.

4. Efetue o cálculo do valor presente para o fluxo da caixa (linha 10) do estudo de caso da Tab. 5.1, considerando taxas de juros de, respectivamente, 5% e 10%.

5. Compare os resultados obtidos no exercício anterior com os resultados originais da Tab. 5.1 (taxa de juros de 15%) e tire suas conclusões sobre a viabilidade de empreendimento.

EXERCÍCIOS PROPOSTOS DE MÚLTIPLA ESCOLHA

1. Qual a melhor alternativa de aproveitamento de um bem mineral?
   a] Lavra da totalidade da reserva
   b] Lavra somente das porções ricas
   c] Lavra de partes selecionadas
   d] Lavra das porções próximas da superfície
   e] Lavra dos afloramentos e porções ricas

2. Qual estágio do planejamento mineiro listado a seguir não está na ordenação sequencial correta?
   a] 1) Estudos conceituais
   b] 2) Estudos de viabilidade técnica e econômica
   c] 3) Estudos preliminares
   d] 4) Projeto e construção
   e] 5) Operação

3. São elementos geométricos de uma lavra de minas a céu aberto, exceto:
   a] altura do banco
   b] largura do banco
   c] ângulo do talude
   d] ângulo geral do talude
   e] altura da berma

4. De que forma a relação estéril/minério pode evoluir durante a vida da mina?
   a] crescente
   b] decrescente
   c] constante
   d] todas as formas anteriores
   e] nenhuma das formas anteriores

5. Qual passo é mais decisivo ao se criar um banco de dados geológico-mineiro – BDG – em termos do moderno planejamento de lavra por computadores?
   a] Selecionar os furos de sondagem

b] Criar seções horizontais e verticais, utilizando os dados dos furos de sondagem

c] Usar geoestatística

d] Selecionar os parâmetros do modelo de blocos

e] Calcular os volumes de minério e estéril e montar as curvas de parametrização

6. Qual(is) o(s) parâmetro(s) que deve(m) ser considerado(s) na montagem da função benefício e respectiva atribuição dos valores econômicos dos blocos em um planejamento de mina, que, de modo geral, tende a aumentar seu valor com o aprofundamento da cava?

a] Densidade do minério

b] Custo de lavra e transporte do minério

c] Custo de lavra e transporte do estéril

d] As alternativas a, b e c estão corretas

e] As alternativas b e c estão corretas

7. Que tipo de ruptura é comum em solos e rochas intemperizadas?

a] Plana

b] Circular

c] Em cunha

d] Tombamento de blocos

e] Esférica

8. A sequência de lavra objetiva estabelecer a estratégia de escavação que garanta as condições listadas a seguir, exceto:

a] número de frentes em lavra simultaneamente, de forma a atender as exigências de produção

b] estacionarização de parâmetros (teores/tipologias de minério) para a planta de beneficiamento

c] remoção de estéril de forma a liberar reservas

d] garantir espaço operacional adequado para manutenção das condições de segurança e produtividade

e] lavra por nível banco a banco da mina, até os limites da cava final projetada

9. A direção de um furo de sondagem também pode ser designada como:
   a] azimute
   b] rumo
   c] orientação
   d] azimute ou rumo
   e] azimute, rumo ou orientação

Estudo dirigido

1. Quais os fundamentos do planejamento de mina?
2. Quais as alternativas de aproveitamento de um bem mineral?
3. Comente sobre as fases de um projeto de mineração.
4. Comente sobre as etapas do planejamento mineiro.
5. O que se entende por planejamento de curto, médio e longo prazo (plano de exaustão)?
6. Que estudos devem contemplar um plano de exaustão para uma mina a céu aberto?
7. Quais os principais elementos geométricos de uma lavra de minas a céu aberto? Faça um desenho ilustrativo.
8. Disserte sobre a relação estéril/minério e sua influência no fluxo de caixa de um empreendimento mineiro.
9. O que se entende por modelagem geológica de corpos minerais?
10. Quais os passos necessários para se criar um banco de dados geológico--mineiro – BDG?
11. Em que consiste o modelo de blocos e qual a sua importância para o planejamento na lavra de minas?
12. Quais os parâmetros principais que devem ser considerados na montagem da função benefício e respectiva atribuição dos valores econômicos aos blocos em um planejamento de mina?
13. Disserte sobre o processo de seleção e comparação das geometrias otimizadas no planejamento de lavra de longo prazo.
14. Qual a diferença de significado das palavras ótimo e melhor em termos do moderno planejamento de lavra?
15. Sugira uma metodologia lógica para o controle da função de lucro-base na mineração.
16. O que se entende por parametrização técnica de reservas?
17. Disserte sobre as principais metodologias de sequenciamento de lavra.

referências bibliográficas

AGRICOLA, G. *De re metallica*. Translated from the first Latin edition of 1556 by Herbert Clark Hoover and Lou Henry Hoover. New York: Dover, 1950. 693 p.

ANNELS, A. E. *Mineral deposit evaluation*: a practical approach. London: Chapman & Hall, 1991. 436 p.

ARAÚJO, A. C. Introdução. In: VALADÃO, G. E. S.; ARAÚJO, A. C. *Introdução ao tratamento de minérios*. Belo Horizonte: Editora da UFMG, 2007. p. 11-16.

BARTÁK, R. On the boundary of planning and scheduling: a study. In: WORKSHOP OF THE UK PLANNING AND SCHEDULING, SPECIAL INTEREST GROUP, 18., 1999, Manchester. *Proceedings...* Manchester, 1999. p. 28-39.

BOAVENTURA NETTO, P. O. *Grafos*: teoria, modelos, algoritmos. São Paulo: Blücher, 2006. 313 p.

BONGARÇON, D. F.; MARECHAL, A. A new method for open pit design parametrization of the final pit contour. In: APCOM SYMPOSIUM OF THE SOCIETY OF MINING ENGINEERS, 14., Pittsburg. *Proceedings...* Pittsburg: SME/ Aime, 1976. p. 573-583.

BRE-X collapse rocks market. *Mining Journal*, London, v. 328, n. 8423, Apr. 4, 1997. p. 265.

BUSANG spur. *Mining Journal*, London, v. 327, n. 8396, Sept. 20, 1996. p. 217.

CALAES, G. D. *Planejamento estratégico, competitividade e sustentabilidade na indústria mineral*: dois casos de não metálicos no Rio de Janeiro. Rio de Janeiro: Cetem/MCT/ CNPq/CYTED, 2006. 242 p.

CARMO, F. A. R. *Metodologias para o planejamento de cavas finais em lavras a céu aberto otimizadas por algoritmos*. 2001. 114 f. Dissertação (Mestrado) – Curso de Mestrado em Engenharia de Minas, Departamento de Engenharia de Minas, Universidade Federal de Ouro Preto, Ouro Preto, 2001.

CONDE, R. P.; YAMAMOTO, J. K. Avaliação de reservas por métodos computacionais: um estudo de caso na Mina de Canoas 2 (PR). *Bol. IG-USF Sér. Cient.*, v. 26, p. 13-28, 1995.

COSTA, R. R. *Projeto de mineração*. Ouro Preto: Universidade Federal de Ouro Preto, 1979. 2 v.

CRAWFORD, J. T.; DAVEY, R. K. Case study in open-pit limit analysis. In: WEISS, A. (Ed.). *Computer methods for the 80's in the mineral industry*. New York: Society of Mining Engineers, 1979. p. 311-318.

CURI, A. *Estudos para a redução do teor de fósforo em minérios de ferro*. 1991. 111 f. Dissertação (Mestrado) – Curso de Pós-Graduação em Engenharia Metalúrgica e de Minas, Escola de Engenharia da Universidade Federal de Minas Gerais, Belo Horizonte, 1991.

CURI, A. *Análise e mitigação do impacto ambiental causado pela subsidência devida a minas subterrâneas*. 1995. 208 f. Tese (Doutorado) – Curso de Doutorado em Engenharia de Minas, Instituto Superior Técnico, Universidade Técnica de Lisboa, Lisboa, 1995.

CURI, A.; CARMO, F. A. R. Otimização econômica de explotações a céu aberto. *Revista da Escola de Minas*, Ouro Preto, v. 59, n. 3, p. 317-321, jul./set. 2006.

CURI, A.; ORTIZ, C. H. A. Mine design of a typical porphyry exploitation using CSmine and Surpac programs. In: INTERNATIONAL SYMPOSIUM ON MINE PLANNING AND EQUIPMENT SELECTION, 21., 2012, New Delhi. *Proceedings...* Irvine: The Reading Matrix, 2012. v. 1.

CURI, A.; NEME, M. B.; SILVA, J. M.; CARNEIRO, A. C. B. Realização de projeto de lavra de mina subterrânea com utilização de aplicativos específicos. *Revista da Escola de Minas*, Ouro Preto, v. 64, p. 519-524, 2011.

CURI, A.; PEREIRA, M. A.; SOUSA, W. T.; SILVA, V. C. Final open pit design for Monte Raso phosphate mine. *International Journal of Modern Engineering Research*, v. 3, p. 3780-3785, 2013.

DAGDELEN, K.; FRANÇOIS-BONGARÇOM, K. Towards the complete double parameterization of recovered reserves in open pit mining. In: INTERNATIO-NAL SYMPOSIUM ON THE APPLICATION OF COMPUTERS AND OPERATIONS RESEARCH IN THE MINERAL INDUSTRY, 17., 1982. New York: SME/Aime, 1982. p. 288-296.

DEVORE, J. L. *Probabilidade e estatística*: para engenharia e ciências. Tradução de Joaquim Pinheiro Nunes da Silva. São Paulo: Pioneira Thomson Learning, 2006. 692 p.

DOROKHINE, I. et al. *Gisements de minéraux utiles et leur prospection*. Moscou: École Supérieure, [1967?]. 412 p.

FERREIRA, J. B. *Dicionário de geociências*. Ouro Preto: Fundação Gorceix, 1980. 550 p.

GAMA, C. D. *Metodologia de controle de lucro em mineração*. Publicação IPT 1661. São Paulo: IPT, 1986. 24 p.

GAMA, J. T.; SARDI, J. A. O ouro de Busang. *Revista da Escola de Minas*, Ouro Preto, v. 50, n. 3, jul./set. 1997.

GIRODO, A. C. *Planejamento da produção mineral*: material didático instrucional. Belo Horizonte: Ietec, 2006.

GIRODO, A. C.; CAMPOS, A. C. A. *Curso rápido de geoestatística e planejamento mineiro*. Belo Horizonte: SBG, 1998.

GUIDICINI, G.; NIEBLE, C. M. *Estabilidade de taludes naturais e de escavação*. São Paulo: Blücher: USP, 1976. 170 p.

GY, P. M. *Sampling of particulate materials*: theory and practice. Amsterdam: Elsevier, 1979. 431 p.

GY, P. M. *Sampling for analytical purposes*. Chichester: John Wiley & Sons, 1998. 153 p.

HARTMAN, H. L.; MUTMANSKY, J. M. *Introductory mining engineering*. 2. ed. New Jersey: John Wiley & Sons, 2002. 570 p.

HEIDER, M. Estágios e etapas de projetos de mineração. *Revista In the Mine*, São Paulo, n. 41, p. 60-64, 2012.

HEIDER, M. Estágios e etapas de projetos de mineração: parte II. *Revista In the Mine*, São Paulo, n. 42, p. 38-40, 2013.

HOEK, E.; BRAY, J. *Rock slope engineering*. 4. ed. New York: Taylor & Francis, 2004.

HUSTRULID, W.; KUCHTA, M. *Open pit mine planning & design*: fundamentals. Rotterdam: A. A. Balkema, c1995. v. 1. 836 p.

HUSTRULID, W.; KUCHTA, M. *Open pit mine planning & design*. 2. ed. rev. ampl. Leiden: Taylor & Francis: A. A. Balkema, 2006. 636 p.

JORDT-EVANGELISTA, H. *Mineralogia*: conceitos básicos. Ouro Preto: Ufop, 2002. 62 p.

KEAREY, P.; KLEPEIS, K. A.; VINE, F. J. *Tectônica global*. 3. ed. Tradução de Daniel Françoso de Godoy e Peter Christian Hackspacker. Porto Alegre: Bookman, 2014. 436 p.

KOPPE, J. C. A lavra e a indústria mineral no Brasil: estado da arte e tendências tecnológicas. In: FERNANDES, F. R. C.; LUZ, A. B.; MATOS, G. M. M; CASTILHOS, Z. C. *Tendências tecnológicas Brasil 2015*: geociências e tecnologia mineral. Cetem/MCT, 2007. 380 p. il.

LERCHS, H.; GROSSMANN, L. F. Optimum design of open-pit mines. *Transactions of the Canadian Institute of Mining and Metallurgy*, v. 58, p. 47-54, 1965.

LIMA, M. R. D. *Pedro II e Gorceix*: a fundação da Escola de Minas de Ouro Preto. [Ouro Preto]: Fundação Gorceix, 1977. 291 p.

MAIA, J. *Curso de lavra de minas*: desenvolvimento. 2. ed. Ouro Preto: Fundação Gorceix: Departamento de Engenharia de Minas da Ufop, 1987. 133 p.

MAIA, J. *Pesquisa mineral*: notas roteiro: introdução ao curso de geologia econômica. Convênio Planfap/Ufop. Ouro Preto: Ufop, 1974. v. 1. 212 p.

MAPTEK INFORMÁTICA DO BRASIL. *Manual de utilização do programa Vulcan*: relatório interno. Belo Horizonte, 2000. 1 v.

MARANHÃO, R. J. L. *Introdução à pesquisa mineral*. 2. ed. Fortaleza: BNB: Etene, 1982. 680 p.

MARZANO FILHO, L. *O velho teimoso*: um sonho... o éden III. Conselheiro Lafaiete: Central Gráfica, 2013. 120 p.

MATHERON, G. *The theory of regionalized variables and its application*. Fontainebleau: Centre de Géostatistique et de Morphologie Mathématique, 1971. 211 p.

MATHERON, G. *Le paramétrage technique des réserves*. Technical Report 453. Fontainebleau: Centre de Géostatistique et de Morphologie Mathématique, 1975.

MENDES, F. M. *Geomecânica aplicada à exploração mineira subterrânea*. Lisboa: Instituto Superior Técnico da Universidade Técnica de Lisboa, 1985. 346 p.

NAGLE, A. J. Avaliação da rentabilidade em projetos de mineração. *Revista Brasil Mineral*, São Paulo, n. 58, p. 101-106, set. 1988.

OLIVEIRA, G. D. *História da evolução da Engenharia*. Belo Horizonte: AEAEEUFMG, 2010. 270 p.

PAIONE, J. A. *Jazida mineral*: como calcular seu valor. Rio de Janeiro: Divisão de Editoração Geral da CPRM, 1998. 116 p.

PEELE, R.; CHURCH, J. A. *Mining engineers' handbook*. 3. ed. New York: J. Wiley, 1941. 2 v.

PFLEIDER, E. P. *Surface mining*. New York: Aime, 1968. 1061 p.

PRATI, F. J. *Geometria de minas a céu aberto*: fator crítico de sucesso da indústria mineral. 1995. 44 f. Dissertação (Mestrado) – Curso de Mestrado em Engenharia de Minas, Departamento de Engenharia de Minas, Escola Politécnica da Universidade de São Paulo, São Paulo, 1995.

REIS, D. V. *Operações mineiras*. Ouro Preto: Universidade Federal de Ouro Preto, 1982. 199 p.

REVUELTA, M. B.; LÓPEZ JIMENO, C. *Manual de evaluación y diseño de explotaciones mineras*. Madrid: Entorno Gráfico, 1997. 705 p.

RICARDO, H. de S.; CATALINI, G. *Manual prático de escavação*: terraplenagem e escavação de rocha. São Paulo: McGraw-Hill do Brasil, 1977. 488 p.

RUDENNO, V. *The mining valuation handbook*: mining and energy valuation for investors and management. 3. ed. rev. Milton: Wrightbooks, 2009. 539 p.

SAD, J. H. G.; VALENTE, J. M. *Delineação de depósitos minerais*. Belo Horizonte: Rona, 2007. 272 p.

SHEVYAKOV, L. *Mining of mineral deposits*: a textbook. Moscow: Foreign Languages, 1963. 686 p.

SINCLAIR, A. J.; BLACKWELL, G. H. *Applied mineral inventory estimation*. Cambridge: Cambridge University Press, 2004. 381 p.

SOARES, A. *Geoestatística para as ciências da Terra e do ambiente*. 2. ed. Lisboa: IST Press, 2006. 214 p.

TADEU, D. Introdução e perspectiva histórica da geologia econômica. In: *Conceitos gerais e classificações de jazigos minerais*. Edição Geomuseu IST. Lisboa: Instituto Superior Técnico da Universidade Técnica de Lisboa, 1986. 56 p. Disponível em: <http://geomuseu.ist.utl.pt/RG2008/Sebentas/Conceitos%20base%20e%20Classifica%e7%e3o%20de%20jazigos.pdf>. Acesso em: 10 jun. 2014.

TAYLOR, H. K. Mine valuation and feasibility studies. In: HOSKINS, J. R.; GREEN, W. R. (Ed.). *Mineral industry costs*. Spokane: Northwest Mining Association, 1977. p. 1-17.

TEIXEIRA, W. T. et al. (Org.). *Decifrando a Terra*. 3. ed. São Paulo: Ed. Nacional, 2009. 623 p.

TOMI, G. Modelagem geológica informatizada em Datamine. In: YAMAMOTO, J. K. *Avaliação e classificação de reservas minerais*. São Paulo: Edusp, 2001. p. 164-191.

TORRES, V. N.; GAMA, C. D. *Ingeniería ambiental subterránea y aplicaciones*. Córdoba: Fundación Empremin, 2012. 564 p.

VALENTE, J. M. G. P. *Geomatemática*: lições de geoestatística. Ouro Preto: Fundação Gorceix, 1982. v. 1-8.

VALLET, R. Optimisation mathématique de l'exploitation d'une mine à ciel ouvert ou le problème de l'enveloppe. *Annales des Mines de Belgique*, p. 113-136, 1976.

WHITTLE, G. Enterprise optimization. In: MINE PLANNING & EQUIPMENT SELEC-

TION CONFERENCE, 20., 2010, Fremantle. *Proceedings...* Fremantle: AusIMM, 2010. p. 105-117.

WHITTLE, J. *The facts and fallacies of open pit optimization.* Victoria: Whittle Programming, 1989.

WHITTLE, J. The next challenge in optimising mining operations. In: MINE PLANNING & EQUIPMENT SELECTION CONFERENCE, 20., 2010, Fremantle. *Proceedings...* Fremantle: AusIMM, 2010. p. 27-31.

WILKE, F. L.; WRIGHT, E. A. Determining the optimal ultimate pit design for hard rock open pit mines using dynamic programming. *Erzmetall*, v. 37, p. 139-144, 1984.

WRIGHT, E. A. *Open pit mine design models:* an introduction with Fortran/77 programs. Clausthal-Zellerfeld: Trans Tech, 1990. 187 p.

YAMAMOTO, J. K. *Avaliação e classificação de reservas minerais.* São Paulo: Edusp: Fapesp, 2001. 226 p.

YAMAMOTO, J. K.; LANDIM, P. M. B. *Geoestatística:* conceitos e aplicações. São Paulo: Oficina de Textos, 2013. 215 p.

ZOLA, É. *Germinal.* Paris: Brodard et Taupin, 1978. 504 p.

ZOLA, É. *Germinal.* Tradução de Francisco Bittencourt. São Paulo: Martin Claret, 2006.